中国常见植物野外识别手册
FIELD GUIDE TO WILD PLANTS OF CHINA

古田山册
Gutianshan

丛 书 主 编：马克平
丛书编委会：曹 伟 陈 彬 冯虎元 郎楷永
李振宇 彭 华 覃海宁 田兴军
邢福武 严岳鸿 杨亲二 应俊生
于 丹 张宪春
本 册 主 编：方 腾 陈建华
本 册 作 者：杨 成 贾 琪 刘 军 张宏伟
杨 波 黄园园 郦艳红 马殷雷
郑东红 陈声文
本册审稿者：丁炳扬
技 术 指 导：刘 冰 陈 彬

高等教育出版社·北京
HIGHER EDUCATION PRESS BEIJING

图书在版编目（CIP）数据

中国常见植物野外识别手册. 古田山册 / 马克平主编；方腾，陈建华分册主编. -- 北京：高等教育出版社，2013.6（2022.7 重印）
ISBN 978-7-04-034498-1

Ⅰ. ①中　Ⅱ. ①马　②方　③陈　Ⅲ. ①植物—识别—中国—手册②植物—识别—开化县—手册 Ⅳ. ①Q949-62

中国版本图书馆CIP数据核字(2013)第063218号

Zhongguo Changjian Zhiwu Yewai Shibie Shouce

策划编辑	林金安　吴雪梅	责任编辑	赵晓媛
封面设计	张　楠	版式设计	刘　冰　陈　彬
责任校对	赵晓媛	责任印制	耿　轩

出版发行	高等教育出版社	咨询电话	800－810－0598
社　　址	北京市西城区德外大街4号	网　　址	http://www.hep.edu.cn
邮政编码	100120		http://www.hep.com.cn
印　　刷	河北信瑞彩印刷有限公司	网上订购	http://www.landraco.com
开　　本	880×1230　1/48		http://www.landraco.com.cn
印　　张	7.875	版　　次	2013年6月第1版
字　　数	370 000	印　　次	2022年7月第8次印刷
购书热线	010－58581118	定　　价	36.00元

物 料 号　34498－00
审 图 号　GS (2012) 581

序 Foreword

历经四代人之不懈努力，浸汇三百余位学者毕生心血，述及植物三万余种，卷及126册的巨著《中国植物志》已落笔告罄。然当今已不是“腹中贮书一万卷，不肯低头在草莽”的时代，如何将中国植物学的知识普及芸芸众生，如何用中国植物学知识造福社会民众，如何保护当前环境中岌岌可危的濒危物种，将是后《中国植物志》时代的一项伟大工程。念及国人每每旅及欧美，常携一图文并茂的“Field Guide”(野外工作手册)，甚是方便；而国人及外宾畅游华夏，却只能搬一块大部头的“ Flora”(植物志)，实乃吾辈之遗憾。由中国科学院植物研究所马克平所长主持编撰的这套《中国常见植物野外识别手册》丛书的问世，当是填补空白之举，令人眼前一亮，颇觉欢喜，欣然为序。

丛书的作者主要是全国各地中青年植物分类学骨干，既受过系统的专业训练，又熟悉当下的新技术和时尚。由他们编写的植物识别手册已兼具严谨和活泼的特色，再经过植物分类学专家的审订，益添其精准之长。这套丛书可与《中国植物志》、《中国高等植物图鉴》、《中国高等植物》等学术专著相得益彰，满足普通植物学爱好者及植物学研究专家不同层次的需求。更可喜的是，这种老中青三代植物学家精诚合作的工作方式，亦让我辈看到了中国植物学发展新的希望。

“一花独放不是春，百花齐放春满园”。相信本系列丛书的出版，定能唤起更多的植物分类学工作者对科学传播、环保宣传事业的关注；能够指导民众遍地识花，感受植物世界之魅力独具。

谨此为序，祝其有成。

王文采

2009年3月31日

前言 Preface

自然界丰富多彩，充满神奇。植物如同一个个可爱的精灵，遍布世界的各个角落：或在茫茫的戈壁滩上，或在漫漫的海岸线边，或在高高的山峰，或在深深的狭谷，或形成广袤的草地，或构筑茂密的丛林。这些精灵们一天到晚忙碌着，成全了世界的五彩缤纷，也为人类制造赖以生存的氧气并满足人们衣食住行中方方面面的需求。中国是世界上植物种类最多的国家之一，全世界已知的30余万种高等植物中，中国的高等植物超过3万种。当前，随着人类经济社会的发展，人与环境的矛盾日益突出，一方面，人类社会在不断地向植物世界索要更多的资源并破坏其栖息环境，致使许多植物濒临灭绝；另一方面，又希望植物资源能可持续地长久利用，有更多的森林和绿地能为人类提供良好的居住环境和新鲜的空气。

如何让更多的人认识、了解和分享植物世界的妙趣，从而激发他们合理利用和有效保护植物的热情？近年来，在科技部和中国科学院的支持下，我们组织全国20多家标本馆建设了中国数字植物标本馆(Chinese Virtual Herbarium，CVH)、中国自然植物标本馆(Chinese Field Herbarium，CFH)等植物信息共享平台，收集整理了包括超过10万张经过专家鉴定的植物彩色照片和近20套植物志书的数字化植物资料并实现了网络共享。这个平台虽然给植物学研究者和爱好者提供了方便，却无法顾及野外考察、实习和旅游的便利性和实用性，可谓美中不足。这次我们邀请全国各地植物分类学专家、特别是青年学者编撰一套常见野生植物识别手册的口袋书，每册包括具有区系代表性的地区、生境或类群中的500～700种常见植物，是这方面的一次尝试。

记得1994年我第一次去美国时见到“Peterson Field Guide”（《野外工作手册》），立刻被这种小巧玲珑且图文并茂的形式所吸引。近年来，一直想组织编写一套适于植物分类爱好者、初学者的口袋书。《中国植物志》等志书专业性非常强，《中国高等植物图鉴》等虽然有大量的图版，但仍然很专业。而且这些专业书籍都是多卷册的大部头，不适于非专业人士使用。有鉴于此，我们力求做一套专业性的科普丛书。专业性主要体现在丛书的文字、内容、照片的科学性，要求作者是专业人员，且内容经过权威性专家审定；普及性即考虑到爱好者的接受能力，注意文字内容的通俗性，以精彩的照片“图说”为主。由此，丛书的编排方式摈弃了传统的学院式排列及检索方式，采用人们易于接受的形式，诸如：按照植物的生活型、叶形叶序、花色等植物性状进行分类；在选择地区或生境类型时，除考虑区系代表性外，还特别重视游人多的自然景点或学生野外实习基地。植物收录范围主要包括某一地区或生境常见、重要或有特色的野生植物种类。植物中文名主要参考《中国植物志》；拉丁学名以“中国高等植物物种名录”(www.cnpc.ac.cn)”为主要依据；英文名主要参考美国农业部网站（plants.usda.gov）和《新编拉汉英种子植物名称》。同时，为了方便外国朋友学习中文名称的发音，特别标注了汉语拼音。

本丛书自2007年初开始筹划，经过两年多的努力工作，现在开始陆续出版。欣喜之际，特别感谢王文采院士欣然作序热情推荐本丛书；感谢各位编委对于丛书整体框架的把握；感谢各分册作者辛苦的野外考察和通宵达旦的案头工作；感谢高等教育出版社林金安编审和他的团队的严谨和睿智，并慷慨承诺出版费用；感谢严岳鸿、陈彬、刘夙、刘冰、李敏和孙英宝等诸位年轻朋友的热情和奉献，特别是刘冰和孙英宝为整套丛书制作了精美的使用说明和术语图解。同时也非常感谢科技部平台项目的资助；感谢普兰塔论坛(http://www.planta.cn)的“塔友”为本书的编写提出的宝贵意见。

尽管因时间仓促，疏漏之处在所难免，但我们还是衷心希望本丛书的出版能够推动中国植物科学知识的普及，让人们能够更好地认识、利用和保护祖国大地上的一草一木。

马克平

于北京香山

2009年3月31日

本册简介 Introduction to this book

读者朋友，也许您是喜欢野外观花等户外运动的游客，也许是植物学的爱好者，也许是野外实习的学生或是从事科研工作的研究人员，或许是相关部门的管理人员，总之，只要您需在野外识别植物，本书就可能成为您的好帮手。本册介绍了浙江古田山及其邻近区域的维管植物，共计140科394属677种（包括种以下分类单位），约占古田山地区维管植物种类的45%，植物的选择主要考虑该地区常见种类，同时兼顾一些重要或特色的种类。由于古田山地理位置的特殊性，本册收录的植物种类绝大多数同时见于福建、江西、安徽等地，从这个角度看，本册对浙、闽、赣、皖等地的常见植物识别也具有参考价值。

古田山国家级自然保护区位于东经118°03′56.25″—118°10′56.51″，北纬29°10′32.12″—29°17′44.33″之间，总面积81.07 km^2，地处浙江省衢州市开化县苏庄镇境内，距县城55 km，与江西省婺源县、德兴市毗邻，和安徽省及福建省相距不远。古田山属南岭山系怀玉山脉，主峰“青尖”海拔1 258 m；溪流经乐安江汇入鄱阳湖，再入长江干流。

古田山气候温和，雨水丰沛，土层肥沃，生态环境十分优越。低海拔地区保存有发育良好的常绿阔叶林天然地带性植被，这在中亚热带东部地区十分少见，为中亚热带地带性植被和生物多样性的系统研究提供了极好的场所，古田山由此和长白山、鼎湖山、西双版纳等同时成为“中国森林生物多样性长期监测网络”的核心组成部分(http://www.cfbiodiv.org/index.asp)。

古田山生物种类丰富，已记录有维管植物183科713属1593种，其中种子植物中有我国特有属14个，珍稀濒危植物32种(国家一级重点保护植物1种、国家二级重点保护植物14种、省级珍稀濒危植物17种)；香果树、野含笑、紫茎、长序榆等珍稀植物分布集中、群落面积大，且林龄超百年，具很高的保护研究价值。动物已记录两栖爬行类77种，鸟类144种，兽类58种，昆虫1 156种；国家一级保护动物（黑麂、白颈长尾雉、豹、云豹）4种，二级保护动物白鹇、黑熊、小灵猫等33种。

古田山以山势险峻、古木参天、景色优美著称，自然和人文资源十分丰富。古书《广屿》记载“古田名山为东南之名胜，为七十二洞天之一也”，东北两面群岭耸峙，西南方向岗岭环抱，山陡地险，岩石嶙峋。“古田飞瀑”高30多米，浪

地图来源：Google Inc. (2009). Google Earth (Version 5.1.3533.1731)

花翻滚，水珠飞溅，声声震谷。在海拔850 m处，有一块沼泽地，约1.3万余平方米，长着茂密湿生草本植物，古代开辟为良田，山即以这片“古田”而得名，田旁有古建筑“凌云寺”，亦名“古田庙”，建于宋太祖·乾德年间（963—968年），已有一千余年历史。相传明太祖朱元璋曾在古田山安寨扎兵，指点江山，有“点将台”为其证；“古田三怪”（蛇不螯、螺无尾、水有痕）和“世外桃源”——宋坑等处，更具有神奇色彩。

书中所载的每一种植物都配有花果期（蕨类植物为孢子期）的图例，植物图片均由作者在古田山及其邻近地区拍摄，每一种植物通常有若干张和鉴别特征相关的图片，本册所充分反映提及种类的花果期和生境描述在参考《中国植物志》、《浙江植物志》、《Flora of China》等志书的基础上，充分反映古田山及其邻近地区的实际状况。在正文部分，除重点介绍的种类外，一般都附带1 ~ 2个相似种，这里所谓的“相似”泛指在花、果或叶等形态上的相似，而非亲缘关系上的相近，与本套丛书的风格一致。

希望本册能为您在古田山及其邻近地区的旅行带来更多的收获，更希望您能提出宝贵意见，以便我们不断地改进提高。

使用说明 How to use this book

本书的检索系统采用目录树形式的逐级查找方法。先按照植物的生活型分为三大类：木本、藤本和草本。

木本植物按叶形的不同分为三类：叶较窄或较小的为针状或鳞片状叶，叶较宽阔的分为单叶和复叶。藤本植物不再作下级区分。草本植物首先按花色分为七类，由于蕨类植物没有花的结构，禾草状植物没有明显的花色区分，列于最后。每种花色之下按花的对称形式分为辐射对称和两侧对称*。辐射对称之下按花瓣数目再分为二至六；两侧对称之下分为蝶形、唇形、有距、兰形及其他形状；花小而多，不容易区分对称形式的单列，分为穗状花序类和头状花序两类。

正文页面内容介绍和形态学术语图解请见后页。

* **注**：为方便读者理解和检索，本书采用了“辐射对称”与“两侧对称”这种在学术上并不严谨的说法。

乔木和灌木（人高1.7 m）
Tree and shrub (The man is 1.7 m tall)

草本和禾草状草本（书高18 cm）
Herb and grass-like herb (The book is 18 cm tall)

植株高度比例 Scale of plant height

上半页所介绍种的生活型、花特征的描述
Discription of habit and flower features of the species placed in the upper half of the page

叶、花、果期（空白处表示落叶）
Leaf, flowering and fruiting stage
(Blank indicates deciduous)

上半页所介绍种的图例
Legend for the species placed in the upper half of the page

在中国的地理分布
Distribution in China

属名 Genus name

科名 Family name

别名 Chinese local name

中文名 Chinese name

拼音 Pinyin

学名（拉丁名） Scientific name

英文名 Common name

主要形态特征的描述
Discription of main features

在古田山的分布和生境
Distribution and habit in Gutian Mountain

在形态上相似的种
（并非在亲缘关系上相近）
Similar species in appearance rather than in relation

识别要点
（识别一个种或区分几个种的关键特征）
Distinctive features
(Key characters to identify or distinguish species)

相似种的叶、花、果期
Leafing, flowering and fruiting period of the similar species

页码 Page number

草本植物 花紫色或近紫色 辐射对称 花瓣六

小花鸢尾 华鸢尾 鸢尾科 鸢尾属

Iris speculatrix

Smallflower Swordflag | xiǎohuāyuānwěi

多年生草本①。根状茎二歧分枝，基部有棕褐色老叶纤维，基生叶剑形，长15～30 cm，宽0.6～1.2 cm，具纵脉3～5条；花茎高20～25 cm，具茎生叶1～2枚；花蓝紫色或淡蓝色，外轮花被片中脉上具黄色鸡冠状附属物②；蒴果椭圆形，顶端具细长的喙。

分布于山地林缘。喜湿。

相似种：鸢尾【*Iris tectorum*，鸢尾科 鸢尾属】根状茎粗壮；基生叶宽剑形，宽1.5～3.5l cm③；花茎光滑，顶生1～2朵花，花蓝紫色，外轮花被片中脉有白色带紫纹的鸡冠状附属物④。常见栽培。

小花鸢尾花小，直径3.5～6 cm；鸢尾花大，直径达10 cm，鸢尾的叶片也相对较宽。

八角莲 小檗科 鬼臼属

Dysosma versipellis

Dysosma | bājiǎolián

多年生草本。根状茎粗壮，横走，有节；茎直立；叶1～2片，盾状着生，圆形，直径15～30 cm或过之①，4～9浅裂，边缘具细齿；花排成伞形花序，5～8朵或更多，生于近叶基处①，花暗紫红色②；浆果卵形。

分布于山地沟谷林下。喜阴湿。

相似种：六角莲【*Dysosma pleiantha*，小檗科 鬼臼属】多年生草本。茎生叶1～2片③，5～9浅裂；花生于2茎生叶柄交叉处④。分布于山地林下；喜阴湿。

八角莲花生于近叶基处；六角莲花生于2茎生叶柄交叉处。

284 中国常见野生植物识别手册——古田山册

* **注：**花瓣分离时为花瓣六，花瓣合生时为花冠裂片六，花瓣缺时为萼片六或萼裂片六，正文中不再区分，一律为“花瓣六”；其他数目者亦相同。

花（或花序）的大小比例（短线为1cm）
Scale of flower size (The band is 1 cm long)

下半页所介绍种的生活型、花特征的描述
Discription of habit and flower features of the species placed in the lower half of the page

下半页所介绍种的图例
Legend for the species placed in the lower half of the page

上半页所介绍种的图片
Pictures of the species placed in the upper half of the page

图片序号对应左侧文字介绍中的①②③. . .
The Numbers of Pictures are counterparts of ①, ②, ③, etc. in left discriptions

下半页所介绍种的图片
Pictures of the species placed in the lower half of the page

术语图解 Illustration of Terminology

叶 Leaf

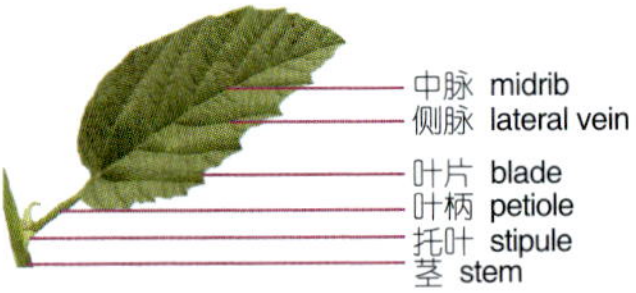

禾草状植物的叶 Leaf of Grass-like Herb

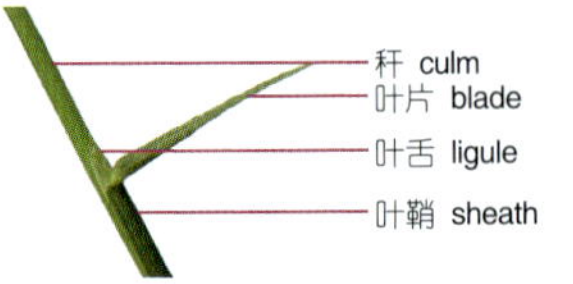

叶形 Leaf Shapes

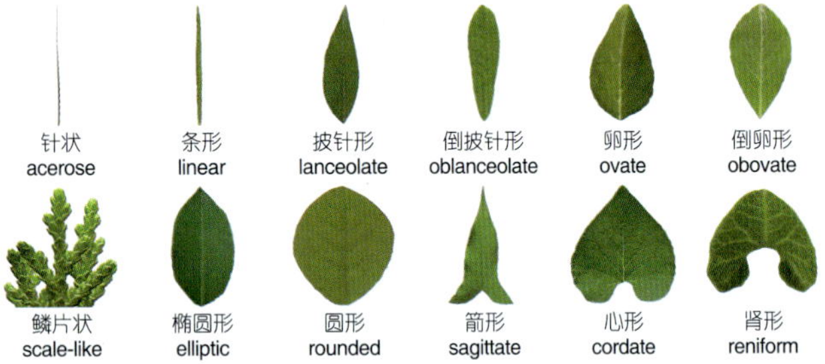

叶缘 Leaf Margins

叶的分裂方式 Leaf Segmentation

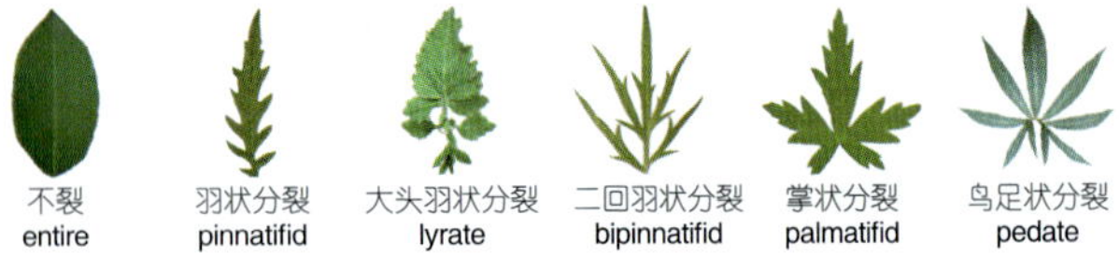

单叶和复叶 Simple Leaf and Compound Leaves

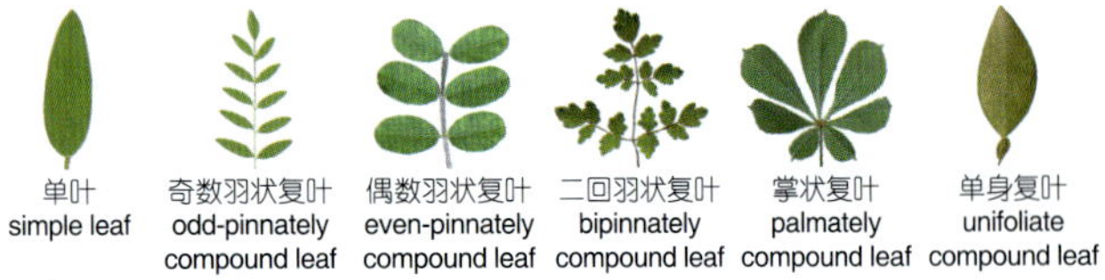

叶序 Leaf Arrangement

花 Flower

花梗/花柄 pedicel
花托 receptacle
萼片 sepal } 统称 花萼 calyx
花瓣 petal } 统称 花冠 corolla } 花被 perianth
花丝 filament
花药 anther } 雄蕊 stamen } 统称 雄蕊群 androecium
子房 ovary
花柱 style
柱头 stigma } 雌蕊 pistil } 统称 雌蕊群 gynoecium
} 花 flower

花序 Inflorescences

总状花序 raceme

穗状花序 spike

伞形花序 umbel

伞房花序 corymb

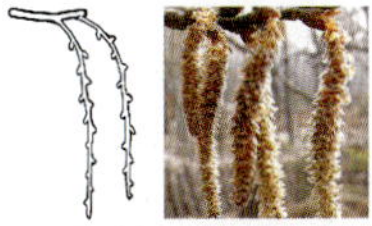
柔荑花序 catkin

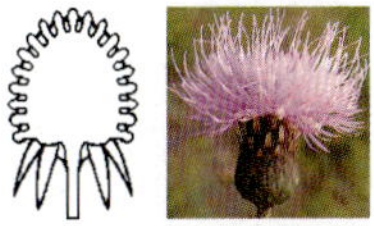
头状花序 head

圆锥花序/复总状花序 panicle

复穗状花序 compound spike

复伞形花序 compound umbel

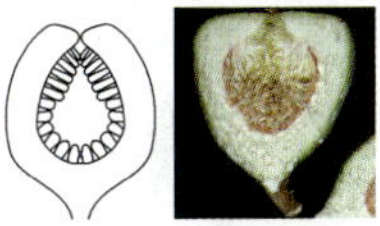
隐头花序 hypanthodium

蝎尾状聚伞花序 cincinnus

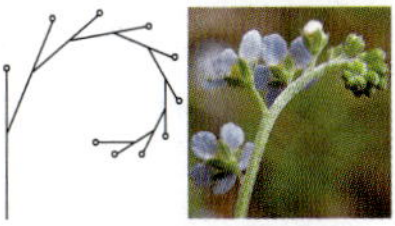
镰状聚伞花序 drepanium

二歧聚伞花序 dichasium

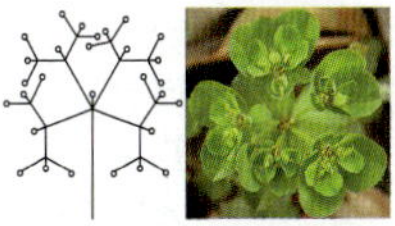
多歧聚伞花序 polychasium

轮状聚伞花序/轮伞花序 verticillaster

果实 Fruits

浆果 berry

核果 drupe

梨果 pome

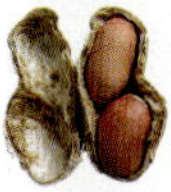
荚果 legume

蓇葖果 follicle

蒴果 capsule

长角果，短角果 silique, silicle

瘦果 achene

翅果 samara

坚果 nut

聚合果 aggregate fruit

聚花果/复果 multiple fruit

马尾松　松科 松属

Pinus massoniana

Masson Pine　| mǎweǐsōng

常绿乔木。子叶5 ~ 8枚①。树皮红褐色，呈不规则鳞片状开裂；冬芽赤褐色。叶两针一束，细柔，长10 ~ 20 cm，边缘有细锯齿；球果成熟时栗褐色，种鳞鳞盾扁平，鳞脐微凹，无刺或稀有短刺②。

广布于山地丘陵。阳生，常为次生林地的先锋树种。

相似种：黄山松【*Pinus taiwanensis*，松科 松属】叶两针一束，稍硬直，长7 ~ 11 cm。球果种鳞鳞盾肥厚隆起，鳞脐有短刺③。分布于海拔约750 m以上的山地；阳生，常为山峰上部的优势树种。

马尾松针叶细柔，鳞盾常不隆起，鳞脐无刺；黄山松针叶粗硬，鳞盾隆起，鳞脐有尖刺。

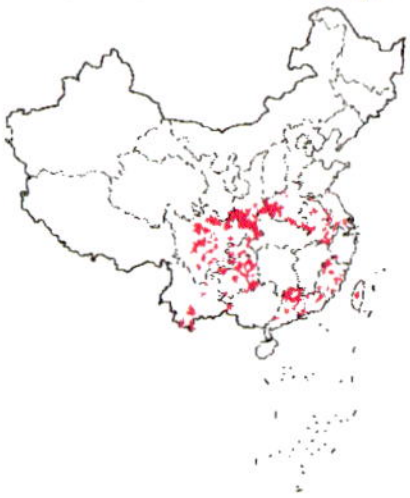

杉木　杉科 杉木属

Cunninghamia lanceolata

China Fir　| shāmù

常绿乔木①；树皮褐色，裂成长条片状脱落；叶披针形或线状披针形，革质，长2.5 ~ 6.5 cm，先端尖锐。雌雄同株，雄球花簇生于枝顶②；球果，种鳞及苞鳞扁平③；种子扁平，边缘有窄翅。

广布山地丘陵，多为栽培。喜湿润肥沃。

相似种：日本柳杉【*Cryptomeria japonica*，杉科 柳杉属】常绿乔木，叶锥形，螺旋状排列；雄球花常密集成穗状④；球果种鳞盾形，木质，每一种鳞有2 ~ 5枚种子。引种栽培于山地；喜湿润肥沃。

杉木苞鳞扁平，叶条形披针形；日本柳杉种鳞盾形，叶钻形。

1

2

3

1

3

2

4

柏木 柏科 柏木属

Cupressus funebris

China Weeping Cypress | bǎimù

常绿乔木①。树皮灰褐色，裂成长条状。小枝细长，下垂，生鳞叶的小枝扁，排成一平面；叶鳞形；球花单生于枝顶①；球果近球形，种鳞木质，具短刺头②。

华中华东等地均有分布。生长于山地丘陵平原，多见栽培。

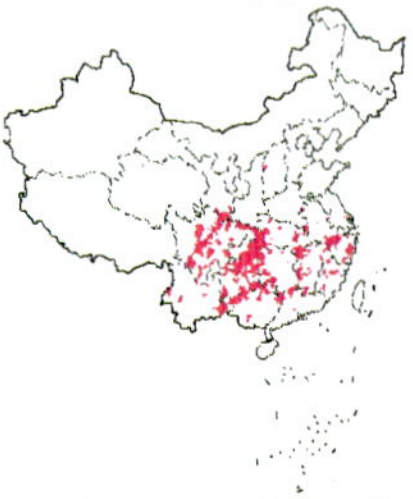

相似种：刺柏【*Juniperus formosana*，柏科 刺柏属】常绿乔木。叶刺形，长1.2～2 cm，三叶轮生；球果肉质，熟时淡红褐色，被白粉③。广布淮河以南；多生于干燥瘠薄的山冈和山坡疏林。

柏木叶鳞形，种鳞木质，种子有窄翅；刺柏叶刺形，种鳞肉质，种子无翅。

南方红豆杉 红豆杉科 红豆杉属

Taxus wallichiana* var. *mairei

Maire Yew | nánfānghóngdòushān

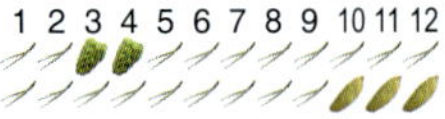

常绿乔木。树皮赤褐色，浅纵裂；叶略弯曲呈镰刀状线形，长1.5～4 cm，气孔带黄绿色；雄球花单生叶腋；种子坚果状，假种皮杯状、肉质、红色①。

星散分布，村庄附近常有古树。喜湿润肥沃的沟谷和下坡。

相似种：三尖杉【*Cephalotaxus fortunei*，三尖杉科 三尖杉属】常绿小乔木。叶披针状线形，长4～12 cm；假种皮成熟时红紫色，全包种子②。分布于长江流域及以南；喜湿润山谷。榧树【*Torreya grandis*，红豆杉科 榧树属】常绿乔木。叶披针状线形，长1.1～2.5 cm；假种皮全包种子③。分布于海拔400～800 m的山地丘陵；喜温凉湿润。

南方红豆杉假种皮杯状，种子顶端露出；榧树假种皮全包被，雌球花无梗，雄球花单生；三尖杉假种皮全包被，雌球花具长梗，雄球花聚生成头状。

1

2

3

1

2

3

银叶柳　杨柳科 柳属

Salix chienii

Silverleaf Willow　| yínyè liǔ

落叶小乔木①。叶长椭圆形或披针形，长2.5 ~ 5.5 cm，宽0.8 ~ 1.8 cm，下面苍白色，有伏贴的长柔毛；雄花序长1.5 ~ 3 cm；蒴果瓣裂，种子具白色绵毛①。

分布于山溪河流两岸。阳生，喜湿润。

相似种：南川柳【*Salix rosthornii*，杨柳科 柳属】落叶乔木。叶椭圆状披针形，两边无毛；冬芽小，短于0.5 cm；萌枝上托叶发达；雄花序长3.5 ~ 6 cm②。分布于河流两岸；阳生，喜湿润。粤柳【*Salix mesnyi*，杨柳科 柳属】落叶小乔木。叶长圆形，下面近无毛；当年生枝密生锈色短柔毛，冬芽大，长于0.5 cm；蒴果无毛③。分布于溪沟或沼泽地；阳生。

银叶柳叶下面苍白色，有长柔毛；南川柳和粤柳叶下面无毛，粤柳冬芽大，南川柳冬芽小。

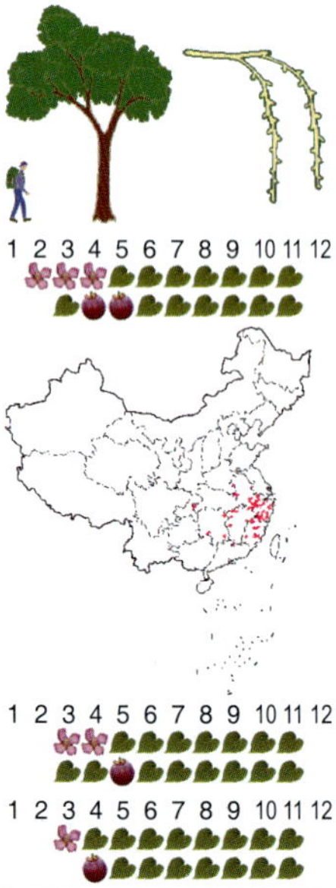

杨梅　杨梅科 杨梅属

Myrica rubra

China Bayberry　| yángméi

常绿乔木。叶革质，长椭圆状或披针形，全缘，近集生于枝顶，叶片背面有淡黄色腺点，长5 ~ 14 cm，宽1 ~ 4 cm；幼树上叶有锯齿或羽裂②；花雌雄异株，雄花序暗红色③；雌花序单生叶腋①；核果球形，表面有乳头状凸起，直径1 ~ 2.5 cm，熟时红色、紫红色或白色，多汁液，可食用①。

分布于山地，野生或栽培。喜温暖湿润气候和排水良好的酸性土壤。

果实多汁液，味酸甜。

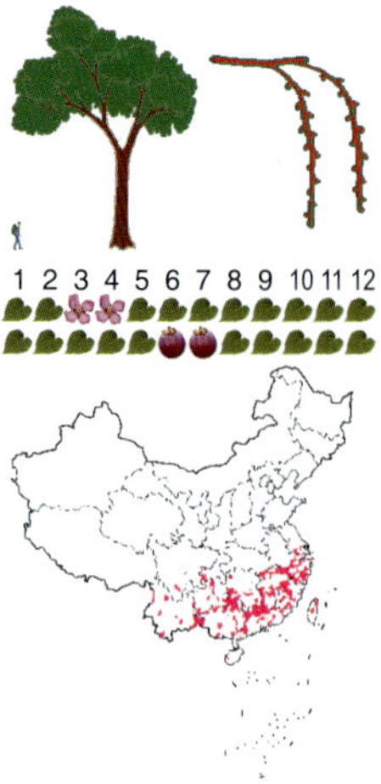

1
2
3

1
2
3

亮叶桦　光皮桦　桦木科 桦木属

Betula luminifera

Bright Birch　| liàngyèhuà

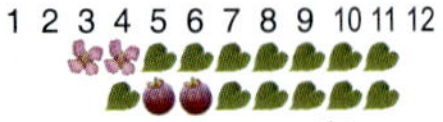

落叶乔木①。树皮淡黄褐色，平滑，有时片状裂开①；小枝具毛，疏生树脂腺体；叶宽三角状卵形或长卵形，长4～10 cm，宽2.5～6 cm，边缘有不规则重锯齿①，下面具毛和腺点；雌雄同株；果序单生，长达10 cm，下垂②。

分布于400 m以上中坡。喜疏松土壤，阳生。

相似种：雷公鹅耳枥【*Carpinus viminea*，桦木科 鹅耳枥属】落叶乔木。叶椭圆形，下面沿脉有长柔毛；花序下垂③；小坚果卵圆形，包埋于叶状总苞内，果苞有明显的裂片，两侧不对称③。分布于山地阔叶林中；喜光。桤木【*Alnus cremastogyne*，桤木科 桤木属】落叶乔木。叶长圆形④；果序单生叶腋，球果状，果苞木质，宿存。分布于山地丘陵或河滩地，栽培；喜湿润。

亮叶桦果序柔荑状，小坚果扁平具翅；桤木果序球果状，小坚果扁平具翅；雷公鹅耳枥小坚果卵圆形，包埋于叶状总苞内。

水青冈　壳斗科 水青冈属

Fagus longipetiolata

Beech　| shuǐqīnggāng

落叶乔木。叶片卵形或卵状披针形，长6～15 cm，宽3～6.5 cm，上面无毛，下面密被细柔毛，边缘有锯齿，侧脉直达齿尖①；雄花序下垂，头状②；总苞四瓣裂，苞片钻形③；每总苞内有坚果2枚，坚果具3棱。

分布于海拔300～1 200 m的山地阔叶林中。喜温凉湿润。

相似种：米心水青冈【*Fagus engleriana*，壳斗科 水青冈属】叶片卵状椭圆形，边缘波状或全缘，侧脉近叶缘处向上弯拱网结；苞片2型，基部的匙型，上部的线型④。分布于海拔1 000 m以上的山地；生长于阔叶林中，偶成小片纯林。

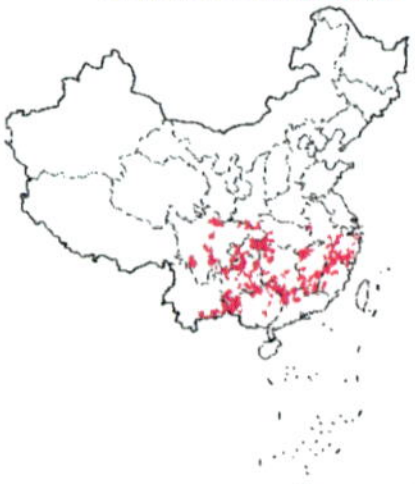

水青冈叶缘有锯齿，侧脉直达齿尖，苞片同型；米心水青冈叶边缘波状或全缘，侧脉不达齿尖，苞片两型。

1

3

2

4

1

3

2

4

锥栗 壳斗科 栗属

Castanea henryi

Henry Chestnut | zhuīlì

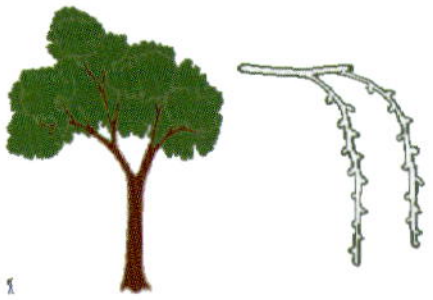

落叶乔木。幼枝光滑无毛。叶披针形或卵状披针形，长8 ~ 17 cm，宽2 ~ 5 cm，两面无毛；雄花序直立①；壳斗球形，密被长刺；坚果单生，直径1.5 ~ 2 cm②，果实可食用。

分布于山地丘陵。生长于阔叶林中，阳生。

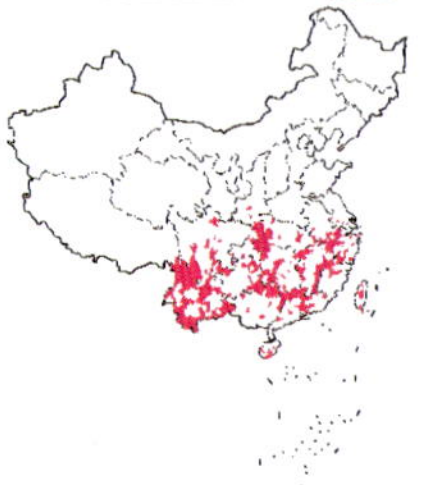

相似种： 茅栗【*Castanea seguinii*，壳斗科 栗属】落叶小乔木，常呈灌木状。幼枝被毛。叶长椭圆形。壳斗近球形③，壳斗内常有坚果2 ~ 3枚，径1 ~ 1.5 cm。广泛分布于山地丘陵；阳生，常形成连片灌丛。板栗【*Castanea mollissima*，壳斗科 栗属】落叶乔木。幼枝被毛。叶长椭圆形。壳斗球形或扁球形，内有坚果2 ~ 3枚，径2 ~ 3.5 cm④。分布于低山丘陵，常见栽培；阳生。

锥栗幼枝和叶均无毛，每壳斗内坚果1枚；板栗和茅栗每壳斗内有坚果2 ~ 3枚，板栗叶下被星状短绒毛，茅栗叶下被腺鳞。

苦槠 壳斗科 锥属

Castanopsis sclerophylla

Hardleaf Oatchestnut | kǔzhū

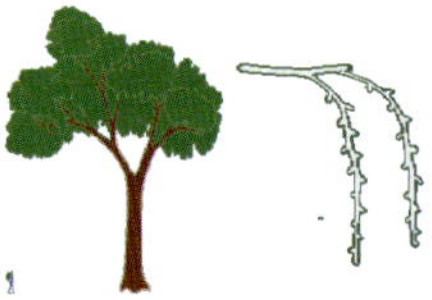

常绿乔木①。树皮浅纵裂；叶片革质，长椭圆形等，长7 ~ 14 cm，宽2 ~ 6 cm，边缘中部以上疏生锯齿，下面灰绿色；雄花序直立②；壳斗深杯形，包被坚果大部，苞片鳞状三角形②。

分布于低山丘陵。适应性强，能耐干旱瘠薄，常形成优势群落。

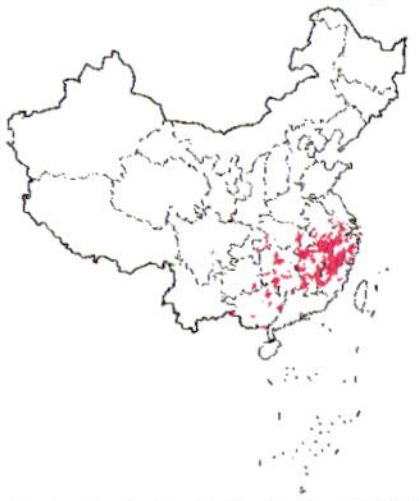

相似种： 钩栲【*Castanopsis tibetana*，壳斗科 锥属】别名钩栗。叶厚革质，下面密被棕褐色鳞秕；壳斗球形，具刺③。分布于沟谷两侧；喜湿润，偶成小片优势群落。乌楣栲【*Castanopsis jucunda*，壳斗科 锥属】别名秀丽锥。叶片近革质，叶片下面密生银灰色鳞秕。壳斗球形，具刺④。分布于海拔800 m以下的山地丘陵；局部成优势群落。

苦槠壳斗苞片鳞状三角形；钩栲、乌楣栲壳斗苞片针刺形；钩栲叶中部以上有锯齿，树皮薄片状剥落；乌楣栲边缘具粗锯齿，树皮长条状纵裂。

1

2

3

4

1

2

3

4

甜槠　壳斗科 锥属

Castanopsis eyrei

Sweet Oachestnut　| tiánzhū

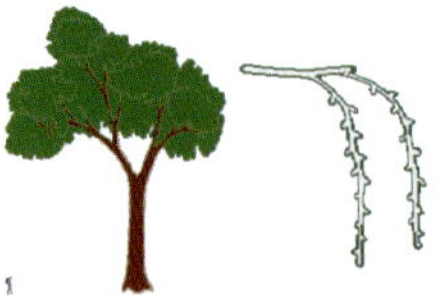

常绿乔木①。树皮灰褐色浅纵裂，叶卵形至卵状披针形，长5 ~ 7 cm，宽2 ~ 4 cm，先端尾尖或渐尖，基部偏斜，全缘或有少量疏钝齿，下面淡绿色，全体无毛③；雄花序直立④，壳斗卵球形，苞片刺形②。

分布于山地和丘陵。是中亚热带山地重要的建群树种，幼时耐阴。

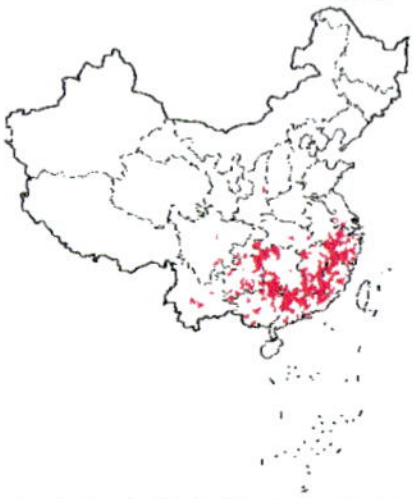

相似种：米槠【*Castanopsis carlesii*，壳斗科 锥属】树皮灰白色，不裂。叶卵形，先端尾尖，基部偏斜，下面幼时被棕色鳞秕，老时苍灰色⑤。壳斗近圆球形，苞片贴生，鳞片状，排列成间断的6 ~ 7环。分布于低山和丘陵；常为下坡的优势树种，喜深厚肥沃的土壤。

甜槠叶下面无毛或鳞秕，苞片刺状；米槠叶下面具棕色或灰色鳞秕，苞片鳞片状。

栲树　丝栗栲 栲　壳斗科 锥属

Castanopsis fargesii

Farges Oatchestnut　| kǎoshù

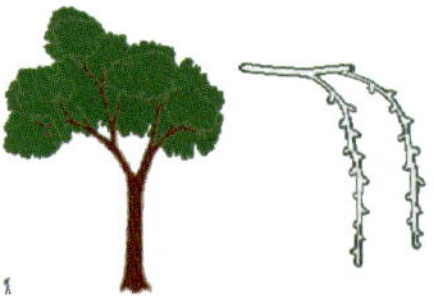

常绿乔木①。树皮浅裂或不裂；叶长椭圆形至椭圆状披针形，长6.5 ~ 12 cm，宽3.5 ~ 12 cm，基部稍歪斜，全缘或先端具1 ~ 3对浅齿，上面光滑无毛，下面密生褐色鳞秕②；雄花序圆锥状③，雌花单生与于总苞内；壳斗球形，苞片针刺形④。

分布于低山和丘陵。喜湿润肥沃土壤，在沟谷地带常成优势群落。

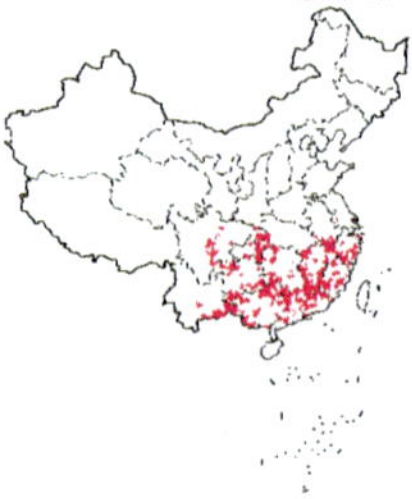

叶长椭圆形至椭圆状披针形，全缘或具1 ~ 3对浅齿，下面密生褐色鳞秕。

1
3
4
2
5

1
3
2
4

石栎 柯 壳斗科 柯属

Lithocarpus glaber

Tanoak | shílì

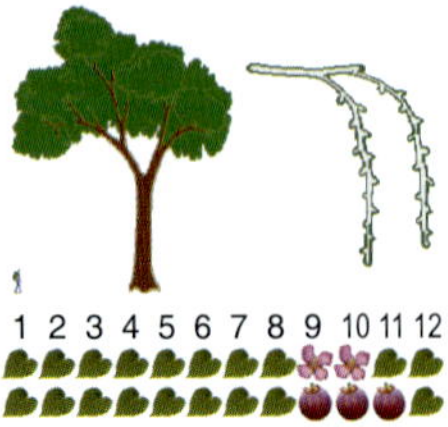

常绿乔木。芽及小枝密被毛；叶片椭圆形至长椭圆状披针形，长7～12 cm，宽2.5～4 cm，叶全缘，下面被灰白色蜡层；柔荑花序直立①；壳斗浅碗状，坚果椭圆形②。

分布于低山丘陵。适应性强，常成优势群落。

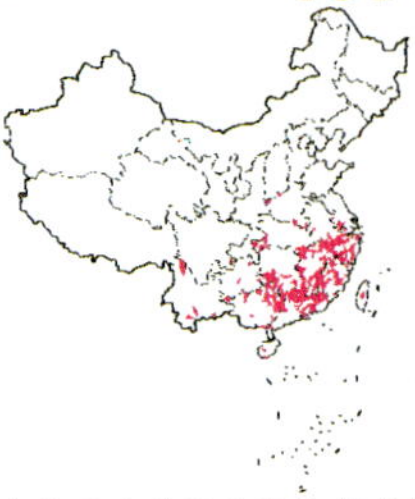

相似种：包果柯【*Lithocarpus cleistocarpus*，壳斗科 柯属】小枝有沟槽及棱脊，被灰白色鳞秕；叶片大，全缘，下面被鳞秕③；果序轴粗壮，壳斗宽陀螺形，近全包坚果③。分布于海拔800 m以上的山地；生长于阔叶林中。短尾柯【*Lithocarpus brevicaudatus*，壳斗科 柯属】小枝具沟槽，无鳞秕；叶片长椭圆形，硬革质，下面淡绿色，全缘；壳斗浅盘形④。分布于山地；常成中坡的优势群落。

石栎小枝有毛，叶下有灰白色蜡层；包果柯小枝和叶下面有鳞秕；短尾柯小枝和叶下面无毛或鳞秕。

枹栎 短柄枹 壳斗科 栎属

Quercus serrata

Oak | bāolì

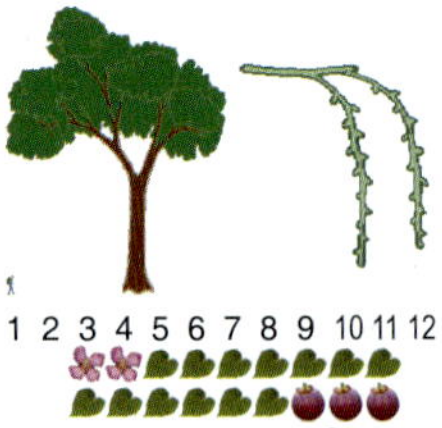

落叶乔木，常成灌木状。叶片椭圆状倒卵形等，长5～11（～17）cm，宽2～5（～9）cm，叶缘常具内弯浅腺齿①；幼叶下面和嫩枝有毛，老时无毛；柔荑花序下垂②；壳斗杯形①。

分布于山地丘陵，极普遍。耐干旱瘠薄，阳生，常为先锋树种。

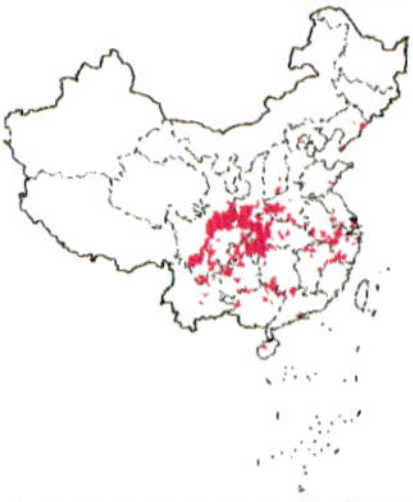

相似种：白栎【*Quercus fabri*，壳斗科 栎属】落叶乔木。叶片边缘具波状锯齿，小枝和叶下面被褐色毛③。分布极普遍；常为低山丘陵的先锋树种。乌冈栎【*Quercus phillyreoides*，壳斗科 栎属】常绿小乔木。叶片椭圆形，具细锐锯齿④。分布于山地；耐干旱瘠薄，在多岩石处常形成小片纯林。

枹栎和白栎是落叶树种；枹栎叶缘常具内弯浅腺齿，老叶和小枝上无毛；白栎叶缘具波状锯齿，叶下面和小枝上有毛；乌冈栎是常绿树种，叶边缘具细锐齿。

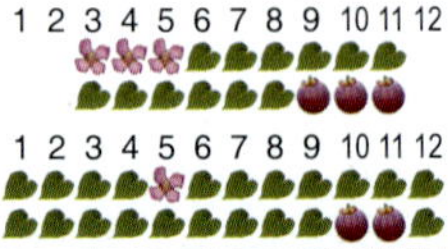

①
③
②
④

①
②
③
④

青冈　青冈栎　壳斗科 青冈属

Cyclobalanopsis glauca

Qinggang　| qīnggāng

常绿乔木。小枝无毛，有棱脊；叶片倒卵状椭圆形或椭圆形，长6 ~ 13 cm，宽2 ~ 5.5 cm，中部以上有锯齿①，上面无毛，下面被灰白色鳞秕和平伏毛；壳斗碗形，苞片合生成同心环带②。

分布于山地丘陵，常见。耐干旱瘠薄，在多石砾处常形成优势群落。

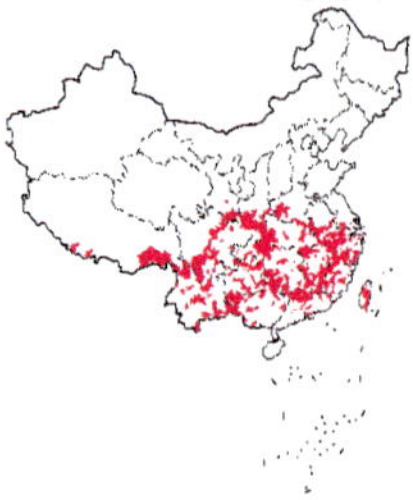

相似种：岩青冈【*Cyclobalanopsis gracilis*，壳斗科 青冈属】别名细叶青冈。叶边缘基部以上有细锯齿，下面有不匀称的灰白色粉蜡层和伏贴毛③。海拔700 m以上山地常见；有时成优势群落。**褐叶青冈**【*Cyclobalanopsis stewardiana*，壳斗科 青冈属】叶椭圆状披针形，中部以上疏生浅锯齿④，下面被均匀白粉和伏贴毛⑤，落叶常呈红褐色。分布于海拔700 m以上的山地；常成优势群落。

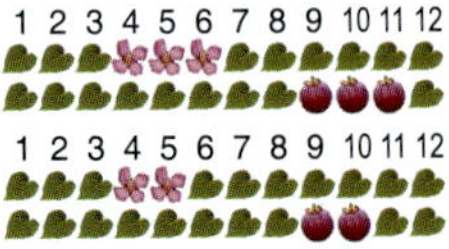

青冈和褐叶青冈叶片中部以上有锯齿；青冈叶先端渐尖，褐叶青冈先端尾尖；岩青冈叶基部以上有锯齿。

青栲　小叶青冈　壳斗科 青冈属

Cyclobalanopsis myrsinifolia

Littleleaf Qinggang　| qīngkǎo

常绿乔木。嫩叶暗红色①；叶卵状披针形或长圆状披针形，长6 ~ 12 cm，宽2 ~ 4 cm，边缘中部以上有浅锯齿，无毛，下面微被白粉，呈灰绿色②，中脉在上面凹陷。壳斗碗形，苞片合生成同心环带，环带全缘③。

分布于山地沟谷两侧。喜湿润。

相似种：云山青冈【*Cyclobalanopsis sessilifolia*，壳斗科 青冈属】叶椭圆形，全缘或先端有2 ~ 4对锯齿，两面同色，无毛④。分布于海拔500 m以上的山地；生长于阔叶林中。

青栲叶边缘有浅锯齿，叶下面灰绿色；云山青冈叶全缘或仅在先端有2 ~ 4对锯齿，叶上下同色，无白粉。

1
3
2
4
5

1
3
2
4

长序榆　榆科 榆属

Ulmus elongata

Longraceme Elm　| chángxùyú

落叶乔木。树皮不规则片状脱落，枝周围有时具膨大的木栓层；叶椭圆形至披针形，长7～19 cm，宽3～8 cm，基部偏斜，边缘具大而深的重锯齿，两面被毛①。翅果窄，近梭形，长2～2.5 cm，边缘密生白色长睫毛②。

分布于山地沟谷，少见。喜湿润肥沃。

相似种： 杭州榆【*Ulmus changii*，榆科 榆属】树皮平滑，不裂，当年生枝褐色，叶片卵形，边缘多为单锯齿，叶粗糙③。翅果近圆形，长1.5～2.7 cm，果核位于翅果的中部④。分布于山地沟谷两侧或丘陵；喜湿润。

长序榆叶椭圆形，边缘具重锯齿，翅果近梭形；杭州榆叶卵形，边缘单锯齿，翅果近圆形。

紫弹树　黄果朴　榆科 朴属

Celtis biondii

Biond Nettletree　| zǐdànpǔ

落叶乔木。子叶戟形①。小枝密被毛；叶卵形或卵状披针形，长2.5～8 cm，宽2～3.5 cm，基部偏斜，边缘中部以上有锯齿，上面较粗糙，下面近无毛，三出脉②。核果球形，成熟时橙红色②。

分布于丘陵和山地沟谷。喜光和湿润。

相似种： 朴树【*Celtis sinensis*，榆科 朴属】小枝密被毛；叶片上面无毛，下面脉上疏生毛；核果③，熟时红褐色。分布于丘陵和平原；耐干旱瘠薄，广泛分布。糙叶树【*Aphananthe aspera*，榆科 糙叶树属】小枝被硬毛，老时脱落；叶片两面被平伏硬毛；核果球形④，成熟时黑色。分布于低山丘陵；常生长于河谷两侧。

紫弹树和朴树叶缘中部以上有锯齿，紫弹树果梗较叶柄长两倍，朴树果梗与叶柄近等长；糙叶树叶片两面粗糙，基部以上具锯齿，果梗和叶柄近等长。

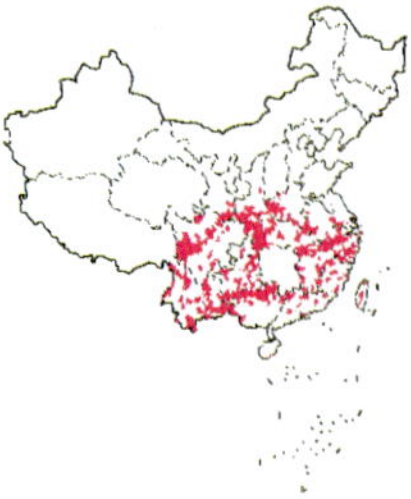

1

2

3

4

1

2

3

4

华桑 桑科 桑属

Morus cathayana

China Mulberry | huásāng

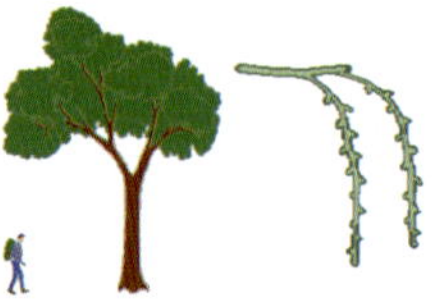

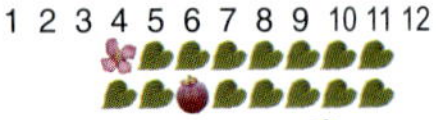

落叶小乔木，有乳汁。叶宽卵形，长可达25 cm，宽达16.5 cm，常不规则分裂，基部截形或心形，边缘具粗锯齿①，上面疏生伏刚毛，下面密被柔毛。聚花果长2～3 cm②，成熟时红色或黑色。

分布于山地沟谷两侧。喜湿润。

相似种：鸡桑【*Morus australis*，桑科 桑属】落叶小乔木或灌木。叶上面近无毛，下面脉上疏生柔毛。聚花果，长1～1.5 cm③。分布于悬崖或山坡上；阳生。

华桑叶下面密被柔毛；鸡桑叶下面仅脉上疏生柔毛。

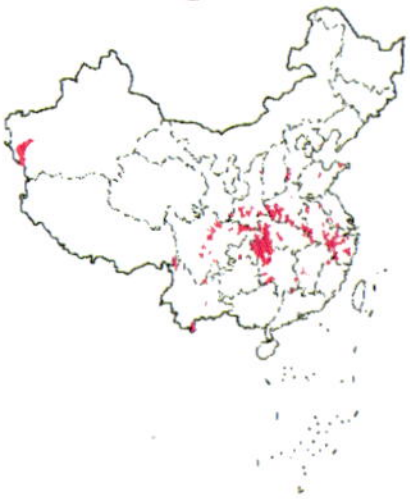

小构树 楮 桑科 构属

Broussonetia kazinoki

Kazinoki Papermulberry | xiǎogòushù

落叶灌木，有时蔓状，全株有乳汁。小枝细长；叶片卵形或长卵形，三出脉，边缘有锯齿，有时2～3裂①。花单性，雌雄同株，头状花序②；聚花果球形，成熟时橙红色①。

分布于路旁或溪边。阳生。

相似种：藤葡蟠【*Broussonetia kaempferi*，桑科 构属】落叶攀缘状蔓性灌木③。叶片长卵形至矩圆状披针形，通常不裂。花单性，雌雄异株，雄花序为柔荑花序，雌花序头状。构树【*Broussonetia papyrifera*，桑科 构属】落叶乔木。小枝粗壮，密被绒毛；叶圆形，常有不规则深裂⑤，下面密被柔毛。聚花果熟时橙红色④。分布于丘陵平原；阳生，耐干旱瘠薄，常为城镇或村庄边荒地的优势树种。

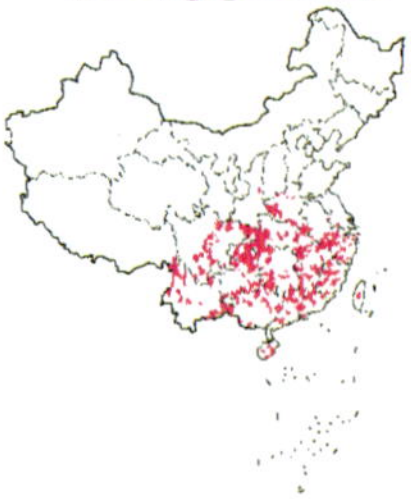

小构树是灌木，枝细，聚花果直径不超过1 cm，叶柄不长于2 cm；构树是乔木，枝粗壮，聚花果直径大于1.5 cm，叶柄长于2.5 cm。藤葡蟠为蔓状灌木，花雌雄异株，雄花序为柔荑花序。

1

2

3

1

3

2

4

5

葨芝 构棘 桑科 柘属

Maclura cochinchinensis

Vietnam Cudrania | wēizhī

常绿灌木，有时蔓状①，有乳汁。枝具刺③；叶革质，倒卵状椭圆形或椭圆形①，长3～8 cm，宽1～2.5 cm，两面无毛；头状花序，腋生②；聚花果球形，肉质，成熟时橙红色③。

分布于低山和丘陵。生长于湿润处。

相似种：柘树【*Maclura tricuspidata*，桑科 柘属】落叶小乔木或灌木。树皮呈不规则片状剥落；有枝刺；叶卵状至倒卵形，全缘或3裂；头状花序；聚花果球形，橘红色④。分布于低山丘陵的溪谷两侧；阳生。

葨芝是常绿树种，叶革质不裂；柘树是落叶树种，叶常3裂。

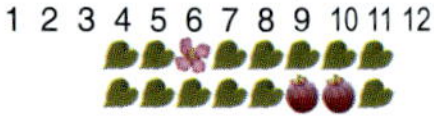

天仙果 矮小天仙果 桑科 榕属

Ficus erecta

Beechey Fig | tiānxiānguǒ

落叶小乔木或灌木，有时蔓状，有乳汁。小枝和叶柄密被硬毛，叶片倒卵状椭圆形或长圆形，长7～18 cm，宽2.5～9 cm，全缘①②，上面粗糙，下面被柔毛，三出脉。隐花果腋生，有梗②③。

分布于低山丘陵的溪谷两侧。喜湿润。

相似种：异叶榕【*Ficus heteromorpha*，桑科 榕属】幼枝常被黏质锈色毛，叶形变化甚大，倒卵状椭圆形、琴形或披针形，全缘或微波状，下面有细小乳头状突起。隐花果无梗④。分布于溪谷两侧；喜湿润。

天仙果隐花果有梗，异叶榕隐花果无梗。

1

2

3

4

1

2

3

4

枫香树 枫树 金缕梅科 枫香树属

Liquidambar formosana

Beautiful Sweetgum | fēngxiāng

落叶乔木。小枝有柔毛，叶掌状3裂，长6~12 cm，宽9~17 cm①；花单性，雌雄同株，无花瓣，雄花排成短穗状，雌花序头状③；蒴果木质，集生成球形果序，有宿存的花柱及刺状萼齿②。

广布于山地丘陵或平原。喜湿润肥沃土壤。

相似种：缺萼枫香【*Liquidambar acalycina*，金缕梅科 枫香树属】小枝无毛；头状果序，宿存的花柱短而粗④。分布于海拔600 m以上的山地；喜湿润肥沃。

枫香树头状花序有花24~43朵，蒴果有尖锐的萼齿；缺萼枫香头状花序仅有花15~26朵，无或仅有极短的萼齿。

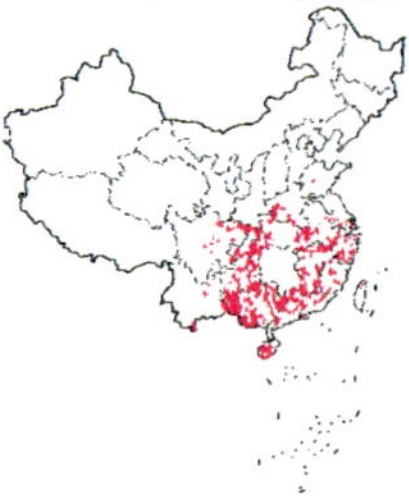

虎皮楠 虎皮楠科 虎皮楠属

Daphniphyllum oldhamii

Oldham Tigernanmu | hǔpínán

常绿乔木。叶集生于枝顶，长圆形至椭圆状披针形，长8~16 cm，宽3~5 cm，上面深绿色①，下面灰绿色，有细小乳头状突起；叶柄基部稍膨大，曲折状。花单性异株，无花瓣；雌花柱头反卷；雄花序腋生，总状，花药长圆形②；核果椭圆形③。

分布于海拔300~900 m山地。是常绿阔叶林的重要建群树种，幼时需荫庇。

相似种：交让木【*Daphniphyllum macropodum*，虎皮楠科 虎皮楠属】叶椭圆形，集生于枝顶④，下面淡绿色，当新叶开放时，老叶凋落更替。核果被少量白粉④。分布于海拔800 m以上的山地；常为黄山松林下层最优势的种。

虎皮楠叶片长度超过宽度的三倍，下面有乳头状突起；交让木叶片长度约为宽度的三倍，下面无乳头状突起。

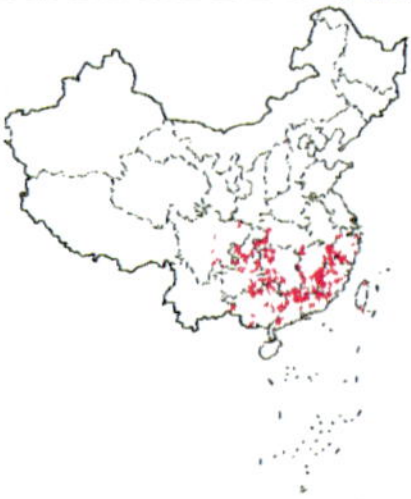

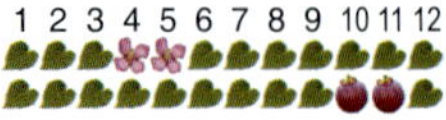

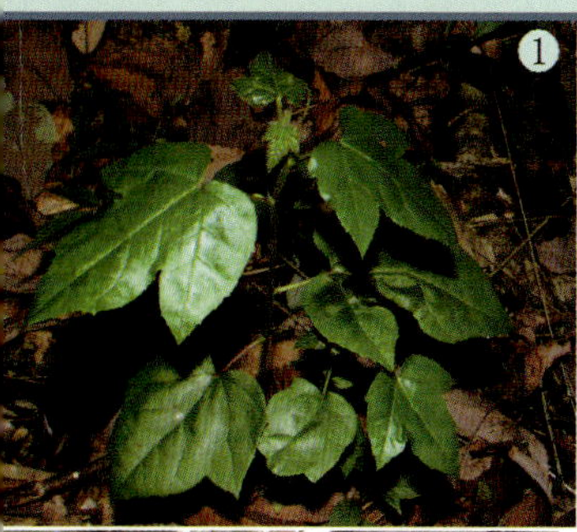
1

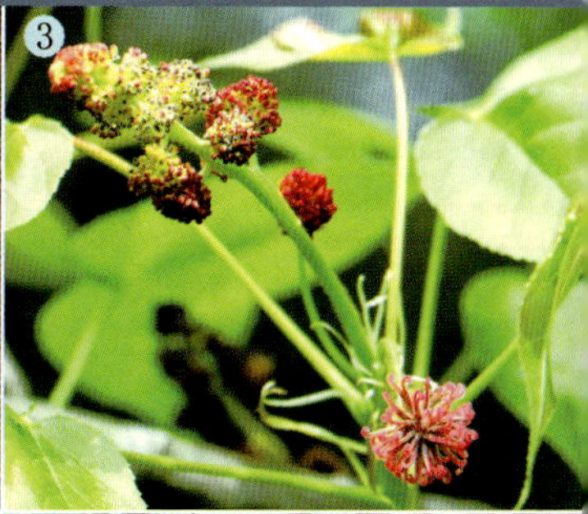
3

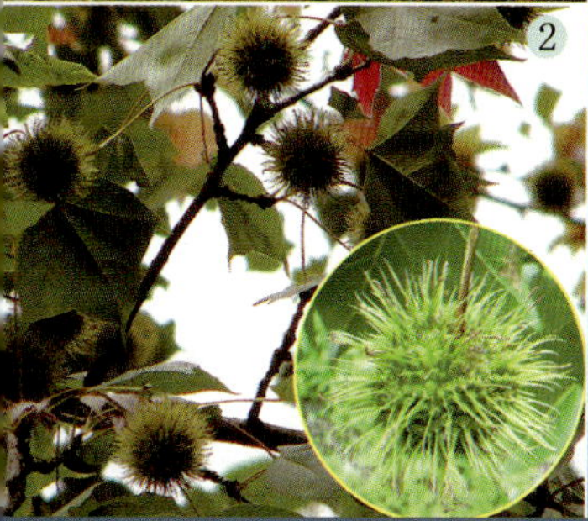
2

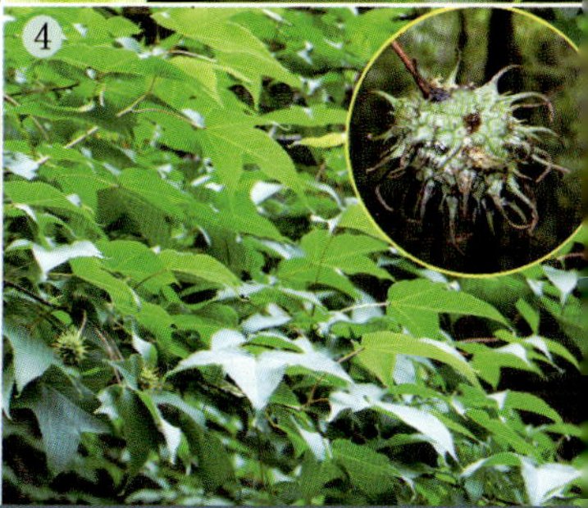
4

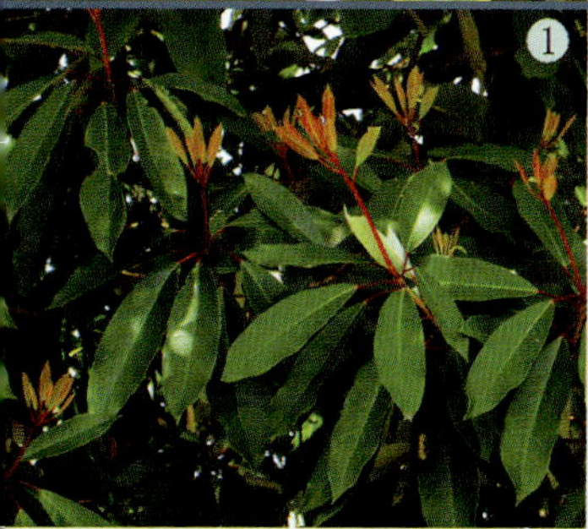
1

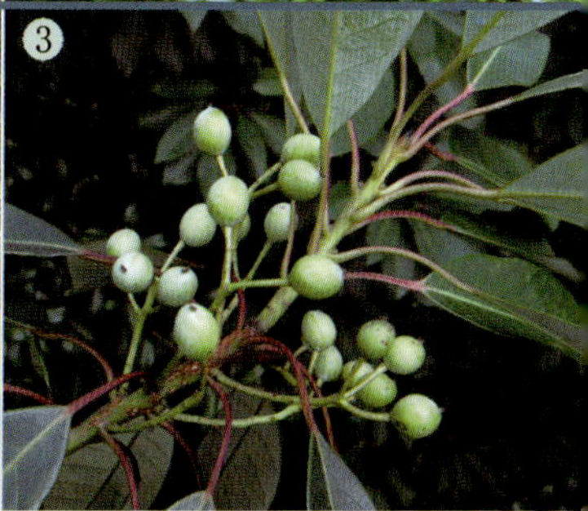
3

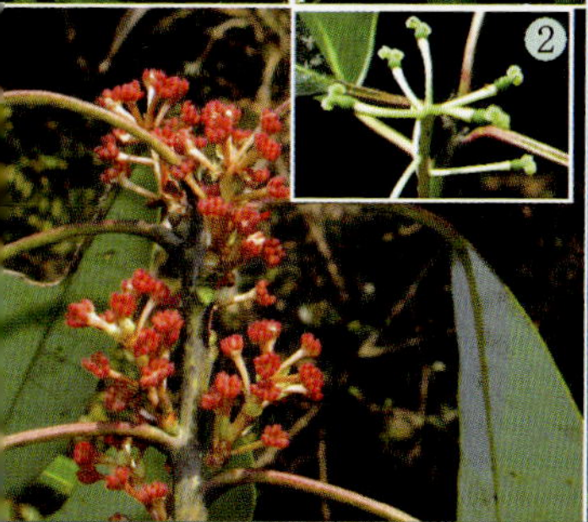
2

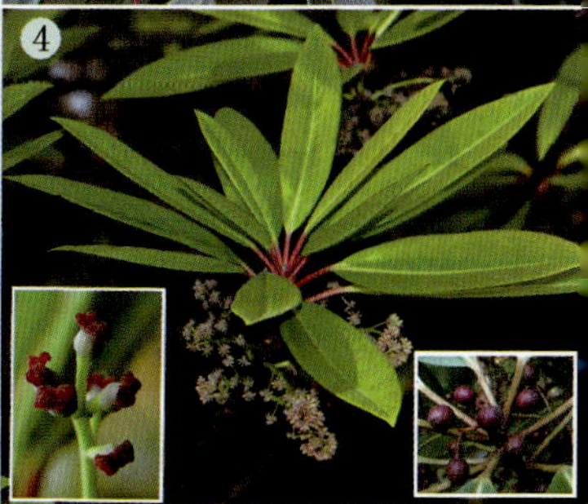
4

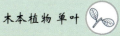

山乌桕　大戟科 乌桕属

Triadica cochinchinensis

Wild Tallowtree　| shānwūjiù

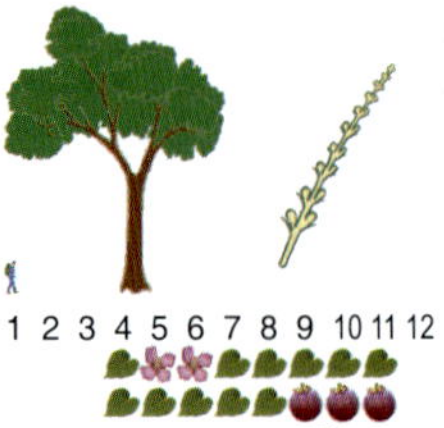

落叶乔木。叶片椭圆状卵形，长5～10 cm，宽2.5～5 cm，全缘，两面无毛；叶柄细长，长2～5 cm，顶端有两腺体；蒴果宽卵形①，种子球形，外层有白色蜡状假种皮。

分布于山地林中。

相似种： 乌桕【*Triadica sebifera*，大戟科 乌桕属】落叶乔木。叶片菱形，叶柄长2.5～6 cm；总状花序，花单性，雌雄同序②；种子外被白色蜡状假种皮。分布于低山丘陵和平原；阳生。**白木乌桕**【*Neoshirakia japonica*，大戟科 乌桕属】落叶小乔木或灌木。叶椭圆形，叶柄长1～2.5 cm，顶端有两腺体；总状花序顶生③；蒴果三棱状球形④，种子无蜡状假种皮。分布于山地丘陵。

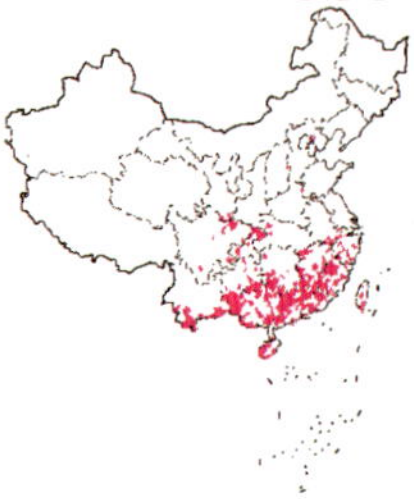

山乌桕和乌桕种子具蜡状假种皮，山乌桕的叶长为宽的两倍以上，乌桕的叶长宽略相等；白木乌桕的种子无蜡状假种皮。

算盘子　大戟科 算盘子属

Glochidion puberum

Puberulous Glochidion　| suànpánzi

落叶小乔木或灌木。小枝纤细，被毛；叶互生，排成两列，如羽状复叶；叶片长圆形或长圆状披针形，长3～8 cm，宽1.5～2.5 cm，全缘，下面被毛；叶柄短，长1～3 mm；花小，无花瓣，萼片黄绿色②。蒴果扁球形，种子红褐色①。

分布于山地丘陵平原。在沟谷有时成小乔木，在平原丘陵阳生处多为灌木。

相似种： 青灰叶下珠【*Phyllanthus glaucus*，大戟科 叶下珠属】落叶灌木。小枝光滑无毛；叶互生，通常排成两列，如羽状复叶；叶片椭圆形至长圆形，长2～5 cm，宽1.5～3 cm，全缘，上面绿色，下面青灰色，两面无毛③；花无花瓣，萼片5枚；浆果球形，成熟时黑紫色，花萼宿存③。分布于低山丘陵沟谷两侧；喜湿润。

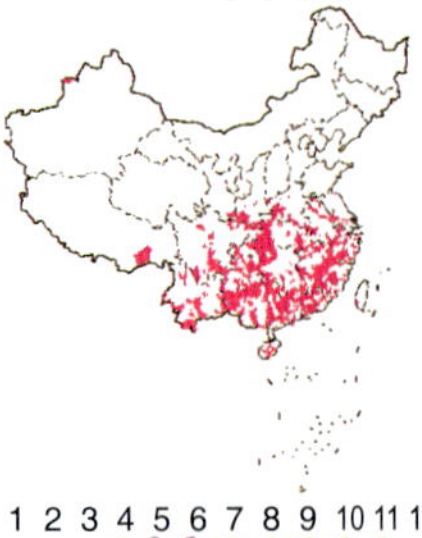

算盘子叶下有毛，果为蒴果；青灰叶下珠叶两面无毛，果为浆果。

1

3

2

4

1

2

3

杨梅叶蚊母树

金缕梅科 蚊母树属

Distylium myricoides

Myrica-like Mosquitomam | yángméiyèwénmǔshù

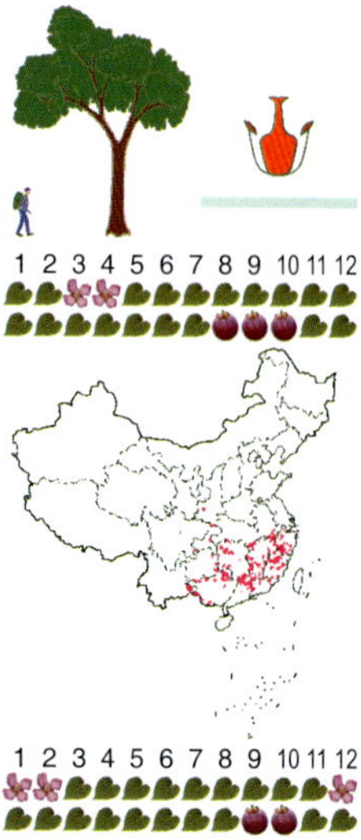

常绿小乔木或灌木。幼枝和芽被黄褐色鳞秕；叶革质，椭圆形或倒卵状披针形，长3 ~ 6 cm，宽2.5 ~ 3.5 cm，边缘上部有数个细齿，两面无毛；叶常具虫瘿①。短穗状花序腋生；花无花瓣，花药红色②；蒴果卵球形，被黄褐色星状毛③，成熟时瓣裂；种子黑褐色。

分布于山地沟谷两侧。喜湿润。

相似种：小叶蚊母树【*Distylium buxifolium*，金缕梅科 蚊母树属】常绿灌木。幼枝和芽常被褐色柔毛；叶全缘或先端有一个锯齿；蒴果卵球形，被褐色绒毛④。生长于溪流浅滩上；喜湿润。

杨梅叶蚊母树幼枝和芽被鳞秕，边缘上部有数个细齿；小叶蚊母树幼枝和芽常被褐色柔毛，叶全缘或先端有一个锯齿。

山油麻

榆科 山黄麻属

Trema cannabina* var. *dielsiana

Diels Wildjute | shānyóumá

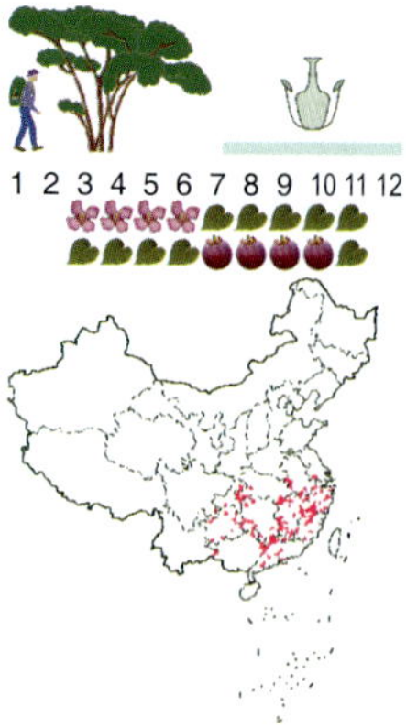

落叶灌木。小枝纤细，与叶柄密被粗毛；叶卵形至卵状披针形，长4 ~ 10 cm，宽1.5 ~ 4 cm，尾尖，边缘有锯齿，两面被毛，三出脉；聚伞花序，腋生，花小，无花瓣①；核果球形，成熟时橙红色②。

分布于低山丘陵林缘或路边。阳生。

小枝被粗毛。

1

3

2

4

1

2

白背叶　大戟科 野桐属

Mallotus apelta

Whitebackleaf　| báibèiyè

落叶小乔木。小枝、叶柄及花序密被白色柔毛①，散生橙红色腺体；叶片宽卵形，常三浅裂，长5～10 cm，宽3～9 cm，下面灰白色，密被柔毛，叶脉三出，基部有2腺体；叶柄长。穗状花序顶生①，蒴果球形，密生软刺②。

分布于山地丘陵。阳生。

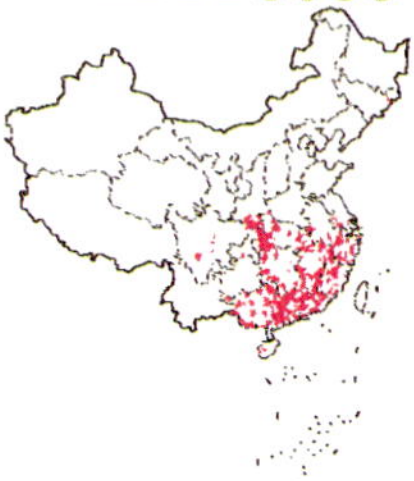

相似种： 野桐【*Mallotus tenuifolius*，大戟科 野桐属】嫩枝、叶柄及花序密被褐色毛③；叶下面散生星状毛和红色腺点；叶脉三出，基部有2腺体④。分布于山地丘陵林缘；阳生。山麻杆【*Alchornea davidii*，大戟科 山麻杆属】落叶灌木。嫩枝密被黄褐色毛，叶宽卵形，边缘有尖锯齿⑤，基部有两枚刺毛状腺体。雄花密集成短穗状花序。分布于林缘路边；阳生，喜湿润。

白背叶和野桐的花序顶生，叶常三裂，白背叶叶下面密被灰白色柔毛，野桐叶下面散生星状毛；山麻杆花序侧生，叶不分裂。

粗糠柴　大戟科 野桐属

Mallotus philippensis

Philippine Wildtung　| cūkāngchái

常绿小乔木。小枝、叶柄和花序均被褐色星状毛；叶互生，叶片披针形或长圆形，长7～15 cm，宽2～6 cm，全缘，上面绿色，下面灰白色②，密被红褐色星状毛及散生红色腺点，叶脉三出，基部有2腺体；蒴果球形，红色②。

分布于山地沟谷两侧。喜湿润。

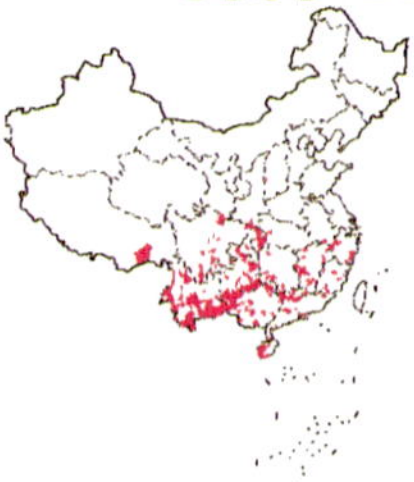

相似种： 石岩枫【*Mallotus repandus*，大戟科 野桐属】蔓状灌木。雄花序为顶生圆锥花序①；蒴果球形，密被黄色腺点及锈色星状毛③。分布于山地丘陵路边和沟谷两侧；阳生。

粗糠柴直立，果红色；石岩枫蔓状，果黄色。

①

③

②

④

⑤

①

②

③

青皮木　铁青树科 青皮木属

Schoepfia jasminodora

Common Greentwig　| qīngpímù

落叶乔木。树皮灰白色，不裂；叶卵形至卵状披针形，长3.5 ~ 10 cm，宽2 ~ 5 cm，全缘，两面光滑无毛①；花序总状，生于新枝叶腋，下垂，花冠黄白色③；核果椭圆形，成熟时红色至紫黑色②④。

分布于山地中坡。生长于阔叶林中。

叶柄常带淡红色，叶脉近基部常带紫褐色。

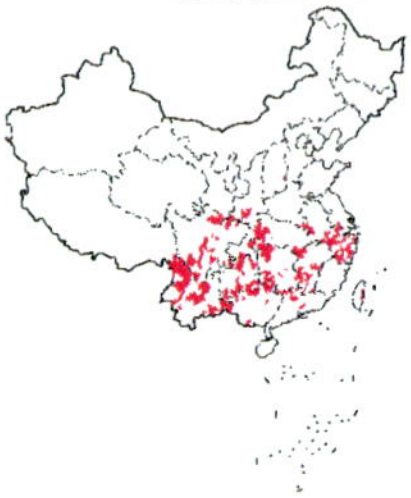

天台小檗　长柱小檗　小檗科 小檗属

Berberis lempergiana

Tiantai Barberry　| tiāntáixiǎobò

常绿灌木。枝具刺，刺三分叉①；叶革质，长椭圆形，长3.5 ~ 6.5 cm，宽1 ~ 2.3 cm，齿端有针刺①②；果椭圆形，被蜡粉，顶端具宿存花柱②。

分布于山地林下。

相似种：庐山小檗【*Berberis virgetorum*，小檗科 小檗属】落叶灌木。枝刺常单一；叶全缘，下面有白粉；总状花序，花淡黄色③；浆果成熟时红色。分布于山坡灌丛中，常见栽培。

天台小檗常绿，果实具宿存花柱；庐山小檗落叶，果实无宿存花柱。

1
3
2
4

1
2
3

木莲 乳源木莲 木兰科 木莲属

Manglietia fordiana

Ford Woodlotus | mùlián

常绿乔木。树皮光滑；小枝有环状托叶痕；顶芽发达。叶长圆形至窄椭圆形，长8 ~ 17 cm，宽2.5 ~ 4 cm，全缘①③，近无毛；花两性，白色，雌蕊群椭圆状卵形②；聚合蓇葖果卵形③，种子红色④。

分布于山地林下。喜温暖湿润肥沃处。

花大，单生枝顶。

野含笑 木兰科 含笑属

Michelia skinneriana

Wild Michelia | yěhánxiào

常绿乔木。树皮灰白色；芽、幼枝、叶柄、叶下面中脉、花梗均密被褐色长柔毛①②；叶片革质，窄倒卵状椭圆形至窄椭圆形，长5 ~ 12 cm，宽1.5 ~ 4 cm①③，托叶痕达叶柄顶端；花淡黄色②，芳香；聚合果有细长的梗③。

分布于低山丘陵沟谷两侧。阴生，喜肥沃湿润。

相似种：深山含笑【*Michelia maudiae*，木兰科 含笑属】芽、幼枝、叶下面均被白粉，全体无毛；花白色④。分布于山谷；阴生。

野含笑叶柄上有托叶痕，枝上有毛；深山含笑叶柄上无托叶痕，全体无毛。

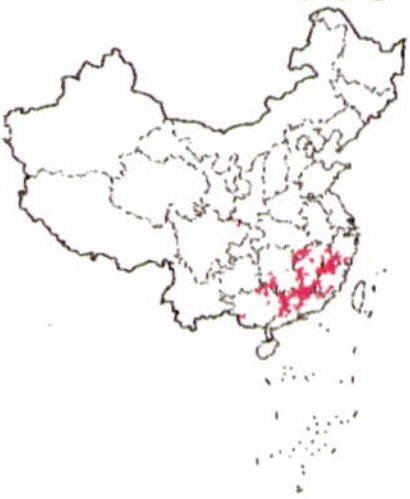

1

3

2

4

1

3

2

4

黄山玉兰 黄山木兰 木兰科 木兰属

Yulania cylindrica

Huangshan Magnolia | huángshānyùlán

落叶乔木。幼枝和叶柄被淡黄色毛；叶倒卵形或倒卵状椭圆形，长6～13 cm，宽3～6 cm，先端钝尖或圆形②；花先叶开放①，花被片9片，外轮3片膜质，内两轮白色，基部紫红色③；聚合果圆柱形②。

分布于山地林中。喜深厚肥沃土壤。

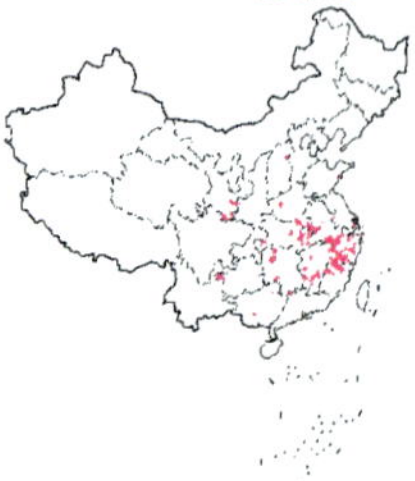

相似种：厚朴【*Houpoea officinalis*，木兰科 木兰属】别名凹叶厚朴。小枝粗壮，顶芽大；叶片大，长圆状倒卵形，集生于枝顶，下面有白粉，叶片顶端急尖至凹缺成2浅裂；花大，与叶同时开放；聚合果长圆状④。分布于山地林中，常见栽培；阳生。

黄山玉兰叶长在18 cm以下，侧脉10对以下，先端钝尖或圆形；厚朴叶片长20～30 cm，侧脉15～25对，顶端急尖至凹缺成2浅裂。

柳叶蜡梅 黄金茶 蜡梅科 腊梅属

Chimonanthus salicifolius

Willowleaf Wintersweet | liǔyèlàméi

半常绿灌木。小枝细；叶对生，长椭圆形至线状披针形，长6～11 cm，宽1～2.5 cm，全缘②，上面粗糙，下面灰绿色，有白粉。花生于叶腋，淡黄色①；果实梨形，种子黑色③。

常见于海拔700 m以下的山地林下。适应性强，局部成为林下层优势种，稍喜光。

叶片粗糙，揉碎有芳香味。

①
③
②
④

①
②
③

红毒茴　莽草 披针叶茴香　八角科 八角属

Illicium lanceolatum

Poisonous Eightangle　| hóngdúhuí

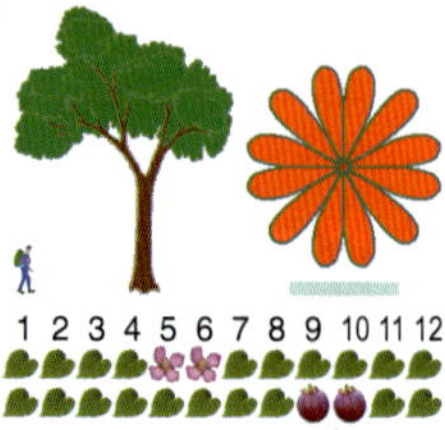

常绿小乔木①。全体无毛；叶革质，倒披针形至披针形，长5 ~ 15 cm，宽1.5 ~ 4.5 cm，全缘，绿色有光泽①③；花红色②；聚合果有蓇葖10 ~ 13，蓇葖先端有长而弯曲的尖头③；果实和叶揉之具香味，果实有毒。

分布于山地溪谷两侧。阴生，喜湿润。

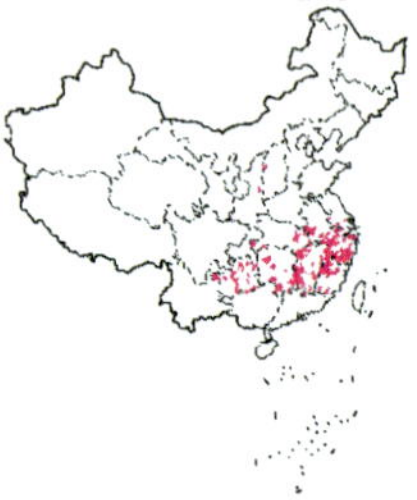

相似种：假地枫皮【*Illicium jiadifengpi*，八角科　八角属】花白色或黄色，花被片膜质；蓇葖果先端渐尖④。分布于山地沟谷；喜阴湿。

红毒茴花红色，花被片肉质；假地枫皮花黄色或白色，花被片膜质。

樟树　香樟 樟　樟科 樟属

Cinnamomum camphora

Camphortree　| zhāngshù

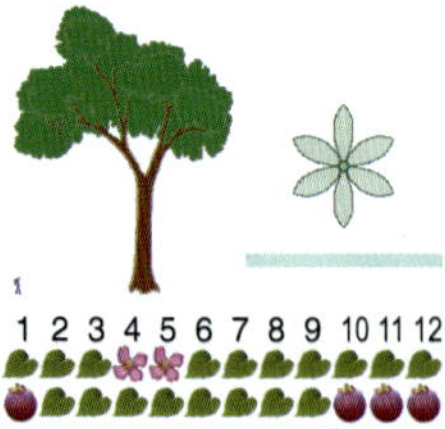

常绿乔木①。小枝光滑无毛，叶薄革质，叶片卵形或卵状椭圆形，长6 ~ 12 cm，宽2.5 ~ 5.5 cm，边缘呈微波状起伏，离基三出脉。圆锥花序，花淡黄绿色③。浆果状核果，成熟时紫黑色⑤。

分布于低山丘陵。喜湿润，在河谷有时成优势群落。

相似种：天竺桂【*Cinnamomum japonicum*，樟科　樟属】别名浙江樟。树皮有芳香味；叶互生或近对生，上面有光泽，下面被白粉④；圆锥状聚伞花序，花黄绿色②；果长卵形。分布于山地林下；喜阴和湿润。**细叶香桂**【*Cinnamomum subavenium*，樟科　樟属】别名香桂。叶椭圆形；三出脉，中脉在上面凹陷⑥；叶下面黄绿色，幼时密被黄色短柔毛。分布于山地林中；喜阴。

樟树叶互生；天竺桂和细叶香桂叶近对生；天竺桂叶下被白粉和微毛，细叶香桂叶下被平伏绢状柔毛。

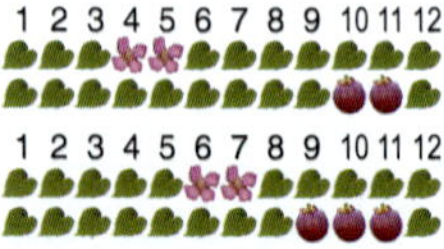

1
2
3
4

1
3
5
2
4
6

红楠　　樟科 润楠属

Machilus thunbergii

Red Nanmu　| hóngnán

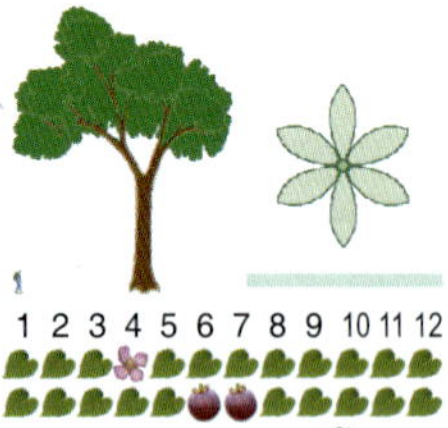

常绿乔木。树皮浅裂；叶片革质，倒卵形至倒卵状披针形，长4.5 ~ 10 cm，宽2 ~ 4 cm，全缘，上面有光泽，下面微被白粉，叶柄略带红色；聚伞状圆锥花序，花黄绿色①；果近球形，成熟时紫黑色，果梗肉质，鲜红色②。

分布于山地丘陵林下。阴生，喜湿润。

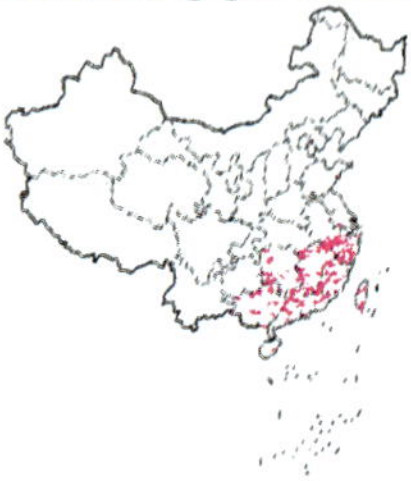

相似种：薄叶润楠【*Machilus leptophylla*，樟科 润楠属】别名华东楠；顶芽近球形，较明显；叶片为倒卵状长圆形，下面灰白色；花白色；果球形③。分布于山地溪谷两侧；喜湿润。**刨花润楠**【*Machilus pauhoi*，樟科 润楠属】别名刨花楠；叶狭椭圆形，嫩叶红色④，叶下面密被灰黄色平伏绢毛。分布于山地林下；喜湿润，阴生。

红楠叶下面无毛；薄叶润楠和刨花润楠叶下面有毛或至少幼时有毛；薄叶润楠叶片为倒卵形，较宽；刨花润楠叶片为长椭圆形，较窄。

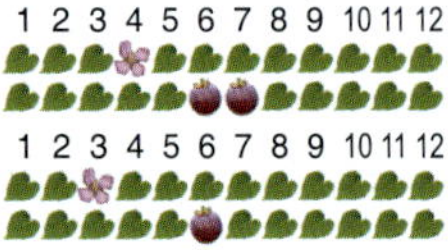

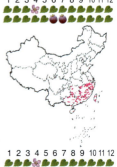

黄绒润楠　黄桢楠　樟科 润楠属

Machilus grijsii

Grijs Machilus　| huángróngrùnnán

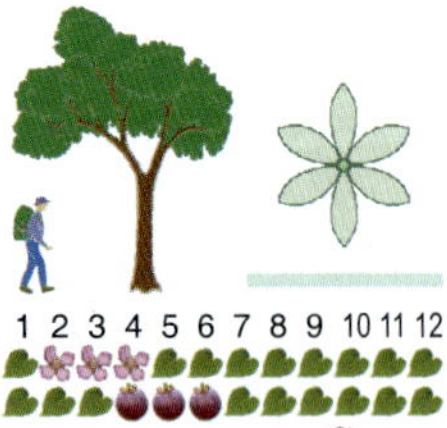

常绿灌木或小乔木。芽、小枝、叶柄、叶下面密被黄褐色短绒毛②，叶片革质，倒卵状长圆形，长8 ~ 18 cm，宽3.5 ~ 7 cm，叶近集生于枝顶①；花序丛生于小枝顶端，花黄色③；果熟时紫黑色，果梗肉质鲜红色④。

分布于山地丘陵林下。喜湿润，阴生。

叶下面密被黄褐色绒毛。

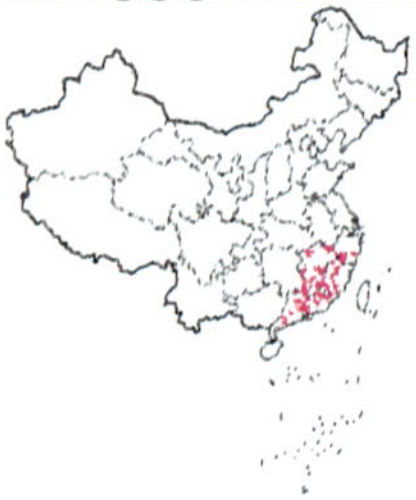

①

③

②

④

①

③

②

④

紫楠　樟科 楠属

Phoebe sheareri

Purple Nanmu　| zǐnán

常绿乔木。小枝、叶柄及花序密被褐色绒毛；叶互生，革质，倒卵形至倒卵状披针形①，长8～27 cm，宽4～9 cm，上面绿色，下面密被黄褐色长柔毛；圆锥花序腋生，花黄绿色②；果卵圆形，熟时黑色③。

分布于低山丘陵沟谷两侧。阴生，喜湿润。

相似种：闽楠【*Phoebe bournei*，樟科 楠属】小枝近无毛，叶片革质，披针形至倒披针形，上面有光泽，下面被短柔毛；果椭圆形，熟时蓝黑色，微被白粉④。分布于低山丘陵；喜湿润肥沃。

紫楠叶为倒卵形，最宽处在叶片上部；闽楠叶为披针形至倒披针形，最宽处在叶片中部。

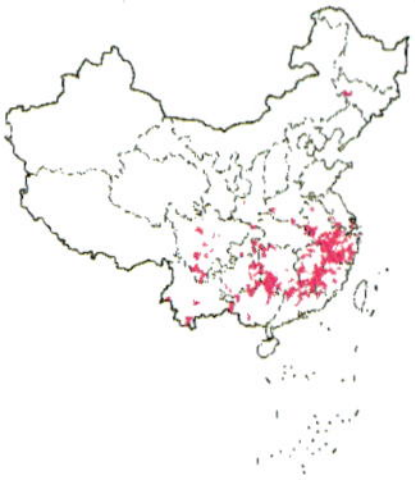

檫木　檫树　樟科 檫木属

Sassafras tzumu

Sassafras　| chámù

落叶乔木①。树皮不规则深纵裂，小枝绿色；叶互生，叶片卵形或倒卵形，长9～20 cm，宽6～12 cm，全缘或2～3裂②；总状花序，先叶开花，花黄色③；果球形，成熟时从红色变为蓝黑色，外被白色蜡粉，果托浅杯状，果梗上端增粗，肉质④。

分布于山地林中。阳生，喜光。

叶常2～3裂。

1

3

2

4

1

3

2

4

浙江新木姜子 樟科 新木姜子属

Neolitsea aurata* var. *chekiangensis

Zhejiang Newlitse | zhèjiāngxīnmùjiāngzǐ

常绿小乔木或灌木。树皮平滑不裂，叶互生或近集生于枝顶，叶片革质至薄革质，披针形至长圆状披针形，长6 ~ 13 cm，宽1 ~ 3 cm，离基三出脉①，上面有光泽，下面幼时被短柔毛，后脱落，有白粉；伞形花序位于2年生小枝叶腋②；果椭圆形③，熟时红色至紫黑色。

分布于山地丘陵林下。是林下层重要的组成树种。

相似种：云和新木姜子【*Neolitsea aurata* var. *paraciculata*，樟科 新木姜子属】幼枝和叶柄均无毛，叶片下面被白粉④。分布海拔800 m以上的山地；生于山坡阔叶林中。

浙江新木姜子幼枝和叶柄被毛；云和新木姜子幼枝和叶柄均无毛。

山鸡椒 山苍子 樟科 木姜子属

Litsea cubeba

Mountain Spicy Tree | shānjījiāo

落叶小乔木。树皮光滑，小枝绿色；叶互生，薄纸质，披针形至长圆状披针形①，长4 ~ 11 cm，宽1.5 ~ 3 cm，上面绿色③，下面粉绿色④，两面无毛，揉碎后具浓郁香味；伞形花序，先叶开放，花黄白色②，芳香；果球形③④，熟时紫黑色。

分布于山地丘陵林缘。阳生，在次生林地常见。

落叶小乔木，小枝与叶均无毛；全株具芳香味。

①

②

③

④

①

②

③

④

豹皮樟　　樟科 木姜子属

Litsea coreana* var. *sinensis

Leopard Litse　| bàopízhāng

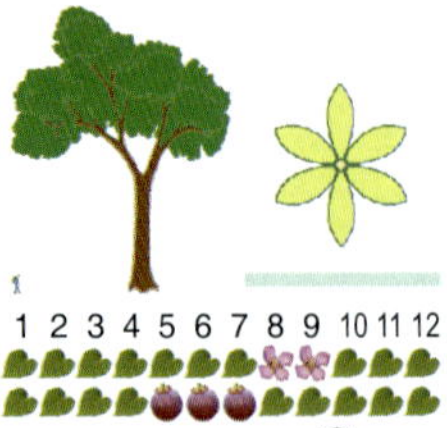

常绿乔木。树皮灰白色，呈不规则片状剥落，斑驳③。叶互生，革质，叶片长圆形至披针形，长5～10 cm，宽1.5～2.7 cm，下面灰白色①，无毛；伞形花序腋生，无总梗②；果近球形，熟时红色①。

分布于山地林下。喜阴和湿润。

相似种：黄丹木姜子【*Litsea elongata*，樟科 木姜子属】小枝密被绒毛；叶下面沿脉被长绒毛；伞形花序生于叶腋④；果长圆形，熟时紫黑色⑥。分布于山地沟谷两侧林下；喜阴。黑壳楠【*Lindera megaphylla*，樟科 山胡椒属】常绿乔木。叶近集生于枝顶，倒披针形，两面无毛；果椭圆形⑤。分布于沟谷两侧。

豹皮樟和黑壳楠小枝无毛；豹皮樟花序近无梗，叶宽不超过3.5 cm；黑壳楠花序有总梗，叶宽超过4 cm。黄丹木姜子小枝密被毛。

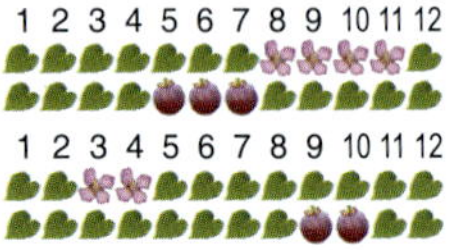

山橿　　樟科 山胡椒属

Lindera reflexa

Montane Spicebush　| shānjiāng

落叶灌木。小枝黄绿色，光滑①，叶互生，羽状脉，卵形至倒卵状椭圆形，长4～15 cm，宽4～10 cm，上面绿色⑤，下面灰白色③；花先叶开放，伞形花序具短总梗，花黄色①；果圆球形，鲜红色②。

分布于山地丘陵林缘或灌丛中。阳生。

相似种：乌药【*Lindera aggregata*，樟科 山胡椒属】常绿灌木。根膨大，纺锤状；叶革质，三出脉；伞形花序生于叶腋④；果熟时黑色⑥。分布于山地丘陵林缘；阳生。

山橿落叶，果熟时红色；乌药常绿，果熟时黑色。

1

3

5

2

4

6

1

3

5

2

4

6

山胡椒 樟科 山胡椒属

Lindera glauca

Greyblue Spicebush | shānhújiāo

落叶小乔木或灌木，枯叶常滞留于枝上直到新叶萌发时才脱落①。树皮灰白色，光滑；小枝幼时被绢状柔毛；叶互生，叶片椭圆形至倒卵形，长4～9 cm，宽2～4 cm，羽状脉①；伞形花序，与叶同时开放；果球形，熟时紫黑色③。

分布于山地丘陵。阳生，极为普遍。

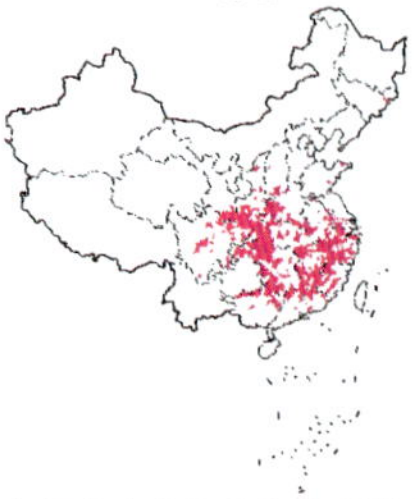

相似种：红果山胡椒【*Lindera erythrocarpa*，樟科 山胡椒属】别名红果钓樟。落叶小乔木。小枝皮孔明显，叶脉羽状；伞形花序，花先叶开放④；果熟时鲜红色②。分布于山地丘陵林缘；阳生。红脉钓樟【*Lindera rubronervia*，樟科 山胡椒属】落叶灌木。叶离基三出脉⑤，下面被柔毛；果成熟时紫黑色。分布于山地沟谷两侧；喜湿润。

山胡椒和红脉钓樟果熟时紫黑色；山胡椒叶脉羽状，叶片最宽处在中部以下；红脉钓樟叶片为离基三出脉；红果山胡椒果熟时红色，叶脉羽状，叶片最宽处在中部以上。

中国绣球 伞形绣球 绣球花科 绣球属

Hydrangea chinensis

China Hydrangea | zhōngguóxiùqiú

落叶灌木。叶对生，椭圆形至狭倒卵形，长4～12 cm，宽1.5～4 cm，全缘或中部以上有稀疏小齿；伞形聚伞花序，萼片白色，有放射花和可孕花①；蒴果卵球形，花柱宿存②。

分布于溪边、林缘和疏林中。阳生。

相似种：圆锥绣球【*Hydrangea paniculata*，绣球花科 绣球属】落叶灌木。单叶对生或三叶轮生，边缘有细密锯齿；圆锥花序顶生，放射花多数，萼片白色③。分布于溪边、林缘或山坡灌丛中。粗枝绣球【*Hydrangea rotusta*，绣球花科 绣球属 别名腊莲绣球】小枝密被粗伏毛，叶片下面被粗毛，花蓝色④。分布于溪边、林缘和疏林中；喜湿润。

中国绣球和粗枝绣球均具聚伞状花序，叶对生；中国绣球子房半下位，蒴果有部分突出萼筒外；粗枝绣球子房下位，蒴果不超出萼筒；圆锥绣球叶对生或三叶轮生，花序圆锥状。

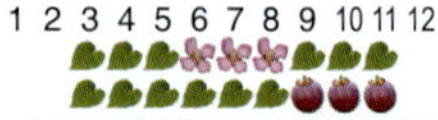

1
3
2
4
5
1
3
2
4

浙江山梅花 绣球花科 山梅花属

Philadelphus zhejiangensis

Zhejiang Mockorange | zhèjiāngshānméihuā

落叶灌木。小枝无毛，叶片对生，卵形至卵状椭圆形，长5 ~ 10 cm，宽2 ~ 6 cm，边缘有细锯齿，三出脉②；总状花序，花白色，芳香，萼片4裂，花瓣4①；蒴果椭圆形，花萼宿存②。

分布于山地溪沟两侧。喜湿润。

相似种：宁波溲疏【*Deutzia ningpoensis*，绣球花科 溲疏属】落叶灌木。树皮薄片状剥落，叶下面密被灰白色星状毛，圆锥花序，花白色，花瓣5；蒴果球形③。分布于山地林缘和溪谷边。**黄山溲疏**【*Deutzia glauca*，绣球花科 溲疏属】叶下面灰绿色，微被白粉和疏生星状毛。花白色，花瓣5，蒴果球形④。分布于林缘和溪边。

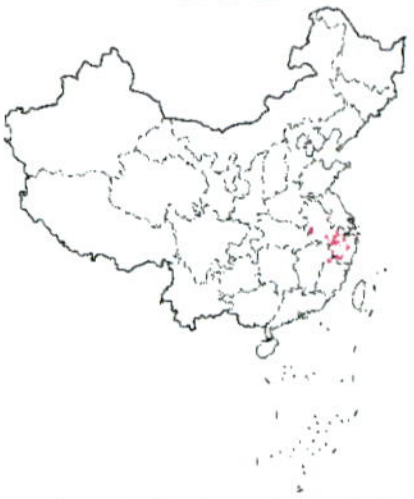

浙江山梅花花序总状，花萼和花瓣4，花萼宿存；宁波溲疏和黄山溲疏花序圆锥状，花萼和花瓣5，花萼果期脱落；宁波溲疏叶下面密被毛，黄山溲疏叶下面微被白粉和毛。

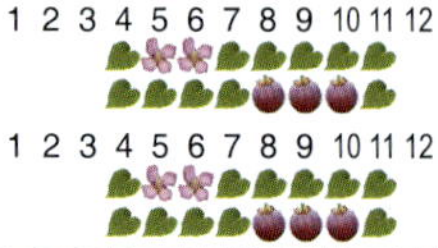

峨眉鼠刺 矩形叶鼠刺 茶藨子科 鼠刺属

Itea omeiensis

Emei Sweetspire | éméishǔcì

常绿灌木。叶互生，叶片薄革质，长圆形，长7 ~ 13 cm，宽3 ~ 5.5 cm，边缘有细密锯齿，两面无毛③；总状花序腋生①，花两性，花瓣白色②；蒴果深褐色，顶端有喙，2瓣裂③④。

分布于山地丘陵林下或林缘。

常绿灌木；总状花序腋生；蒴果瓣裂。

1

3

2

4

1

3

2

4

海金子 崖花海桐 海桐花科 海桐花属

Pittosporum illicioides

Anisetree-like Seatung | hǎijīnzi

常绿灌木或小乔木②。枝光滑无毛，上部枝条近轮生，叶互生常簇生于枝顶，薄革质，倒卵状披针形至倒披针形，长5～10 cm，宽2.5～4.5 cm，先端渐尖，全缘，无毛①；伞形花序顶生，花梗细长，常下弯③，花瓣淡黄色④；蒴果圆球形，3瓣裂；种子红色①。

分布于山地林下。阴生。

嫩枝和叶无毛，叶片先端渐尖；果瓣裂；种子红色，有黏性。

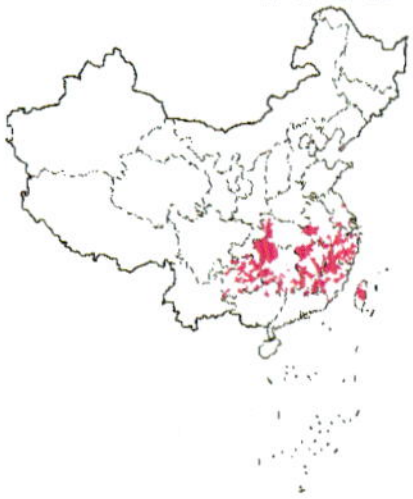

长柄双花木 金缕梅科 双花木属

Disanthus cercidifolius* subsp. *longipes

Longstipe Disanthus | chángbǐngshuānghuāmù

落叶灌木。小枝曲折；叶具长柄；单叶互生，叶膜质，宽卵形至扁圆形，长3～6 cm，宽3～7 cm，基部心形，两面无毛，全缘，掌状脉5～7出①；头状花序腋生，有花两朵，花瓣狭长带状，红色或紫红色②③；蒴果倒卵形，木质，上部2瓣裂④；果序梗长1.5～3 cm；种子黑色。

分布于溪边林下，常集生成片。喜湿润。

单叶互生，叶脉掌状；花序腋生，有花两朵；果序梗长1.5～3 cm。

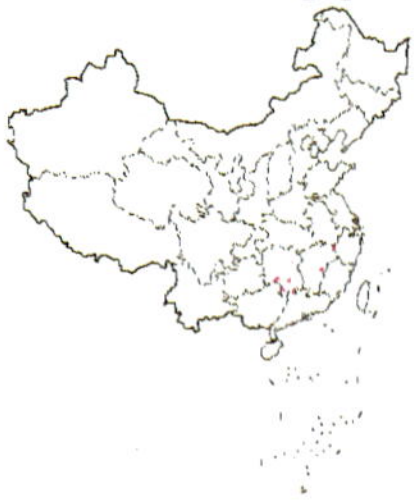

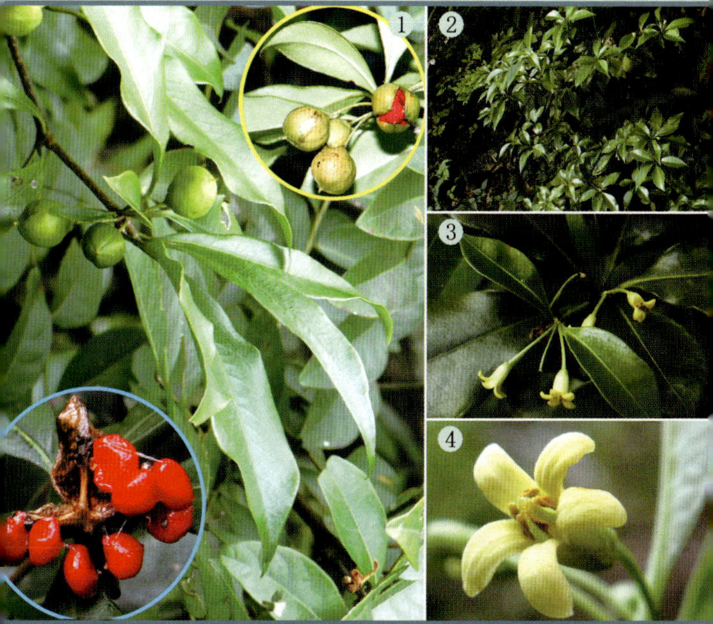
1
2
3
4

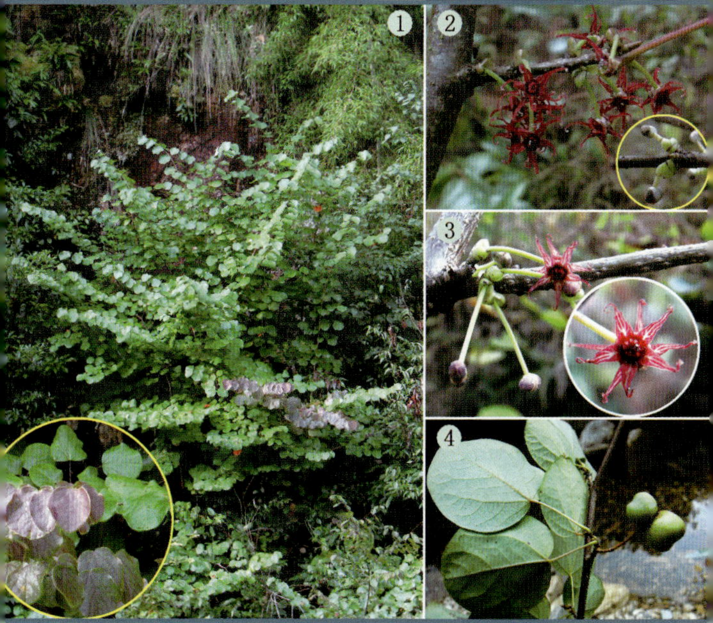
1
2
3
4

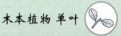

檵木 金缕梅科 檵木属

Loropetalum chinense

China Loropetal | jìmù

常绿灌木或小乔木。树干常扭曲④，多分枝，小枝和叶柄密被星状毛；叶片革质，卵形，长1.5～5 cm，宽1～2.5 cm，叶片基部多少偏斜，全缘，上面粗糙①，下面有星状毛；花簇生，白色，花瓣带状，4枚②⑤；蒴果卵球形，萼筒宿存，被星状毛③；种子亮黑色。

广泛分布于山地丘陵。喜光，耐瘠薄，适应性强，常为次生林地的优势种类。

小枝、叶及叶柄被黄褐色星状毛；叶片基部多少偏斜；花簇生，白色。

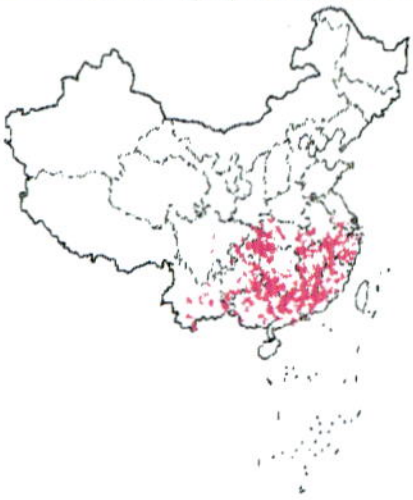

腺蜡瓣花 灰白蜡瓣花 金缕梅科 蜡瓣花属

Corylopsis glandulifera

Glaucousback Waxpetal | xiànlàbànhuā

落叶灌木①。幼枝无毛；叶片倒卵形至近圆形，长5～9 cm，宽3～6 cm，边缘上半部有锯齿，齿尖芒状，下面常灰白色，秃净无毛④；总状花序，生于侧枝顶端，花淡黄色②；蒴果球形，4瓣裂③。

分布于山地林下。喜光，适应性强。

相似种：金缕梅【*Hamamelis mollis*，金缕梅科金缕梅属】落叶小乔木。嫩枝被黄褐色星状柔毛，叶下面密被灰白色柔毛；花先叶开放，金黄色⑤。分布于海拔1000 m以上的山地。

腺蜡瓣花花瓣匙形，花序总状，幼枝及叶片两侧常秃净无毛；金缕梅花瓣带状，花序短穗状，嫩枝及叶片背面被毛明显。

1
3
4
2
5

1
2
4
3
5

光叶粉花绣线菊　蔷薇科 绣线菊属

Spiraea japonica* var. *fortunei

Taperleaf Spiraea　| guāngyèfěnhuāxiù xiànjú

落叶灌木。枝条细长；叶长卵形至长圆状披针形，长5～10 cm，边缘重锯齿，上面有皱纹①，下面有白粉；复伞房花序，生于当年生枝顶，花瓣粉红色①；蓇葖果5②。

分布于海拔400 m以上的山地林缘。阳生。

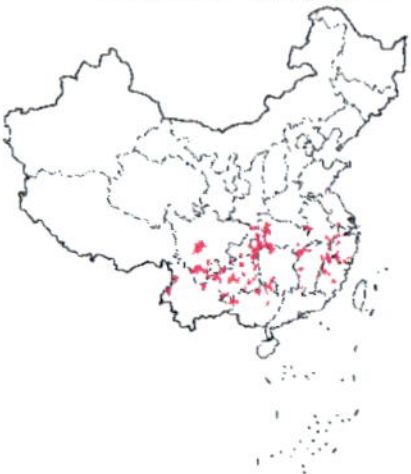

相似种：中华绣线菊【*Spiraea chinensis*，蔷薇科 绣线菊属】小枝拱形弯曲，叶片菱状卵形，边缘具粗锯齿，下面密被绒毛；花序伞形，有总花梗，花瓣白色③。分布于山地林缘路边；阳生。**单瓣李叶绣线菊**【*Spiraea prunifolia* var. *simpliciflora*，蔷薇科 绣线菊属】小枝细长；叶片卵形，边缘有细锐单锯齿；花序伞形，无总花梗，花白色④。分布于河流两侧；喜湿润。

前两者具总花梗，光叶粉花绣线菊花序生于当年生枝顶，花粉红色；中华绣线菊花序生于去年生的短枝顶端，花白色。单瓣李叶绣线菊无总花梗。

野山楂　蔷薇科 山楂属

Crataegus cuneata

Nippon Hawthorn　| yěshānzhā

落叶灌木①。小枝具刺④；叶宽倒卵形至倒卵状长圆形，长2～6 cm，宽1～4.5 cm，边缘有不规则重锯齿，先端常3浅裂②③，上面无毛，下面具稀疏柔毛；伞房花序，花瓣白色③；果实近球形或扁球形②，成熟时红色④或黄色，可供食用。

分布于山地丘陵的次生林地。阳生。

叶边缘有不规则重锯齿，有枝刺。

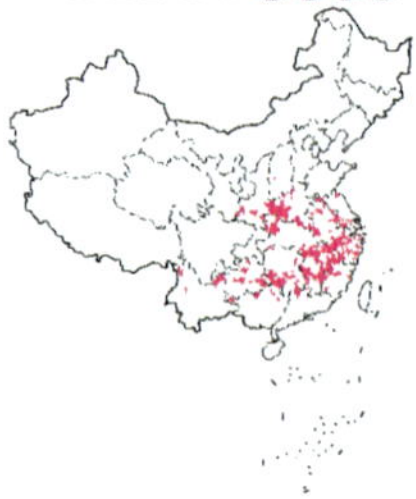

1

3

2

4

1

3

2

4

光叶石楠　　蔷薇科 石楠属

Photinia glabra

Japan Photinia　| guāngyèshínán

常绿灌木。叶片革质，椭圆形至倒卵状椭圆形，长5～9 cm，宽2～4 cm，边缘有细锐锯齿，两面无毛，叶柄有1至数个腺齿；复伞房花序顶生，花白色①；小梨果，成熟时红色②。

分布于山地林下。

相似种：石楠【*Photinia serratifolia*，蔷薇科 石楠属】常绿小乔木。叶片革质，长椭圆形至倒卵状椭圆形，长可达22 cm，边缘有具腺细锯齿，齿有时呈刺状③；复伞房花序顶生，花白色④；果实球形，红色。分布于山地林下；喜湿润。

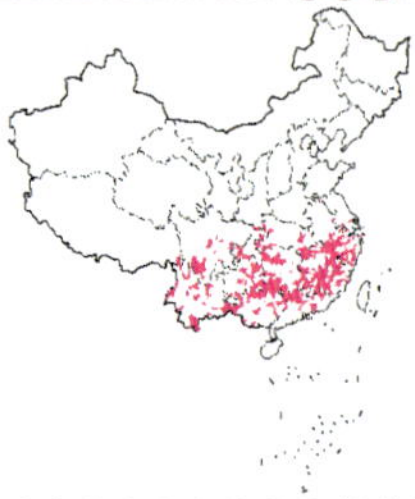

石楠叶片长椭圆形等，长可达22 cm，叶柄无腺齿；光叶石楠叶片倒卵状椭圆形等，长度短于9 cm，叶柄有腺齿。

小叶石楠　　蔷薇科 石楠属

Photinia parvifolia

Littleleaf Photinia　| xiǎoyèshínán

落叶灌木。小枝细瘦；叶片厚纸质，卵形至菱状椭圆形，长2～5.5 cm，宽0.8～2.5（～3）cm，边缘有细锐锯齿，两面无毛；伞形花序，花白色，无总花梗①；果卵球形，成熟时红色②。

分布于山地。

相似种：中华石楠【*Photinia beauverdiana*，蔷薇科 石楠属】落叶小乔木。叶片长圆形等，边缘疏生具腺锯齿，下面中脉疏生柔毛；复伞房花序③。生长于山地林中。短叶中华石楠【*Photinia beauverdiana* var. *brevifolia*，蔷薇科 石楠属】叶片卵形至倒卵形，先端短尾尖；复伞房花序，花白色④。分布于林缘和溪谷边。

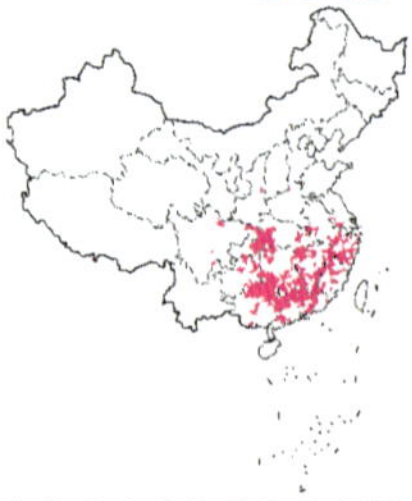

小叶石楠花序为伞形，无总花梗；中华石楠和短叶中华石楠花序为复伞房状，有总花梗；中华石楠叶片较长，长5～13 cm，侧脉9～14对；短叶中华石楠叶片较短，长3～6 cm，侧脉6～8对。

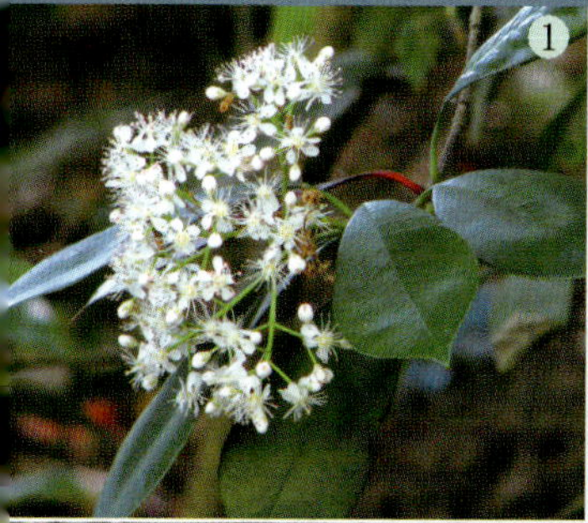
1

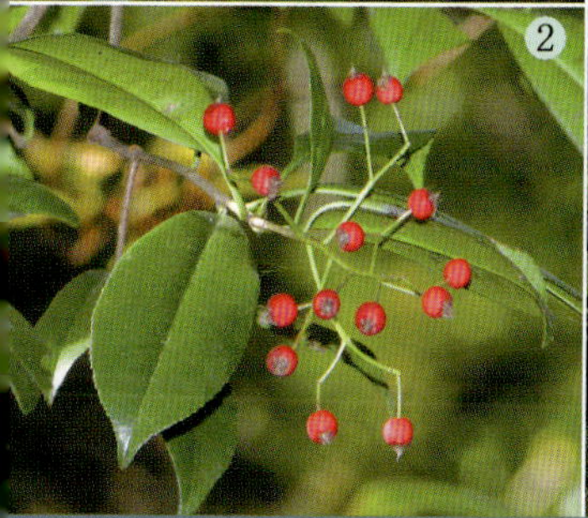
2

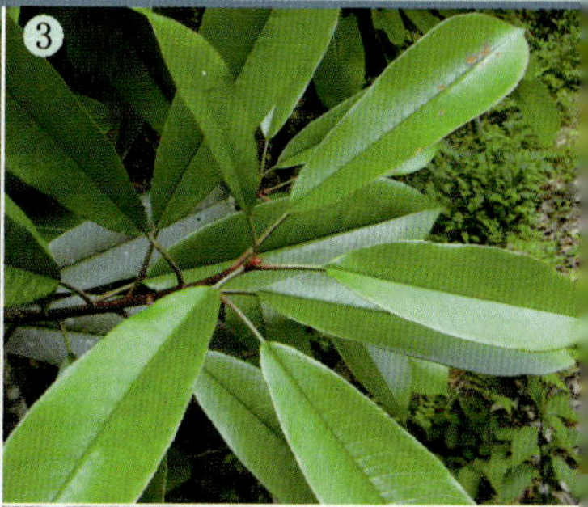
3

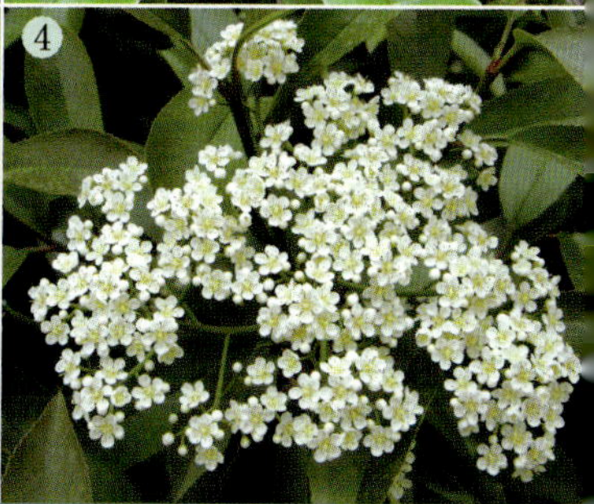
4

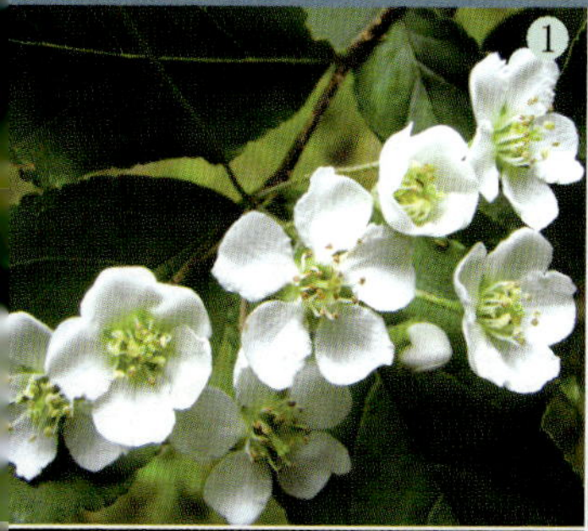
1

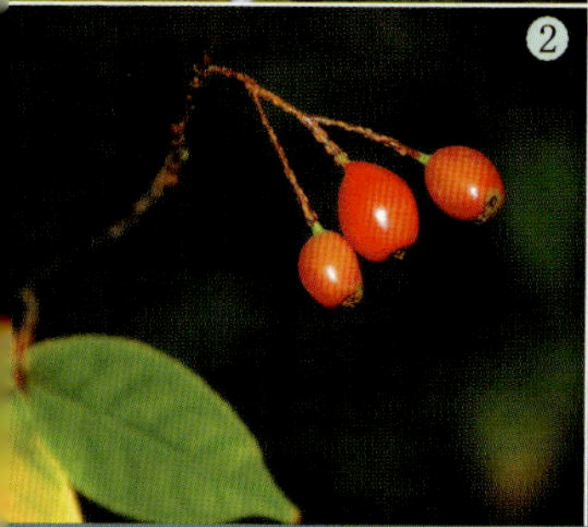
2

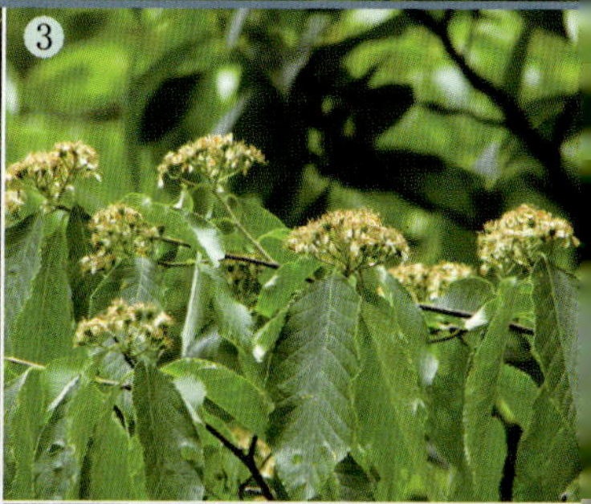
3

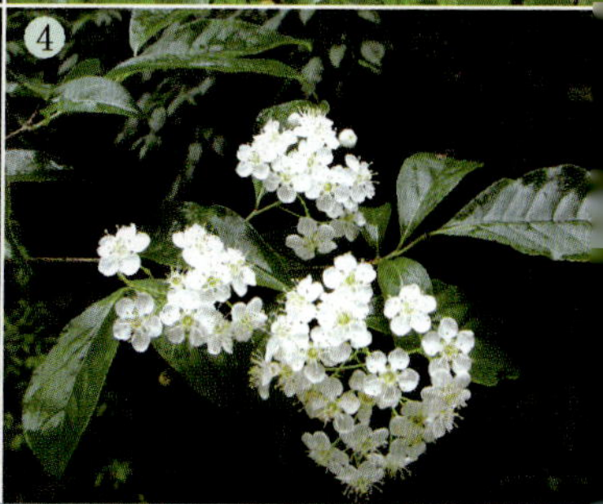
4

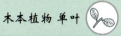

石斑木　蔷薇科 石斑木属

Rhaphiolepis indica

India Hawthorn　| shíbānmù

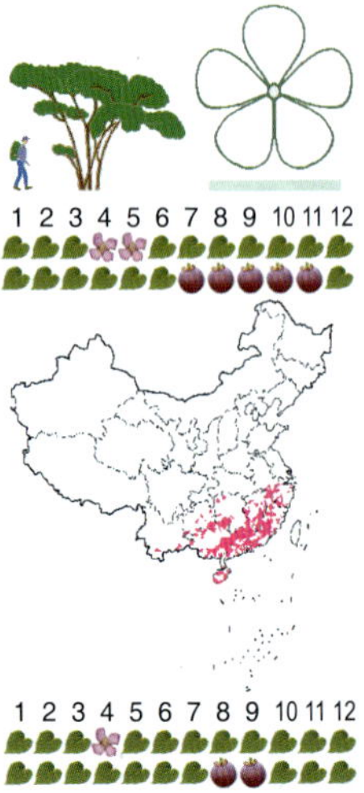

常绿灌木。叶片薄革质，卵形至倒卵形，长2 ~ 8 cm，宽1.5 ~ 4 cm，上面光亮无毛，下面侧脉明显网络状，叶缘具钝锯齿①；花序顶生，花瓣白色或淡红色②；果实球形，成熟时紫黑色，果梗粗短③。

分布于山地林下。常见。

相似种：大叶石斑木【*Rhaphiolepis major*，蔷薇科 石斑木属】叶厚革质，长椭圆形；花序有绒毛；果实球形，果梗被棕色绒毛④。分布于海拔500 m以上的山地。

石斑木花直径10 ~ 15 mm，果直径5 ~ 8 mm；大叶石斑木花直径13 ~ 15 mm，果直径7 ~ 10 mm④。

棕脉花楸　蔷薇科 花楸属

Sorbus dunnii

Dunn Mountainash　| zōngmàihuāqiū

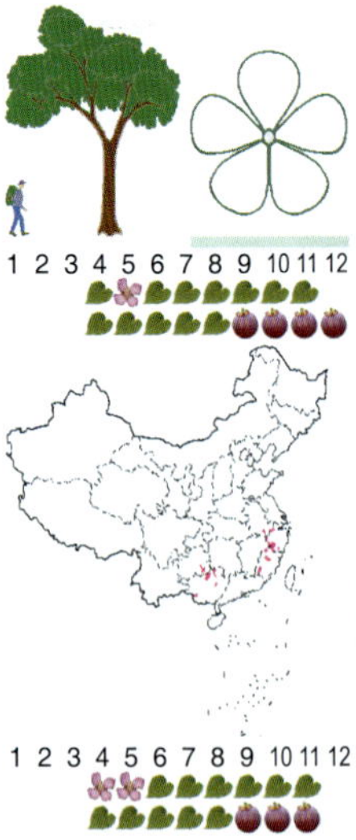

落叶乔木①。当年生枝被黄色绒毛；叶片椭圆形或长圆形，长6 ~ 15 cm，宽3 ~ 8 cm，边缘有不规则锯齿，上面无毛，下面密被黄白色绒毛，中脉和侧脉上密被棕褐色绒毛；复伞房花序，花梗被毛，花瓣白色②；果实圆球形，成熟时红色①。

分布于海拔800 m以上的山地林中。

相似种：石灰花楸【*Sorbus folgneri*，蔷薇科 花楸属】落叶乔木。叶片上面深绿色，下面密被白色绒毛③；复伞房花序；果实椭圆形④。分布于低山林中。

棕脉花楸叶下面被黄白色绒毛，叶脉上被棕色绒毛，果实近球形；石灰花楸叶下面被白色绒毛，果实椭圆形。

1

3

2

4

1

3

2

4

豆梨 蔷薇科 梨属

Pyrus calleryana

Bean Pear | dòulí

落叶小乔木①。小枝有枝刺；叶宽卵形至卵状披针形，长4 ~ 8 cm，宽3.5 ~ 6 cm，边缘有钝锯齿，两面无毛；伞房总状花序，花白色①；梨果，褐色，球形，直径约1 cm，有斑点②。

广泛分布于山地丘陵的次生林中。阳生。

相似种：湖北海棠【*Malus hupehensis*，蔷薇科 苹果属】落叶灌木。叶边缘有细锐锯齿；伞形花序，花粉红色③；果实黄绿色，近球形③。分布于山地沟谷两侧；喜湿润。光萼海棠【*Malus leiocalyca*，蔷薇科 苹果属】落叶乔木。枝具枝刺④；叶边缘有圆钝锯齿，幼时两面被绒毛；花序伞形，花瓣白色；果实球形，萼片宿存④。分布于山地林中。

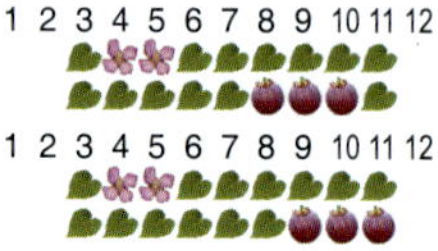

豆梨果实具斑点，萼片脱落，花白色；湖北海棠果实无斑点，萼片脱落，花粉红色；光萼海棠果实无斑点，萼片宿存，花白色。

山莓 蔷薇科 悬钩子属

Rubus corchorifolius

Juteleaf Raspberry | shānméi

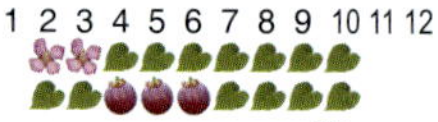

落叶灌木。花后萌生新枝，次年春天开花结果，果后枯死，循环更替；小枝具弯皮刺；叶片卵形至卵状披针形，长4 ~ 10 cm，宽2 ~ 5.5 cm，不裂或三浅裂；花单生，白色①；聚合果，球形，红色②。

分布于山地丘陵林缘路边。阳生，先锋植物。

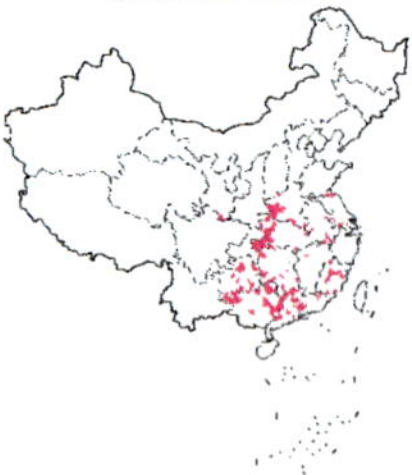

相似种：掌叶覆盆子【*Rubus chingii*，蔷薇科 悬钩子属】落叶灌木。叶片掌裂，两面脉上有短绒毛；花单生，白色③；果熟时红色④，味美可食。分布于山地丘陵林缘路边；阳生。

山莓叶多不分裂；掌叶覆盆子叶掌状深裂。

1

2

3

4

1

2

3

4

高粱泡　　蔷薇科 悬钩子属

Rubus lambertianus

Lambert Raspberry　| gāoliángpào

半常绿蔓状灌木。茎散生钩状小皮刺；单叶，多呈宽卵形，长7 ~ 10 cm，宽4 ~ 9 cm，边缘3 ~ 5浅裂或波状，有细锯齿，两面被毛；圆锥花序顶生，花白色①；果球形，红色②，味酸甜，可食用。

分布于低山丘陵沟谷两侧。喜湿润。

相似种：木莓【*Rubus swinhoei*，蔷薇科 悬钩子属】半常绿蔓状灌木。茎疏生小皮刺；叶下面密被绒毛或无毛；总状花序顶生③；果成熟时红色或黑紫色④，味苦，不堪食用。分布于山地沟谷林下。

高梁泡叶常3 ~ 5浅裂，圆锥花序；木莓叶不裂，总状花序。

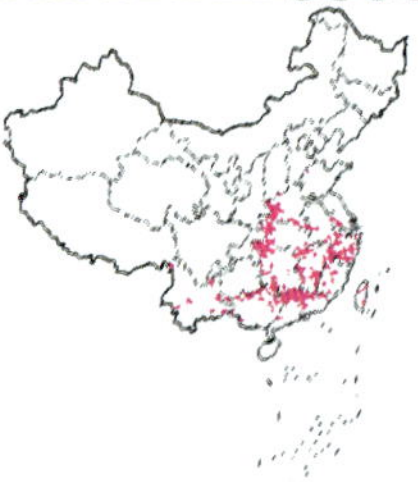

寒莓　　蔷薇科 悬钩子属

Rubus buergeri

Buerger Raspberry　| hánméi

蔓状常绿小灌木，茎常伏地生根，密生柔毛。单叶，卵形或近圆形，长4 ~ 8 cm，有不明显的3 ~ 5裂①，叶下面密被绒毛，叶柄疏生针刺，托叶掌状深裂；短总状花序，腋生或顶生，花白色②；聚合果近球形，熟时红色②。

分布于山地丘陵林下，常成片生长。喜湿润。

相似种：东南悬钩子【*Rubus tsangorum*，蔷薇科 悬钩子属】蔓生小灌木。茎、叶柄、托叶、花序被硬毛和腺毛，有时具稀疏针刺，单叶，边缘3 ~ 5浅裂，两面被绒毛③；托叶掌状深裂。分布于山地林下。太平莓【*Rubus pacificus*，蔷薇科 悬钩子属】常绿矮小灌木。茎常拱曲，疏生小皮刺；单叶，革质，上面无毛，下面密被灰白色绒毛，托叶大，叶状；果红色④。分布于山地丘陵林下。

东南悬钩子茎上具腺毛和刺毛，叶两面被毛；寒莓茎上具柔毛和小皮刺叶片上面脉上有毛；太平莓茎上无毛，常疏生小刺，叶片上面无毛。

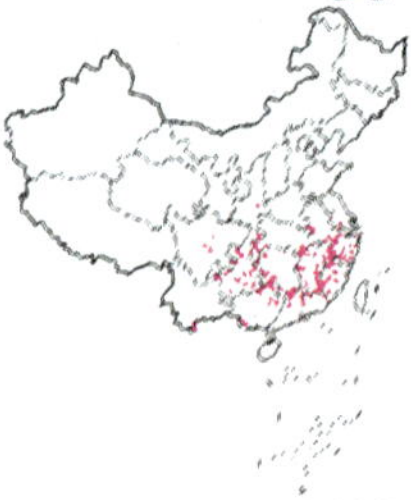

1

2

3

4

1

2

3

4

浙闽樱桃 浙闽樱 蔷薇科 樱属

Cerasus schneideriana

Schneider Cherry | zhèmǐnyīngtáo

落叶乔木。嫩枝密被毛；叶片长椭圆形至倒卵状长圆形，长4 ~ 9 cm，宽1.5 ~ 4.5 cm，边缘有重锯齿②，齿端有头状腺体，叶下面被黄褐色硬毛；花序伞形，花淡红色①；核果紫红色②。

分布于山地林中。

相似种：迎春樱桃【*Cerasus discoidea*，蔷薇科 樱属】落叶小乔木。嫩枝无毛，叶片倒卵形，尾尖，下面被疏毛，托叶狭线形；花先叶开放，粉红色；核果红色③。分布于低山丘陵；阳生。华中樱桃【*Cerasus conradinae*，蔷薇科 樱属】小枝无毛；叶边缘具尖锐锯齿，两面无毛；花白色或粉红色；核果红色④。多分布于海拔850 m以上的山地。

浙闽樱桃和迎春樱桃花萼萼片反折；迎春樱桃花序上有大形绿色苞片，叶下面疏被毛；浙闽樱桃花序上苞片褐色，叶下面密被毛；华中樱桃萼片直立，叶两面无毛。

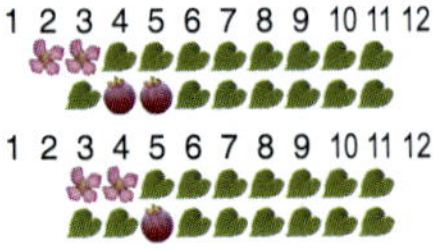

绢毛稠李 蔷薇科 稠李属

Padus wilsonii

Wilson Chokecherry | juànmáochóulǐ

落叶乔木。当年生枝被短柔毛；叶椭圆形至长圆状倒卵形，长6 ~ 17 cm，宽3 ~ 8 cm，边缘有尖锯齿①，下面密被绢毛；总状花序，花白色②；核果黑紫色。

分布于海拔600 m以上的山地沟谷两侧。

相似种：短梗稠李【*Padus brachypoda*，蔷薇科 稠李属】当年生枝红褐色；叶片多为长圆形，边缘有锐锯齿，齿尖有芒③，无毛；叶柄顶端两侧各有一腺体；总状花序，花梗被短柔毛。分布于山地林中。橉木【*Padus buergeriana*，蔷薇科 稠李属】小枝无毛，叶倒披针形等，两面无毛；总状花序④。分布于山地林中。

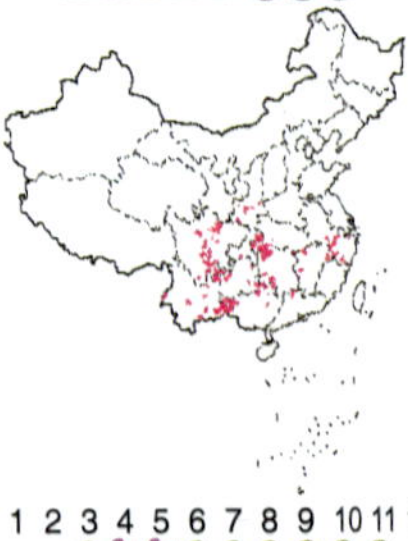

绢毛稠李和短梗稠李花序基部有叶，萼片果期脱落，雄蕊20枚以上；绢毛稠李叶下面密被绢毛，短梗稠李叶下面无绢状毛；橉木花序基部无叶，萼片果期宿存，雄蕊10枚，叶两面无毛。

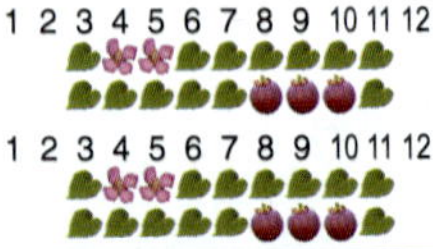

1

3

2

4

1

3

2

4

刺叶桂樱　蔷薇科 桂樱属

Laurocerasus spinulosa

Spinyleaf Cherrylaurel　| cìyèguìyīng

常绿乔木。小枝无毛；叶片薄革质，长圆形或倒卵状长圆形，长5～10 cm，宽2～4.5 cm，全缘②或先端有数个针刺状锯齿，萌发枝和幼树上叶刺齿尤其明显①，两面光亮无毛②；核果椭圆形。

分布于山地林中。

相似种：腺叶桂樱【*Laurocerasus phaeosticta*，蔷薇科 桂樱属】叶狭椭圆形，全缘，下面散生黑色小腺点③，基部有两枚腺体。分布于山地沟谷。大叶桂樱【*Laurocerasus zippeliana*，蔷薇科 桂樱属】叶片革质，宽卵形，边缘具粗锯齿，齿端有黑色腺体，两面无毛；叶柄有一对扁平的腺体；总状花序，花白色④。分布于低山丘陵。

刺叶桂樱和腺叶桂樱叶片薄革质，长不超过10 cm；刺叶桂樱边缘常有针刺状锯齿；腺叶桂樱下面满布黑色腺点；大叶桂樱叶片革质，长超过10 cm，边缘具粗锯齿。

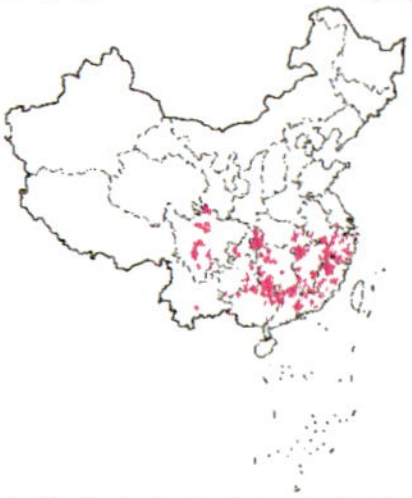

山橘　芸香科 金橘属

Fortunella hindsii

Hinds Kumquat　| shānjú

常绿灌木。嫩枝绿色，有枝刺①；单身复叶，叶片革质，卵状椭圆形，长3.5～8 cm，宽1.5～4 cm，全缘，两面无毛②；花白色①；果实橙红色，直径1～1.5 cm②。

分布于山地林下。喜湿润。

相似种：茵芋【*Skimmia reevesiana*，芸香科 茵芋属】常绿灌木。单叶，常聚生于枝顶，全缘，光亮，有明显油点；圆锥花序顶生，花白色③；浆果状核果，成熟时红色④。分布于山地林下；喜阴。

山橘具枝刺，花腋生；茵芋无枝刺，花序顶生。

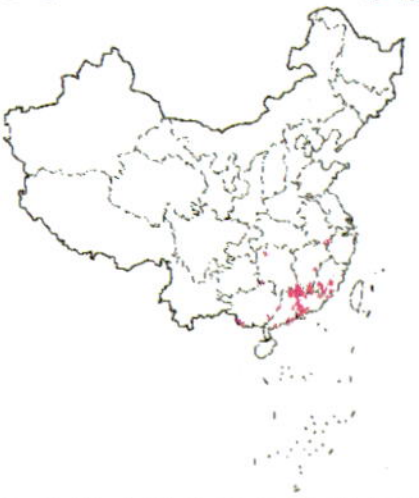

木油桐 千年桐 大戟科 油桐属

Vernicia montana

Muyou Oiltung | mùyóutóng

落叶乔木①。叶片宽卵形或心形，长10～20 cm，宽8～15 cm，全缘或2～5裂，基脉3～5出，叶柄顶端生两杯状具柄腺体；花白色或基部略带红色②；核果表面有3条纵棱，棱间有粗网状皱纹①。

分布于低山丘陵，多为栽培。喜肥沃深厚土壤。

相似种：油桐【*Vernicia fordii*，大戟科 油桐属】落叶小乔木。叶片卵形或宽卵形，全缘或3浅裂，叶柄顶端有两红色腺体；花白色，有淡红色条纹③；核果球形，表面光滑④。分布于低山丘陵，多为栽培。

木油桐顶端的腺体杯状有柄，核果有网状皱纹；油桐叶柄顶端的腺体扁平无柄，核果光滑。

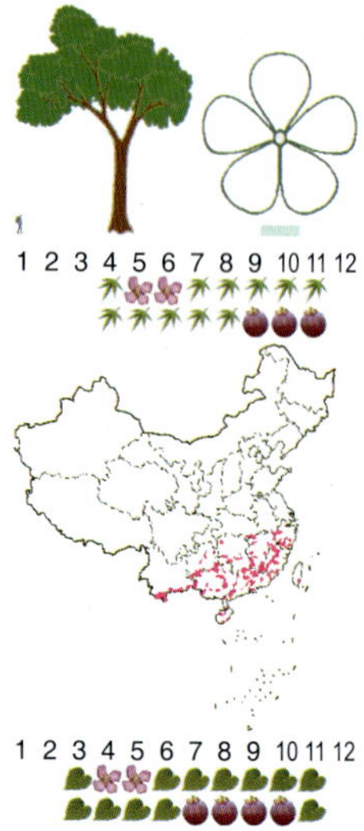

小果冬青 冬青科 冬青属

Ilex micrococca

Smallfruit Holly | xiǎoguǒdōngqīng

落叶乔木。有长枝和短枝，当年生长枝有明显的白色皮孔和叶痕；叶片卵形或卵状椭圆形，长7～18 cm，宽3～6.5 cm，有尖芒状锯齿；复聚伞花序，花黄绿色①；果球形，直径3mm，成熟时红色，经冬不落②。

分布于山地丘陵。阳生。

相似种：毛冬青【*Ilex pubescens*，冬青科 冬青属】常绿灌木或小乔木。小枝、叶柄、叶两面密被毛，叶边缘具疏锯齿；花序簇生叶腋，紫红色③；果直径3～4 mm，成熟时红色④。分布于低山丘陵；喜湿润，阴生。

小果冬青为落叶乔木，嫩枝和叶无毛；毛冬青为常绿灌木或小乔木，嫩枝和叶有毛。

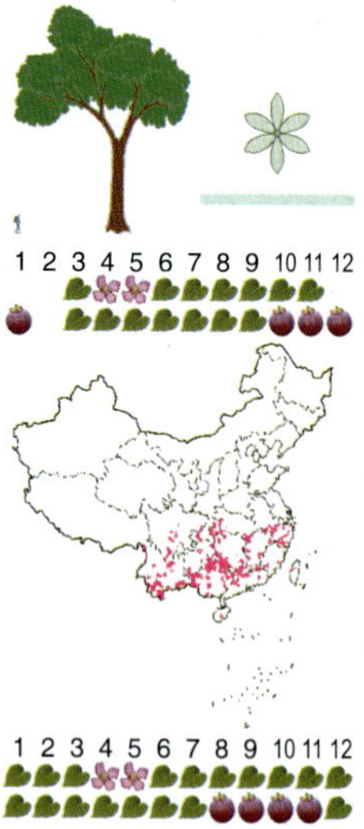

1

2

3

4

1

3

2

4

铁冬青　冬青科 冬青属

Ilex rotunda

Iron Holly　| tiědōngqīng

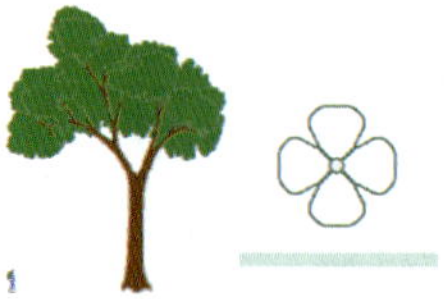

常绿乔木。小枝红褐色，具棱角；叶片薄革质或纸质，椭圆形至长圆形，长4 ~ 10 cm，宽2 ~ 4.5 cm，全缘，有光泽，两边无毛；聚伞花序①；果球形，直径6 ~ 8 mm，红色②。

分布于低山丘陵林中。

相似种：木姜叶冬青【*Ilex litseifolia*，冬青科 冬青属】常绿小乔木。叶片革质，椭圆形至卵状椭圆形，全缘，两面中脉隆起，叶上面中脉被短毛；果球形，红色③。分布于山地。尾叶冬青【*Ilex wilsonii*，冬青科 冬青属】小枝无毛；叶片革质，卵形或椭圆形，先端尾尖，全缘，有光泽，两面无毛；果球形，直径4 mm，成熟时红色④。分布于海拔700m以上的山地沟谷；阴生。

前两者叶片先端渐尖；铁冬青叶片上面中脉稍凹，无毛；木姜叶冬青叶片中脉两面隆起，上面有短柔毛；尾叶冬青叶片质地较厚，先端尾尖。

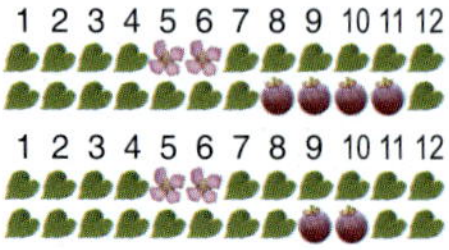

冬青　冬青科 冬青属

Ilex chinensis

Holly　| dōngqīng

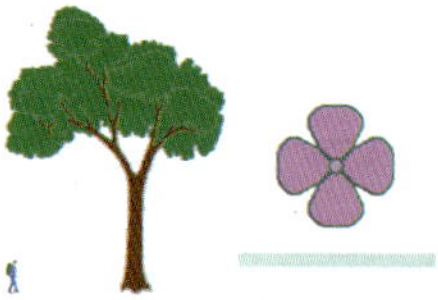

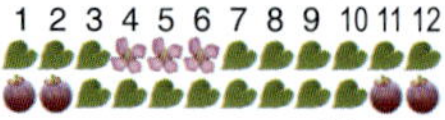

常绿乔木。小枝浅灰色；叶片薄革质，长椭圆形至披针形，长5 ~ 14 cm，宽2 ~ 5.5 cm，边缘有钝齿，无毛；复聚伞花序，单生叶腋，花紫红色①；果椭圆形，红色②。

分布于低山丘陵林中。散生。

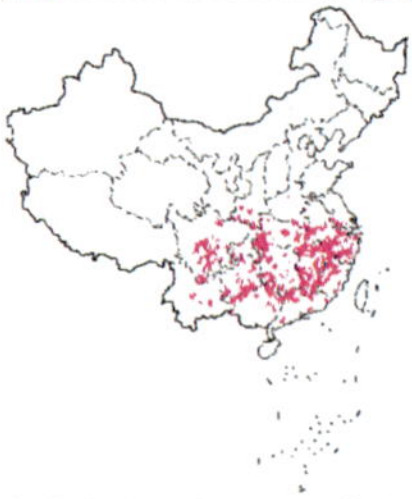

相似种：香冬青【*Ilex suaveolens*，冬青科 冬青属】常绿乔木。小枝灰褐色；叶片革质，椭圆形，边缘有钝锯齿，中脉两面隆起③；花序伞形。分布于山地林中。厚叶冬青【*Ilex elmerrilliana*，冬青科 冬青属】常绿小乔木或灌木。叶片厚革质，全缘或有数个锯齿；花序簇生叶腋；果红色④。分布于低山丘陵沟谷两侧；喜湿润。

冬青和香冬青叶边缘具锯齿；冬青叶上面中脉扁平，香冬青叶上面中脉明显隆起；厚叶冬青叶片相对较厚，叶全缘或有数个锯齿。

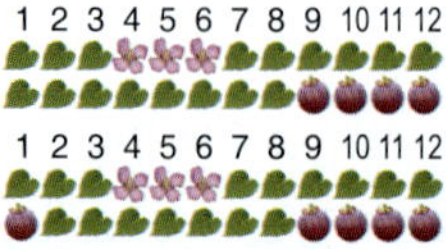

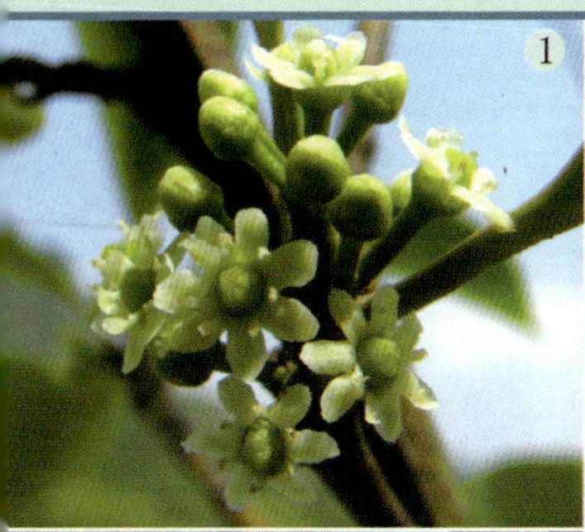
1

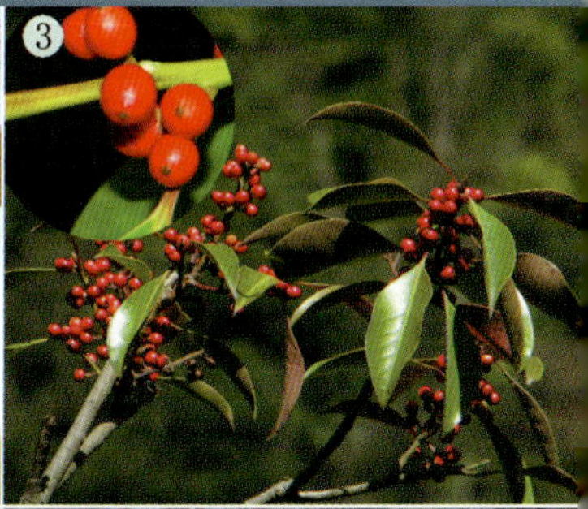
3

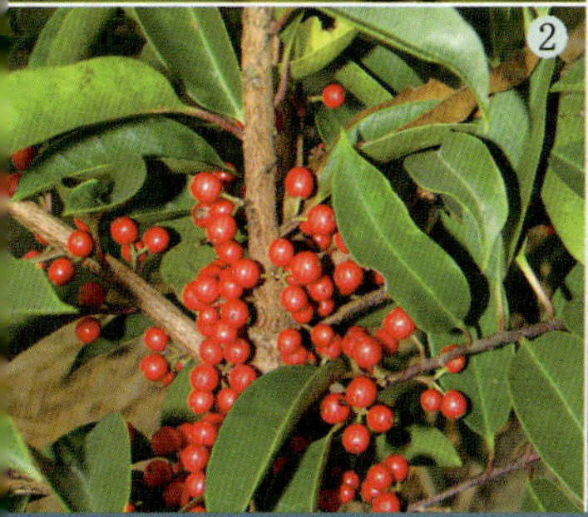
2

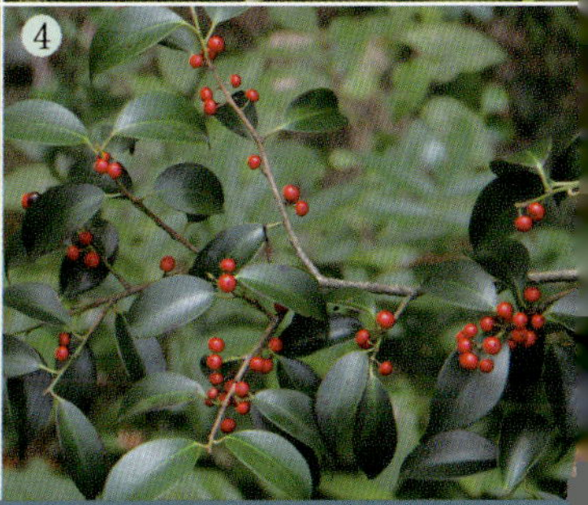
4

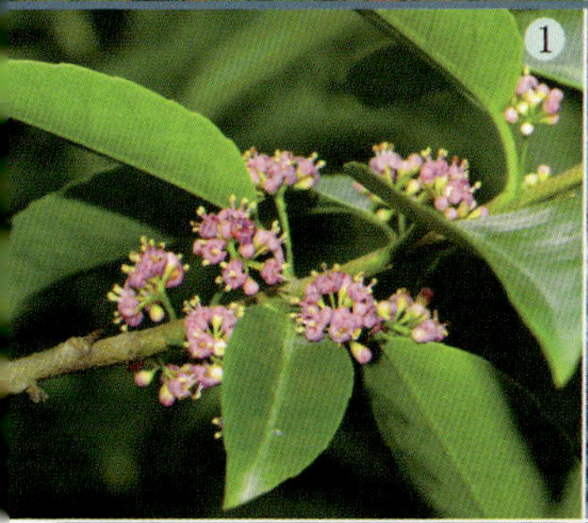
1

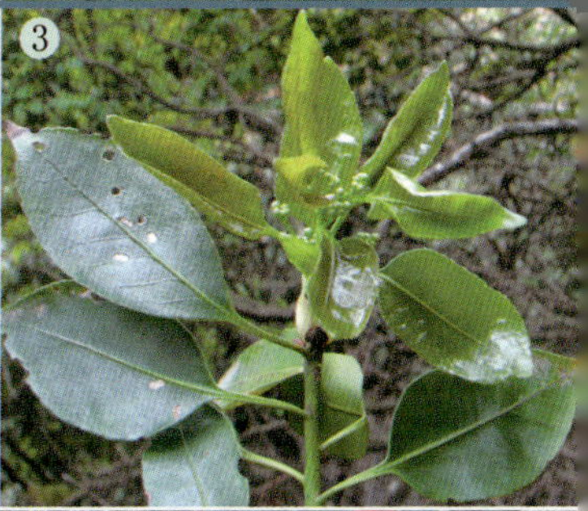
3

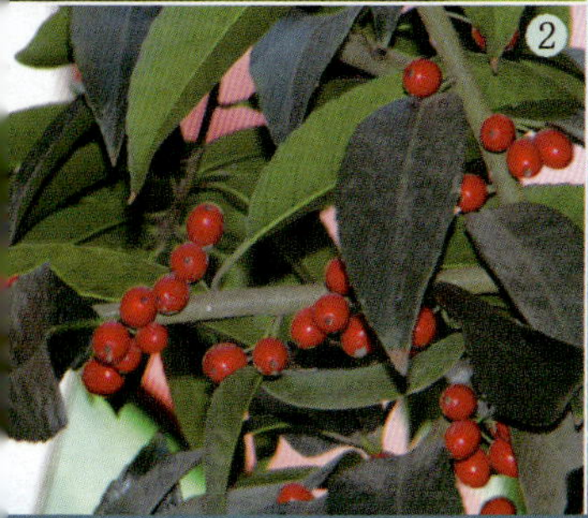
2

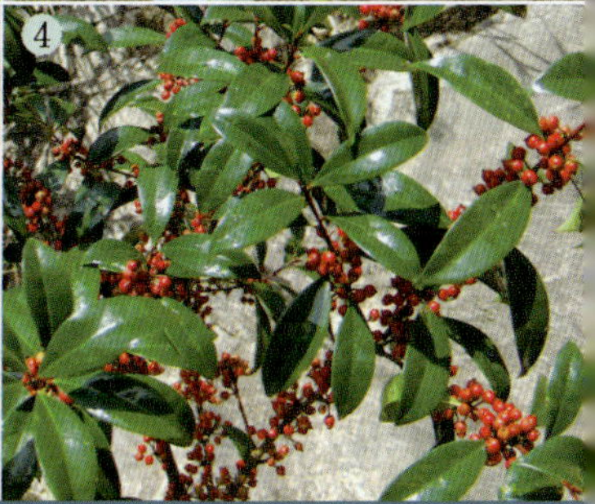
4

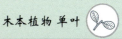

短梗冬青　冬青科 冬青属

Ilex buergeri

Buerger Holly　| duǎngěngdōngqīng

常绿乔木或灌木。小枝被短柔毛；叶革质，卵状椭圆形至披针形，长4～9 cm，宽1.5～3.5 cm，边缘有不整齐的锯齿，中脉上面凹陷，叶柄被短柔毛；花序簇生叶腋①；果熟时橙红色①。

分布于山地林中。阴生。

相似种：榕叶冬青【*Ilex ficoidea*，冬青科 冬青属】常绿小乔木。小枝无毛；叶缘有不规则锯齿，两面无毛；果红色②。分布于山地林中。**大叶冬青**【*Ilex latifolia*，冬青科 冬青属】常绿乔木。小枝粗壮，无毛；叶厚革质，叶片可长达28 cm，边缘有锯齿，两面无毛③；花序簇生；果球形④。分布于低山沟谷两侧；喜阴湿。

短梗冬青和榕叶冬青叶片椭圆形等，长度通常在11 cm以下；短梗冬青小枝被毛；榕叶冬青小枝无毛；大叶冬青小枝粗壮，叶长圆形等，叶片长度可达28 cm。

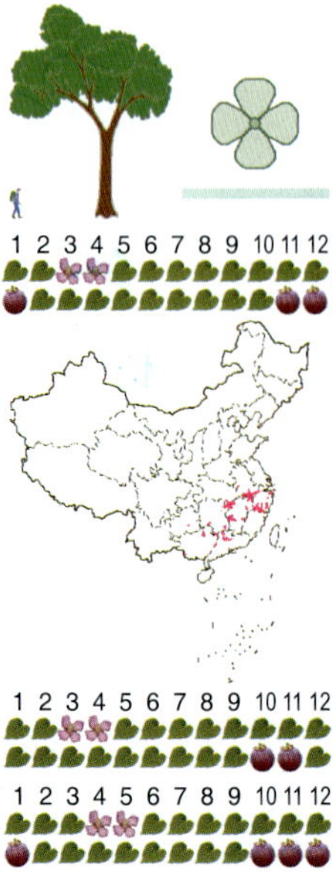

百齿卫矛　卫矛科 卫矛属

Euonymus centidens

Hundredtooth Euonymus　| bǎichǐwèimáo

常绿灌木。小枝四棱形，具窄翅；叶长圆状椭圆形或窄椭圆形，长2～7 cm，宽1～2.5 cm，边缘具锯齿，叶柄短①；聚伞花序腋生，花淡黄色，四基数，花盘方形②；蒴果，淡黄色，分裂。

分布于低山沟谷两侧。喜阴湿。

相似种：卫矛【*Euonymus alatus*，卫矛科 卫矛属】落叶灌木③。小枝具四棱，有宽木栓翅④；叶椭圆形，几乎无叶柄；蒴果几全裂；种子具橙红色假种皮④。分布于低山丘陵次生林地；阳生。

百齿卫矛常绿，枝上翅窄；卫矛落叶，枝上翅宽。

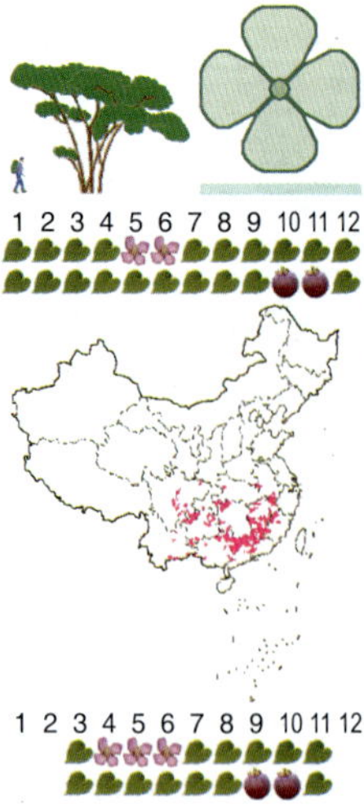

1

3

2

4

1

3

2

4

肉花卫矛　　卫矛科 卫矛属

Euonymus carnosus

Carnose Euonymus　| ròuhuāwèimáo

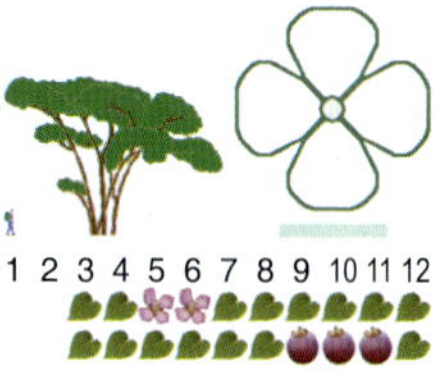

落叶小乔木。小枝圆柱形；叶对生，革质，长圆状椭圆形至长圆状倒卵形，长4 ~ 17 cm，宽2.5 ~ 9 cm，边缘有锯齿，侧脉12 ~ 15对；花白色或淡黄色①；蒴果近球形，具4翅棱，淡红色；种子具红色假种皮②。

分布于山地丘陵。

相似种：垂丝卫矛【*Euonymus oxyphyllus*，卫矛科 卫矛属】落叶灌木。全株无毛；小枝圆柱形；叶宽卵形至卵形，长4 ~ 8 cm，边缘具细密锯齿，侧脉5 ~ 6对③④；花白色或带紫色③；蒴果球形，果序梗细长下垂④。分布于山地林中。

肉花卫矛花瓣4；垂丝卫矛花瓣5。

大果卫矛　　卫矛科 卫矛属

Euonymus myrianthus

Largefruit Euonymus　| dàguǒwèimáo

常绿小乔木。全株无毛；小枝近方形，有纵沟槽；叶片革质，披针形或倒披针形，长5 ~ 16 cm，宽1.5 ~ 3 cm，边缘稍反卷，疏生锯齿；花黄绿色，花瓣4①；蒴果黄色，有四棱角，顶端凹入②；种子有红色假种皮。

分布于山地林中。喜阴湿。

相似种：中华卫矛【*Euonymus nitidus*，卫矛科 卫矛属】别名矩叶卫矛。常绿小乔木。小枝近方形；叶革质，椭圆形，边缘有锯齿；花黄绿色③；蒴果倒圆锥形④。分布于低山丘陵沟谷两侧；喜阴湿。

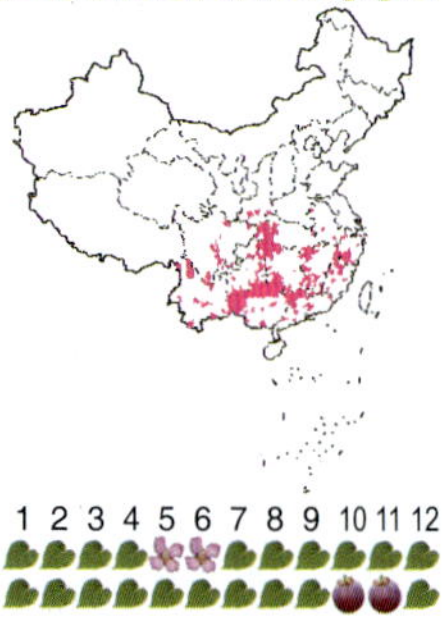

大果卫矛蒴果大，可达1.8 cm，叶片边缘多少呈波状；中华卫矛蒴果长约0.8 cm，叶片边缘有锯齿。

1

3

2

4

1

3

2

4

紫果槭　槭树科 槭属

Acer cordatum

Cordateleaf Maple　丨zǐguǒqì

落叶小乔木①。树皮灰绿色，不裂；小枝细瘦，常被白色蜡质层；叶片薄革质，多呈卵状形圆形，长5 ~ 9 cm，宽2.5 ~ 4.5 cm，中部以上有不明显细锯齿，下半部全缘；伞房花序顶生②；翅果幼时红紫色③。

分布于低山丘陵。文献记载本种为常绿植物，但在此地为落叶数种。

相似种：青榨槭【*Acer davidii*，槭树科 槭属】落叶乔木。树皮常裂成蛇皮状；叶长圆形，不裂或三浅裂，叶缘具钝锯齿；总状花序顶生；翅果幼时淡绿色④。分布于山地；喜肥沃湿润。

紫果槭叶片中部以上有不明显细锯齿，宽不超过5 cm；青榨槭叶缘具钝锯齿，叶宽常超过5 cm。

秀丽槭　橄榄槭　槭树科 槭属

Acer elegantulum

Elegant Maple　丨xiùlìqì

落叶乔木。小枝圆柱形，无毛；叶纸质，长5.5 ~ 9 cm，宽7 ~ 12 cm，5裂②，上面绿色无毛，下面脉腋有少量丛毛；圆锥花序①；翅果近水平张开②。

分布于山地林中。

相似种：稀花槭【*Acer pauciflorum*，槭树科 槭属】别名毛鸡爪槭。落叶小乔木。小枝细瘦，有白色蜡质层；叶5 ~ 7裂③；伞房花序。分布于海拔600 m以上的山地。**阔叶槭**【*Acer amplum*，槭树科 槭属】落叶乔木。小枝圆柱形；叶柄有乳汁④，叶3 ~ 5裂，全缘④；伞房花序顶生。分布于山地沟谷；喜阴。

秀丽槭和稀花槭叶边缘有锯齿，叶柄无乳汁；秀丽槭5裂，小枝光滑无毛；稀花槭5 ~ 7裂，小枝多少被毛；阔叶槭叶全缘，叶柄有乳汁。

1

3

2

4

1

3

2

4

异色泡花树 清风藤科 泡花树属

Meliosma myriantha* var. *discolor

Discolour Goldleaf | yìsèpàohuāshù

落叶乔木。树皮片状剥落；叶倒卵状长圆形或长圆形，长8 ~ 20 cm，宽3.5 ~ 7 cm，基部圆钝，下面被疏毛，侧脉直达齿端，伸出呈刺芒状；圆锥花序顶生，直立①；核果球形，成熟时红色②。

分布于山地林中。

相似种：垂枝泡花树【*Meliosma flexuosa*，清风藤科 泡花树属】腋芽两枚并生，藏于叶柄基部；叶片倒卵形，基部楔形，边缘有疏锯齿，下面被疏绒毛；圆锥花序常下垂③。分布于海拔700 m以上的山地。笔罗子【*Meliosma rigida*，清风藤科 泡花树属】常绿小乔木。幼枝、叶柄和叶下面密被黄褐色绒毛，叶倒卵状披针形④。分布于低山丘陵沟谷两侧；喜湿润。

异色泡花树和垂枝泡花树是落叶树种；垂枝泡花树叶基部楔形，花序轴屈曲；异色泡花树叶基部圆钝，花序轴挺直；笔罗子是常绿树种，花序轴挺直，叶下密被黄褐色绒毛。

长叶冻绿 长叶鼠李 鼠李科 鼠李属

Rhamnus crenata

Oriental Buckthorn | chángyèdònglǜ

落叶小乔木或灌木。裸芽，密被锈色毛；叶互生，倒卵状椭圆形至倒卵形，长4 ~ 14 cm，宽2 ~ 5 cm，边缘具细锯齿，上面无毛，下面被柔毛，侧脉7 ~ 12对；托叶线形，密被绒毛；聚伞花序腋生①；核果，球形，成熟时红色或紫黑色②。

分布于山地丘陵林缘。阳生。

相似种：山鼠李【*Rhamnus wilsonii*，鼠李科 鼠李属】落叶灌木。小枝有时具刺；叶片椭圆形，两面无毛，边缘具钩状圆锯齿，侧脉5 ~ 7对；花黄绿色，簇生③；核果倒卵形④。分布于山地丘陵林下。

长叶冻绿裸芽，叶片上面无毛，下面被柔毛，侧脉7 ~ 12对，花5基数；山鼠李鳞芽，叶片两面无毛，侧脉5 ~ 7对，花4基数。

1

3

2

4

1

3

2

4

光叶毛果枳椇　鼠李科 枳椇属

Hovenia trichocarpa* var. *robusta

Smoothleaf Turnjujube　| guāngyèmáoguǒzhǐjǔ

落叶乔木。叶片纸质，宽椭圆状卵形至卵形，长10 ~ 18 cm，宽7 ~ 15 cm，边缘具圆钝锯齿，叶柄长2 ~ 4 cm①；二歧聚伞花序，密被黄褐色柔毛；浆果状核果，密被毛，花序轴膨大扭曲呈肉质②，可食用。

分布于600 ~ 1 100 m的山坡或沟谷两侧。

相似种：枳椇【*Hovenia acerba*，鼠李科 枳椇属】花序和果实皆无毛③④；叶边缘具不整齐锯齿③。分布于低山丘陵，常见栽培。

光叶毛果枳椇花序、萼片和果实均被锈色绒毛；枳椇花序、萼片和果实无毛。

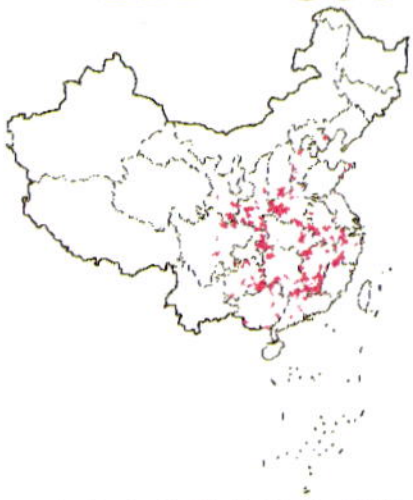

中华杜英　华杜英　杜英科 杜英属

Elaeocarpus chinensis

China Elaeocarpus　| zhōnghuádùyīng

常绿乔木。树皮光滑；全年树上挂有几片红叶；叶片革质，披针形或椭圆状披针形，长4 ~ 7.5 cm，宽1.5 ~ 3 cm，边缘具浅锯齿①，下面有黑腺点；叶柄顶端稍膨大；总状花序腋生，花瓣先端有数个浅齿；花黄白色②；核果椭圆形，成熟时蓝黑色②。

分布于山地林下。

相似种：薯豆【*Elaeocarpus japonicus*，杜英科 杜英属】别名日本杜英。叶片革质，矩圆形或椭圆形，长7 ~ 14 cm，宽3 ~ 5.5 cm，边缘有浅锯齿③，下面有黑色腺点；花绿白色，下垂，萼片和花瓣被柔毛④。分布于山地林下；阴生，喜肥沃湿润。

中华杜英叶片披针形或椭圆状披针形，侧脉4 ~ 6对，叶柄长1 ~ 3 cm；日本杜英叶片矩圆形或椭圆形，侧脉6 ~ 7对，叶柄长2.7 ~ 7 cm。

1

3

2

4

1

3

2

4

杜英　　杜英科 杜英属

Elaeocarpus decipiens

Common Elaeocarpus　| dùyīng

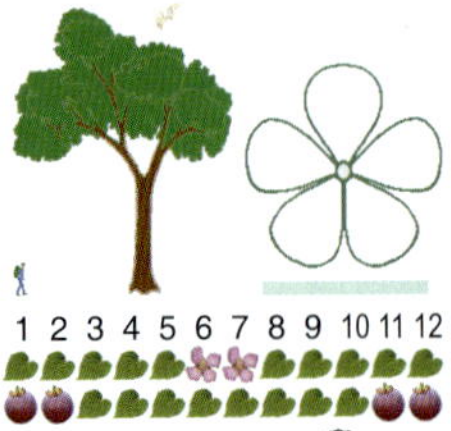

常绿乔木。树皮不裂，终年树上挂几片红叶；叶片长椭圆状披针形或披针形，长6 ~ 13.5 cm，宽2 ~ 4 cm，基部楔形，边缘有锯齿①，上面无毛，下面脉上有毛；花淡白色，花瓣先端撕裂成流苏状，无毛②；核果椭圆形①。

分布于低海拔阔叶林中。阴生。

相似种：秃瓣杜英【*Elaeocarpus glabripetalus*，杜英科 杜英属】常绿乔木。叶倒披针形，两面无毛；花瓣先端撕裂成流苏状③，子房有毛；核果椭圆形④。分布于低山丘陵阔叶林中，现广泛栽培。

杜英核果长2 ~ 3 cm，宽1.5 ~ 1.8 cm；秃瓣杜英核果长1 ~ 1.5 cm，宽0.5 ~ 0.8 cm。

猴欢喜　　杜英科 猴欢喜属

Sloanea sinensis

China Monkeyjoy　| hóuhuānxǐ

常绿乔木。小枝无毛；叶常聚生小枝上部，叶片狭倒卵形或椭圆状倒卵形，中部以上疏生钝齿①，长5 ~ 12 cm，宽2.5 ~ 5 cm，无毛；花数朵生于小枝上部叶腋或顶端，绿白色，下垂，花梗长2.5 ~ 5 cm②，子房密被短柔毛；蒴果卵球形，密被长刺毛③，成熟后4 ~ 6裂，开裂后各室为紫色；种子半包被橙黄色假种皮④。

分布于低山丘陵沟谷两侧。喜阴湿。

蒴果果皮木质，有刺毛，成熟时刺毛从绿色转为红色或紫红色。

1

3

2

4

1

3

2

4

浆果椴 白毛椴 椴树科 椴树属

Tilia endochrysea

Hunan Linden | jiānngguǒduàn

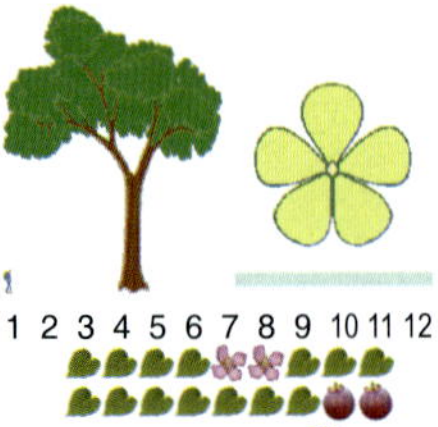

落叶乔木。嫩枝密被柔毛，幼叶红色①；叶宽卵形等，长10～17 cm，宽5.5～11 cm，基部心形，偏斜，边缘有数枚粗大锯齿，上面无毛，下面密被短星状毛；聚伞花序腋生，有长椭圆形苞片，苞片宿存；果实浆果状，成熟时5瓣裂②。

分布于山地林中。

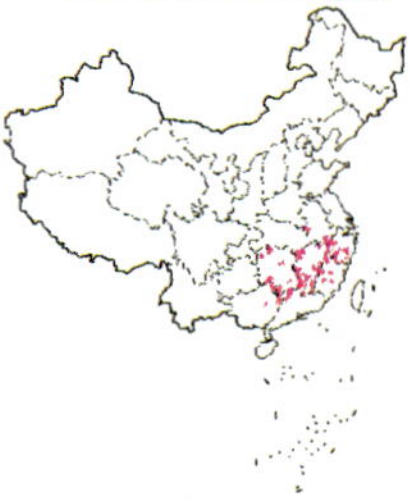

相似种：华东椴【*Tilia japonica*，椴树科 椴树属】叶片宽卵形，基部偏斜，边缘有尖锐锯齿，稍延伸成芒状，叶下面仅沿脉有毛③。分布于海拔1 000 m以上的山地。扁担杆【*Grewia biloba*，椴树科 扁担杆属】落叶灌木。小枝密被星状毛；叶片变化大，边缘具不整齐锯齿，叶柄密被毛，三出脉。聚伞花序与叶对生，花黄绿色④；核果橙红色，顶端2～4裂。分布于低海拔溪谷两侧；喜湿润。

浆果椴和华东椴是落叶乔木；浆果椴叶缘具粗大浅锯齿；华东椴叶缘具尖锐锯齿；扁担杆是落叶灌木，花序无贴生的大型苞片。

浙江红山茶 浙江红花油茶 山茶科 山茶属

Camellia chekiangoleosa

Zhejiang Camellia | zhèjiānghóngshānchá

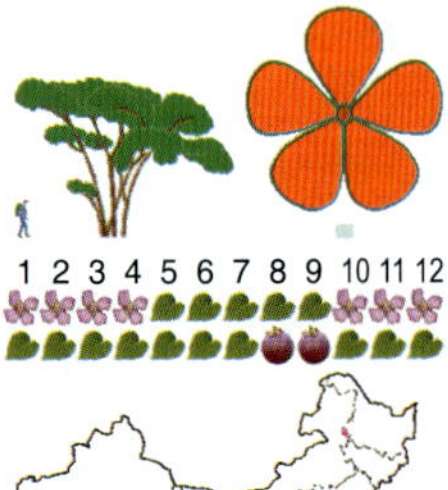

常绿小乔木或灌木。叶片厚革质，长圆形至倒卵形，长8～12 cm，宽2.5～6 cm，边缘具细尖锯齿；花大，直径8～12 cm，红色，无梗；苞片及萼片密被白色丝质毛①；蒴果球形，直径4～5 cm②，木质，果瓣厚，成熟时开裂。

分布于山地林下。

相似种：油茶【*Camellia oleifera*，山茶科 山茶属】叶椭圆形，两面沿中脉有毛；花白色，苞片及萼片外被黄色丝毛③；蒴果常2～3裂③。分布于低山丘陵，多栽培；喜深厚疏松的酸性土。小果石笔木【*Pyrenaria microcarpa*，山茶科 石笔木属】别名小果核果茶。小枝散生黑色腺点；叶披针状椭圆形；花淡黄色，萼片密生金黄色短柔毛；蒴果3棱状球形④；种子多少压扁状，具棱角。分布于低山沟谷；阴生。

浙江红山茶花红色；油茶花白色；小果石笔木花淡黄色。

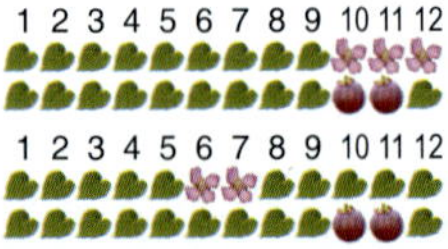

1

3

2

4

1

3

2

4

毛花连蕊茶 毛柄连蕊茶 山茶科 山茶属

Camellia fraterna

Hairstalk Tea | máohuāliánruǐchá

常绿灌木。小枝及芽密生粗毛，叶椭圆形至椭圆状披针形，长4 ~ 8.5 cm，宽1.5 ~ 3.5 cm，边缘有锯齿，下面沿脉有柔毛；花白色或带红晕，有短梗①，苞片和萼片密生长毛；蒴果球形②。

分布于山地丘陵林下。

相似种：尖连蕊茶【*Camellia cuspidata*，山茶科 山茶属】小枝无毛；叶下面无毛，花白色③。分布于海拔400 m以上的山地。短柱茶【*Camellia brevistyla*，山茶科 山茶属】嫩枝有毛，叶片狭椭圆形，上面沿中脉有毛；花白色，苞片和萼片微被毛，子房密被绒毛；蒴果球形，种子1粒④。分布于山地或溪边的空旷地。

毛花连蕊茶和尖连蕊茶子房无毛；毛花连蕊茶小枝、顶芽和叶上面中脉有柔毛，尖连蕊茶小枝、顶芽和叶上面中脉无毛；短柱茶子房有毛，苞片微被毛。

木荷 荷木 山茶科 木荷属

Schima superba

Gugertree | mùhé

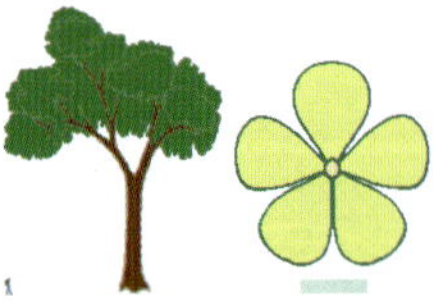

常绿乔木①。树皮纵裂成不规则的长块，枝具显著皮孔；叶革质，卵状椭圆形至长椭圆形，长8 ~ 14 cm，宽3 ~ 5 cm，基部楔形，边缘有浅钝锯齿，两面无毛；花黄白色，生于枝顶②，花瓣5，雄蕊多数③，子房密生毛；蒴果近扁球形，直径约15 mm④；种子扁平，肾形，有翅。

广泛分布于山地丘陵，是常绿阔叶林建群树种之一。适应性强。

树干挺直，树冠圆形；叶片具独特的气味。

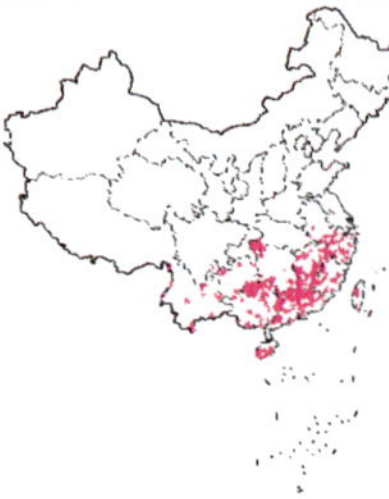

1
3
2
4

1
3
2
4

紫茎 山茶科 紫茎属

Stewartia sinensis

China Purplestem | zǐjīng

落叶乔木①。树皮薄片状剥落，光滑而斑驳②；芽压扁状，尖锐；叶片椭圆形至卵状椭圆形，长6～10 cm，宽2.5～5 cm，具疏锯齿，上面无毛，下面沿脉有长柔毛；花单生叶腋，白色③，子房密被柔毛；蒴果具5棱，顶端具喙；种子压扁状。

分布于海拔800 m以上的山地。喜肥沃湿润。

树皮光滑而斑驳，黄褐色。

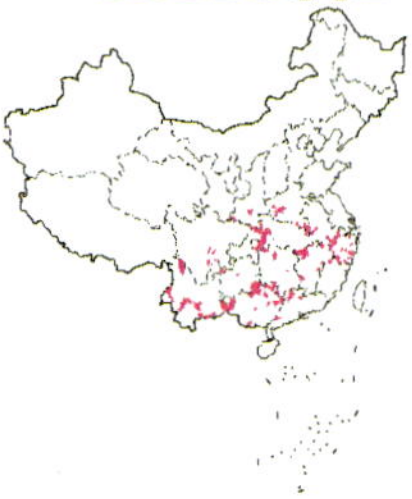

厚皮香 山茶科 厚皮香属

Ternstroemia gymnanthera

Ternstroemia | hòupíxiāng

常绿小乔木。全体无毛；叶片常簇生于枝顶，革质，椭圆形至椭圆状倒卵形，长4.5～10 cm，宽2～4 cm，全缘，侧脉不明显①；花淡黄白色，单独腋生或侧生，花梗顶端下弯②；果实圆球形③；种子红色。

分布于低山林中。

相似种：亮叶厚皮香【*Ternstroemia nitida*，山茶科 厚皮香属】叶片薄革质；果实尖卵形，基部最宽，果梗纤细④。分布于低山沟谷两侧；喜阴和湿润。

厚皮香叶片干后变红褐色，果实圆球形，果梗粗壮；亮叶厚皮香叶片干后变黑色，果实尖卵形，果梗纤细。

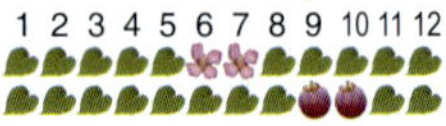

1

2

3

1

3

2

4

红淡比　杨桐　山茶科 红淡比属

Cleyera japonica

Japan Cleyera　| hóngdànbǐ

常绿小乔木或灌木。顶芽尖锐显著；叶片革质，常呈椭圆形至倒卵形，长5 ~ 11 cm，宽2 ~ 5 cm，两列状互生，全缘，两面光泽，无毛；花白色，单生或2 ~ 3朵生于叶腋①；浆果球形，黑色②；种子多数。

分布于山地林下。喜阴。

相似种：黄瑞木【*Adinandra millettii*，山茶科 黄瑞木属】常绿小乔木或灌木。幼枝和顶芽有伏毛；叶片革质，长椭圆形，全缘；花白色，单独腋生，花梗下弯③；浆果球形④；种子细小。分布于山地丘陵。

红淡比花丝离生，顶芽无毛；黄瑞木花丝合生，顶芽有毛。

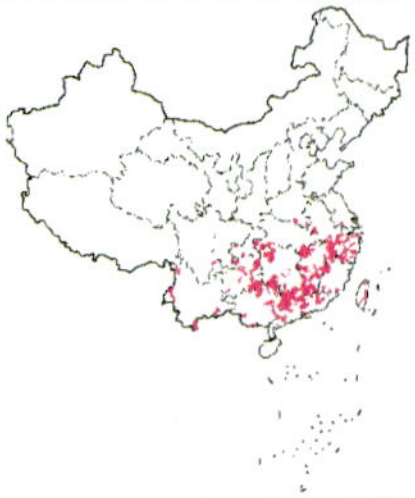

窄基红褐柃　山茶科 柃木属

Eurya rubiginosa* var. *attenuata

Attenuate Eurya　| zhǎijīhónghèlíng

常绿灌木，嫩枝粗壮，具明显2棱①。顶芽尖锐；叶革质，长椭圆状，长4 ~ 8.5 cm，宽1.5 ~ 3.5 cm，基部楔形，边缘有细锯齿，干后叶片下面常呈红褐色；花簇生于叶腋，雌雄异株，芳香，白色或具暗红色斑纹②③；浆果圆球形，种子细小多数。

广泛分布于山地丘陵林下。

相似种：翅柃【*Eurya alata*，山茶科 柃木属】常绿灌木。全株无毛，嫩枝明显有4棱，棱角尖锐而明显发达成翅状；叶椭圆形，边缘有细锯齿；果实圆球形，熟时蓝紫色或黑色④。分布于山地林下；喜湿润。

窄基红褐柃嫩枝具2棱；翅柃嫩枝具4棱。

1
3
2
4

1
3
2
4

格药柃　隔药柃　山茶科 柃木属

Eurya muricata

Muricate Eurya　| géyàolíng

常绿灌木。小枝圆柱形，有时具不明显2棱；叶片革质，椭圆形或长圆状椭圆形，长5.5～10 cm，宽2～4 cm，边缘有细锯齿；花簇生，雌雄异株，白色①③，花药有分隔；浆果圆球形，熟时黑色②。

分布于山地丘陵林下或林缘。适应性强。

相似种：细枝柃【*Eurya loquaiana*，山茶科 柃木属】嫩枝圆柱形，被极短微柔毛。叶片薄革质，窄椭圆形，侧脉两面隆起④。分布于低山丘陵沟谷两侧；喜湿润。

格药柃嫩枝和顶芽均无毛，小枝粗壮；细枝柃嫩枝和顶芽微被毛，小枝纤细。

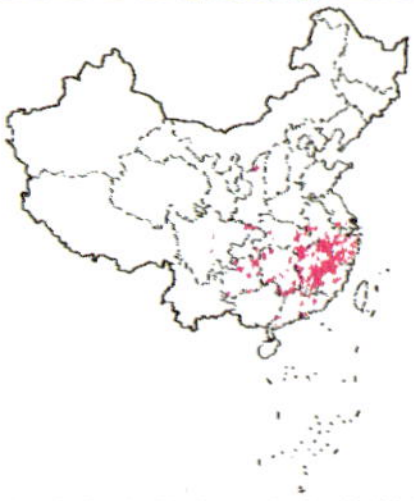

柞木　大风子科 大风子属

Xylosma congestum

Xylosma　| zhàmù

常绿乔木或灌木。幼枝和叶柄微被毛，枝上有棘刺①；单叶互生，叶片卵形至或菱状披针形，长3.5～9 cm，宽1.5～4.5 cm，边缘有细锯齿，两面无毛；总状花序腋生，花淡黄色③⑤；浆果球形②，成熟时黑色④。

分布于低山丘陵。空旷地常见。

幼枝和叶柄微被毛，枝上有棘刺。

1
3
2
4

1
3
2
4
5

山桐子　大风子科 山桐子属

Idesia polycarpa

Manyfruit Idesia　| shāntóngzǐ

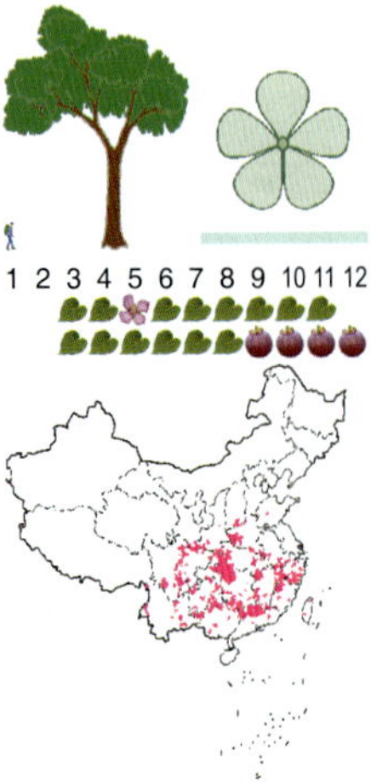

落叶乔木。树皮灰白色，小枝粗壮；叶宽卵形至卵状心形，长6 ~ 15 cm，宽5 ~ 12 cm，基部心形，边缘具圆锯齿①，上面深绿色，下面被白粉，叶柄上有明显的腺体②；大型圆锥花序顶生，下垂，花黄绿色③；浆果球形，熟时红色④；种子多数。

分布于低山沟谷两侧。喜光和肥沃疏松土壤。

叶柄长，有明显的腺体。

中国旌节花　旌节花科 旌节花属

Stachyurus chinensis

China Stachyurus　| zhōngguójīngjiéhuā

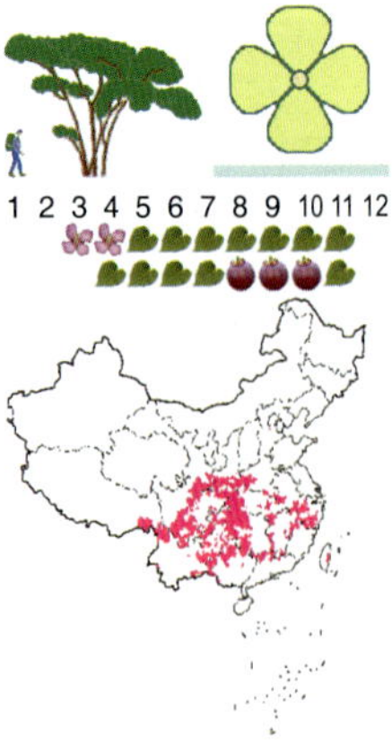

落叶灌木①。叶片卵形至卵状长圆形，长6 ~ 12 cm，宽3.5 ~ 6 cm，先端尾尖，边缘有锯齿；先花后叶；总状花序下垂②，花梗短，花黄色③；浆果球形④；种子小，多数。

分布于山地林缘。稍喜光。

花序和果序如旌节。

1

2

3

4

1

2

3

4

北江荛花　瑞香科 荛花属

Wikstroemia monnula

Lovely Stringbush | běijiāngráohuā

落叶灌木。幼枝被灰色柔毛；叶对生，卵状椭圆形至长椭圆形，长3～4.5 cm，宽1～2.5 cm，下面沿中脉有毛，叶柄长1～2 mm；总状花序顶生，缩短呈伞形状；花萼筒管状，细长，淡紫红色或白色①；核果卵形肉质，白色②。

分布于山地林缘或疏林下。阳生，耐瘠薄。

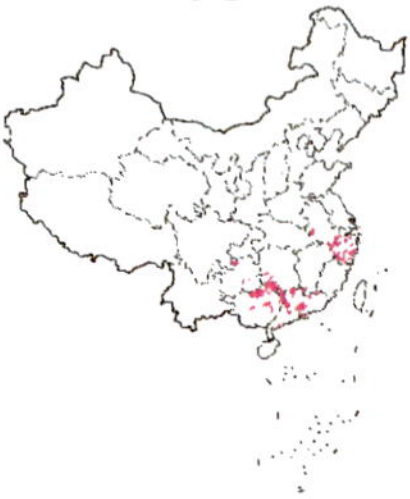

相似种：芫花【*Daphne genkwa*，瑞香科 瑞香属】落叶灌木。幼枝密被淡黄色毛；叶对生，全缘，叶柄密被短柔毛；花先叶开放，簇生于去年生枝节上，花紫红色③。分布于丘陵林缘；阳生。毛瑞香【*Daphne kiusiana* var. *atrocaulis*，瑞香科 瑞香属】常绿灌木。幼枝无毛；单叶，近簇生于枝端，叶革质，上面深绿色，光泽；头状花序稠密，花黄白色④；果红色。分布于山地林下；喜阴。

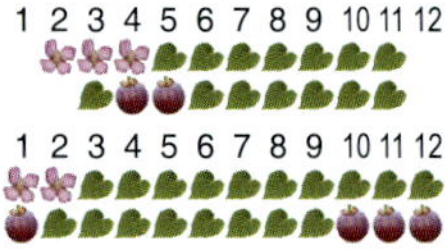

北江荛花和芫花落叶，果白色；芫花花簇生于去年生枝，北江荛花顶生于当年生枝；毛瑞香常绿，果红色。

蔓胡颓子　胡颓子科 胡颓子属

Elaeagnus glabra

Glabrous Elaeagnus | mànhútuízǐ

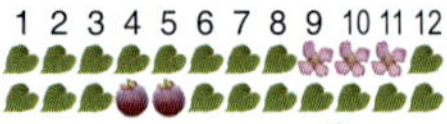

常绿攀缘状灌木，枝刺稀。幼枝密被锈色鳞片；叶片革质或近革质，卵状椭圆形至椭圆形，长4～10 cm，宽2.5～5 cm，全缘，上面深绿色，下面褐色，密被鳞片③；花淡白色，簇生，总梗短④；果实长圆形，密被锈色鳞片，成熟时红色①。

分布于山地丘陵空旷处。阳生处结果较多。

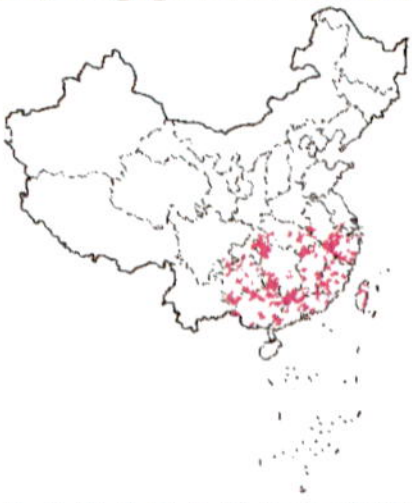

相似种：牛奶子【*Elaeagnus umbellata*，胡颓子科 胡颓子属】落叶灌木，具刺。幼枝密被银白色鳞片；叶片纸质，全缘，两面被鳞片；花先叶开放，黄白色②；核果球形，被银白色鳞片，熟时红色②。分布于低山丘陵林缘路边。胡颓子【*Elaeagnus pungens*，胡颓子科 胡颓子属】常绿直立灌木，具棘刺。幼枝密被锈色鳞片；叶下面被银白色和褐色鳞片；核果椭圆形⑤。分布于山地丘陵空旷处；阳生。

蔓胡颓子和胡颓子常绿，果椭圆形；蔓胡颓子常攀缘状，枝刺稀；胡颓子常直立，枝刺明显；牛奶子落叶，果球形。

1
3
2
4
1
3
4
2
5

紫薇 痒痒树 千屈菜科 紫薇属

Lagerstroemia indica

Common Carpemyrtle | zǐwēi

落叶小乔木或灌木。树皮光滑，片状脱落，小枝具四棱，略呈翅状；叶互生或近对生，叶片椭圆形至倒卵形，长3～7 cm，宽1.5～4 cm；圆锥花序，花淡红色或淡紫色，花瓣皱缩，具长瓣柄①；蒴果椭圆状，成熟时干燥开裂②；种子细小。

分布于低山丘陵向阳处。喜光。

相似种： 福建紫薇【*Lagerstroemia limii*，千屈菜科 紫薇属】树皮浅纵裂，粗糙④，小枝圆柱形，密被毛；叶互生或近对生，长圆形，下面沿脉被柔毛；圆锥花序花淡红紫色③；蒴果卵圆形④。分布于低山沟谷向阳处。

紫薇小枝具明显四棱，叶近无柄，树皮光滑；福建紫薇小枝圆柱形，叶柄长2～5 mm，树皮粗糙。

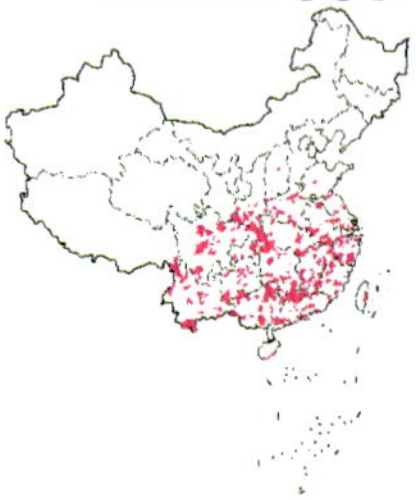

蓝果树 蓝果树科 蓝果树属

Nyssa sinensis

China Tupelo | lánguǒshù

落叶乔木①，树皮灰褐色或深褐色，薄片状剥落。小枝粗壮，皮孔显著；叶片纸质或薄革质，椭圆形至近卵状椭圆形，长6～15 cm，宽4～8 cm，全缘，上面深绿色无毛，下面沿叶脉疏生长伏毛；雌花和两性花，伞形或短总状花序②；核果椭圆形③，熟时蓝黑色，果核具5～7条纵沟纹。

分布于山地林中。喜阳光充足又较湿润处。

成熟果实蓝黑色，秋叶紫红色。

毛八角枫 八角枫科 八角枫属

Alangium kurzii

Kurz Alangium | máobājiǎofēng

落叶小乔木。嫩枝被黄色短柔毛，疏生圆形皮孔；叶近圆形至宽卵形，长12～14 cm，宽7～9 cm，基部偏斜①，沿脉被柔毛；聚伞花序，萼筒漏斗状，密被短柔毛，花瓣白色，线形，反卷②；核果椭圆形，成熟时蓝黑色③。

分布于山地林下。

相似种：八角枫【*Alangium chinense*，八角枫科 八角枫属】落叶小乔木或灌木。叶片大，全缘或3～7裂，基部极偏斜，两面近无毛④。分布于低海拔沟谷林缘或疏林中；阳生。

毛八角枫叶片通常全缘，下面有毛；八角枫叶片全缘或分裂，下面除脉腋外无毛。

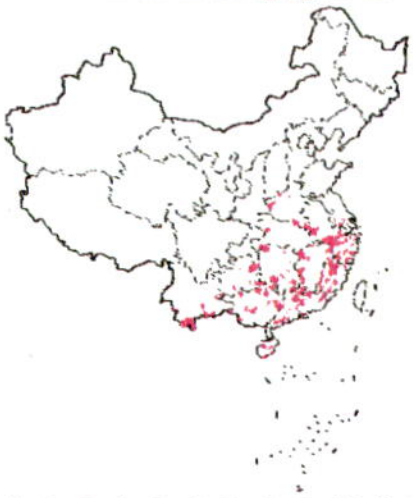

赤楠 桃金娘科 蒲桃属

Syzygium buxifolium

Boxleaf Syzygium | chìnán

常绿小乔木或灌木①。嫩枝有棱角；叶对生，椭圆形至倒卵形，长1～3 cm，宽1～2 cm，全缘，先端圆钝；聚伞花序顶生，花瓣4，雄蕊多数，花柱线性②；果实核果状浆果，顶端宿存环状萼檐③，成熟时紫黑色。

分布于山地丘陵。常见。

相似种：轮叶蒲桃【*Syzygium grijsii*，桃金娘科 蒲桃属】别名三叶赤楠。常绿灌木。嫩枝纤细，有4棱；叶常3叶轮生，狭倒披针形至长椭圆形④。分布于低海拔溪谷两侧；喜湿润。

赤楠叶对生；轮叶蒲桃常3叶轮生。

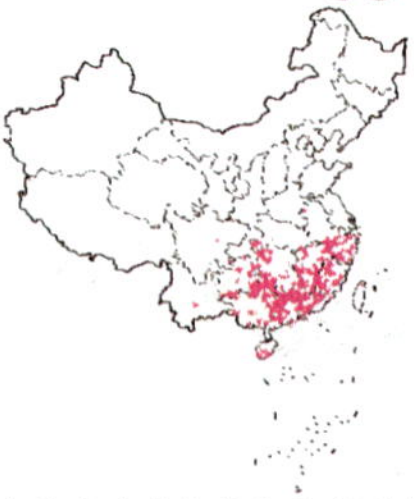

1
3
2
4

1
3
2
4

树参　五加科 树参属

Dendropanax dentigerus

Treerenshen　| shùshēn

常绿乔木。叶片呈厚纸质，叶形多变，不裂或2～3掌状分裂①，不裂叶叶片呈椭圆形至椭圆状披针形，长6～11 cm，宽1.5～6.5 cm，网状脉两面明显隆起，具半透明红棕色的腺点，边缘无锯齿；伞形花序，单生或2～5个组成复伞形花序，顶生，花淡绿色②③；核果长圆形，具5棱③④。

分布于山地林下。喜阴。

叶形多变，不裂或2～3掌状分裂。

方枝野海棠　过路惊　野牡丹科 野海棠属

Bredia quadrangularis

Fourangled Bredia　| fāngzhīyěhǎitáng

常绿小灌木。小枝四棱形，棱上具狭翅；单叶对生，叶片坚纸质，椭圆形至卵状椭圆形，长3～6 cm，宽1.5～3 cm，边缘具疏浅锯齿，基出3脉；聚伞花序，总花梗纤细，花粉红色，雄蕊伸出花外①；蒴果浅杯形，顶端平截②。

分布于低山沟谷林下或林缘。喜阴湿。

相似种：地菍【*Melastoma dodecandrum*，野牡丹科 野牡丹属】匍匐状小灌木，下部逐节生根。叶片椭圆形至圆形，疏生糙伏毛，基出脉3～5，近全缘；聚伞花序，有花1～3朵，花粉红色③；果肉质，坛状球形，具刺毛，熟时黑紫色④。分布于山坡草丛或疏林下；喜酸性土壤。

方枝野海棠花瓣4，蒴果开裂；地菍花瓣5，果肉质不开裂。

1

2

3

4

1

2

3

4

四照花　山茱萸科 山茱萸属

Cornus kousa* subsp. *chinensis

Chinese Kousa Dogwood　| sìzhàohuā

落叶乔木，树皮光滑斑驳。小枝纤细；叶对生，卵形至卵状椭圆形，长4 ~ 8 cm，宽2 ~ 4 cm，下面粉绿色，两面被毛；侧脉3 ~ 5对，弧状弯曲；头状花序球形，总花梗纤细，总苞片4，白色①；果序球形，熟时橙红色②。

分布于山地林中。

相似种：秀丽四照花【*Cornus hongkongensis* subsp. *elegans*，山茱萸科 山茱萸属】常绿小乔木。叶两面绿色，近无毛；头状花序球形，总苞片4；果橙红色③。分布于低山沟谷；喜阴湿。山茱萸【*Cornus officinalis*，山茱萸科 山茱萸属】落叶小乔木。树皮薄片状剥落；叶片侧脉5 ~ 8对，脉腋密生淡黄褐色簇毛；伞形花序，总花梗粗壮，花黄色④；核果椭圆形④。分布于向阳山坡疏林中，多见栽培；阳生。

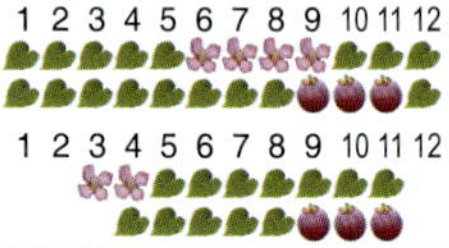

四照花和秀丽四照花花序头状，花序下有4枚大型白色总苞片；四照花落叶；秀丽四照花常绿；山茱萸花序伞形，总苞片小。

灯台树　山茱萸科 山茱萸属

Cornus controversa

Giant Dogwood　| dēngtáishù

落叶乔木。枝条上皮孔和叶痕明显；叶互生，宽卵形至宽椭圆状卵形，长5 ~ 13 cm，宽4 ~ 9 cm，全缘①；聚伞花序顶生，花小，白色，花瓣4；子房下位；果球形，蓝黑色②，果核顶端有孔。

分布于山地林中。阳生。

相似种：青荚叶【*Helwingia japonica*，山茱萸科 青荚叶属】落叶灌木。幼枝叶痕明显；叶片卵形至卵状椭圆形，互生，边缘有锐锯齿，两面无毛；花生于叶面中脉上③；浆果状核果④。分布于山谷林下；喜阴湿。

灯台树花序顶生；青荚叶花序生于叶面中脉上。

1

3

2

4

1

3

2

4

华东山柳 髭脉桤叶树 桤叶树科 桤叶树属

Clethra barbinervis

Japan Clethra | huádōngshānliǔ

落叶小乔木。树皮红褐色，长条状剥落①；叶倒卵状椭圆形至倒卵形，长3~13 cm，宽1.2~5.5 cm，基部楔形，上面无毛，下面脉上有伏贴毛，脉腋有髯毛，叶缘有尖锐锯齿，齿端具硬尖③；圆锥花序，总花梗和花梗密被锈色硬毛，花白色②；蒴果近球形，有宿存花柱④，3瓣开裂。

分布于海拔800 m以上的山地林中。

树皮光滑斑驳，叶片下面脉上有伏贴毛，脉腋有髯毛。

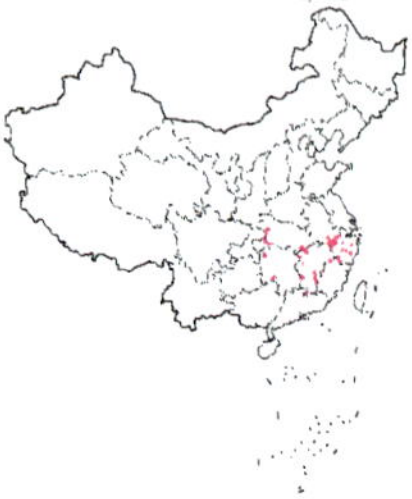

鹿角杜鹃 鹿角杜鹃 杜鹃花科 杜鹃花属

Rhododendron latoucheae

Deerhorn Azalea | jǐjiǎodùjuān

常绿灌木，除芽鳞边缘有微毛外，全株无毛。叶芽尖锐细长⑤；叶集生于枝顶；叶片革质，长圆形或椭圆形，长5~10 cm，宽2~4 cm，全缘；花芽侧生，芽鳞宿存，花冠狭漏斗状，淡紫红色①；蒴果长圆柱形③。

分布于山地林中。常见。

相似种：马银花【*Rhododendron ovatum*，杜鹃花科 杜鹃花属】常绿灌木。树皮片状剥落④。幼枝与叶柄被短柔毛；叶集生于枝顶，卵圆形，先端凹缺；花淡紫色②；蒴果宽卵形，密被毛⑥。分布于山地丘陵林中；常成为山地阔叶林下层优势种，喜酸性土壤。

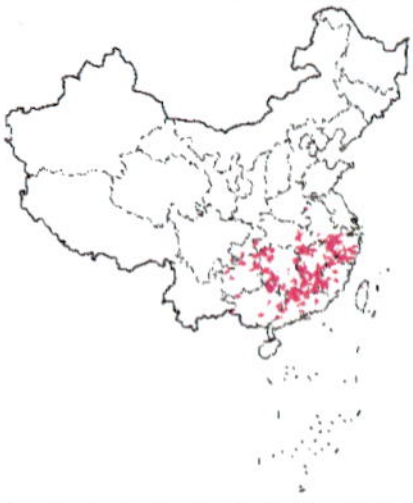

鹿角杜鹃雄蕊10枚，果实长圆柱形，无毛，叶片先端无凹缺；马银花雄蕊5枚，果实宽卵形，被毛，叶片先端凹缺。

猴头杜鹃 杜鹃花科 杜鹃花属

Rhododendron simiarum

Monkeyhead Azalea | hóutóudùjuān

常绿灌木或小乔木①。幼枝有红棕色毛，叶痕明显；叶集生于枝顶，厚革质，倒披针形至长圆状倒披针形，长5～15 cm，宽1.5～4.5 cm，全缘，上面无毛，下面密被红棕色或灰白色毛③；顶生伞形状总状花序，花粉红色②；蒴果长圆形③。

分布于海拔500 m以上的山地和沟谷。局部形成优势群落。

相似种：云锦杜鹃【*Rhododendron fortunei*，杜鹃花科 杜鹃花属】别名天目杜鹃。枝粗壮，淡绿色；叶聚生于枝顶，厚革质，全缘，两面无毛；花粉红色或白色略带粉红④。分布于海拔400 m以上的山地；在较高海拔常成为优势种。

猴头杜鹃叶下面密被毛；云锦杜鹃下面无毛。

杜鹃 映山红 杜鹃花科 杜鹃花属

Rhododendron simsii

Sims Azalea | dùjuān

落叶或半常绿灌木。小枝及叶片两面密被糙伏毛③；叶二型，春叶卵状椭圆形等，长2.5～6 cm，宽1～3 cm，冬季脱落；夏叶倒披针形，长1～1.5 cm，冬季常不脱落。花簇生于枝顶，鲜红色①；蒴果卵圆形，被糙伏毛⑤。

广泛分布于山地丘陵。阳生。

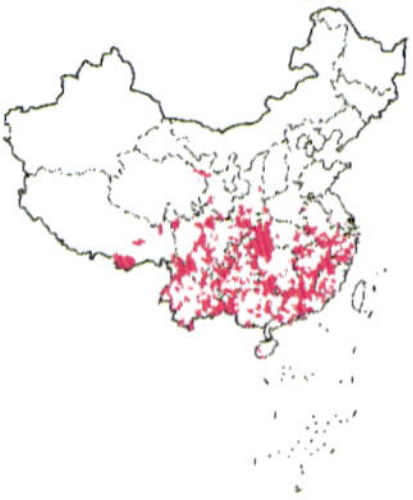

相似种：丁香杜鹃【*Rhododendron farrerae*，杜鹃花科 杜鹃花属】又名满山红。落叶灌木。叶聚生于枝端呈轮生状，叶片宽卵形，幼叶疏生绢状毛，老叶两面无毛；花1～3朵簇生于枝顶，淡紫色②；蒴果卵状长圆形，密被毛④。分布于山地丘陵；在山坡灌丛常成为优势种类。羊踯躅【*Rhododendron molle*，杜鹃花科 杜鹃花属】别名闹羊花。落叶灌木。幼枝被毛；叶长圆形，边缘有刺毛状睫毛，两面被短柔毛；花黄色⑥。分布于低山丘陵林中。

杜鹃花红色，丁香杜鹃花淡紫色，羊踯躅花黄色。

美丽马醉木　杜鹃花科 马醉木属

Pieris formosa

Himalayas Pieris　| měilìmǎzuìmù

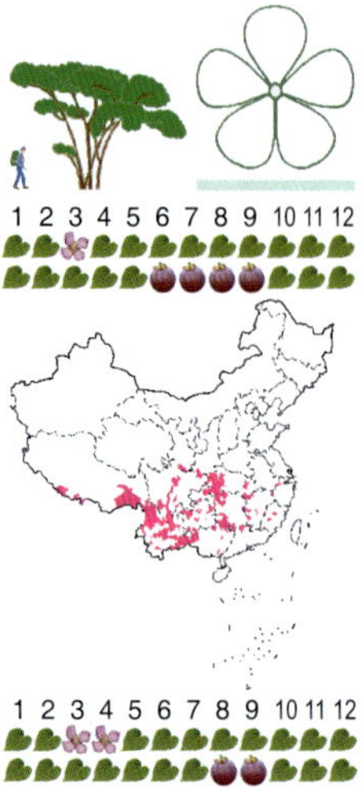

常绿灌木或小乔木。嫩叶红色，近集生于枝顶③，叶片革质，长椭圆形至倒卵状椭圆形，长5 ~ 10 cm，宽2 ~ 3.5 cm，边缘具细锯齿，网脉明显；圆锥花序顶生，花坛状，白色①；蒴果，球形④。

分布于低山林中。

相似种：马醉木【*Pieris japonica*，杜鹃花科 马醉木属】常绿灌木或小乔木。叶倒披针形或披针形，边缘中部以上有锯齿；花白色②；蒴果球形⑤。分布于山地林下。

美丽马醉木叶基部以上有锯齿；马醉木叶中部以上有锯齿。

毛果珍珠花　毛果南烛　杜鹃花科 南烛属

Lyonia ovalifolia* var. *hebecarpa

Hairfruit Lyonia　| máoguǒzhēnzhūhuā

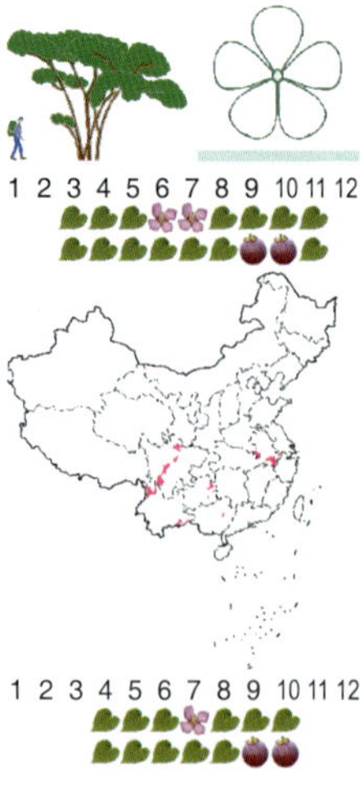

落叶灌木或小乔木。嫩枝淡红褐色，光滑；芽鳞大而有光泽⑤；叶卵状长圆形至卵状椭圆形，长4 ~ 12 cm，宽2 ~ 5.5 cm，全缘，下面脉上被柔毛。总状花序腋生，花钟形，白色①；蒴果近球形，有棱，被灰白色短柔毛③。

广泛分布于山地丘陵。阳生。

相似种：扁枝越橘【*Vaccinium japonicum* var. *sinicum*，杜鹃花科 越橘属】落叶小灌木。枝条扁平，绿色，无毛②；叶片卵状三角形，边缘有刺芒状细锯齿；花白色或粉红色；浆果，球形，鲜红色④。分布于海拔900 m以上山脊林下。

毛果珍珠花嫩枝淡红褐色，圆柱形；扁枝越橘嫩枝绿色，扁平。

1
3
4
2
5
1
3
2
4
5

乌饭树 乌饭 南烛 杜鹃花科 越橘属

Vaccinium bracteatum

Oriental Blueberry | wūfànshù

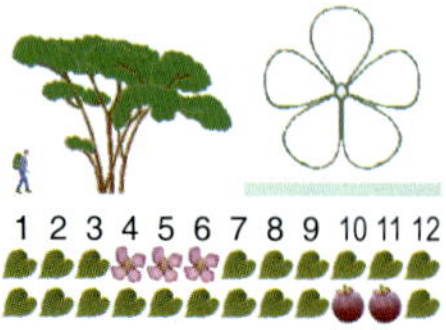

常绿灌木。芽卵圆形；叶片革质，椭圆形至卵状椭圆形，长3.5～6 cm，宽1.5～3.5 cm，边缘有细锯齿①，近无毛，下面脉上有刺突；总状花序腋生，苞片披针形宿存，花白色②；浆果，球形，熟时紫黑色，被白粉②，可食用。

分布于山地丘陵。喜酸性土。

相似种：短尾越橘【*Vaccinium carlesii*，杜鹃花科 越橘属】别名小叶乌饭树。小枝纤细；叶片卵状披针形等；苞片早落；浆果，球形，熟时紫红色，被白粉③。分布于山地丘陵。**江南越橘**【*Vaccinium mandarinorum*，杜鹃花科 越橘属】别名米饭花。常绿灌木或小乔木。萌发枝被长刺毛；叶片卵状椭圆形等，叶片中脉和叶柄有时具短柔毛；球果熟时红褐色④。分布于山地丘陵。

乌饭树芽鳞不开展，苞片宿存；后二者芽鳞先端开展，苞片早落；短尾越橘花冠裂片约为花冠长的1/2，江南越橘花冠裂片为花冠长的1/6～1/8。

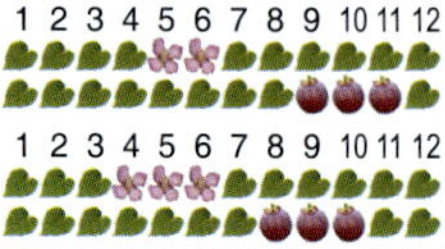

杜茎山 紫金牛科 杜茎山属

Maesa japonica

Japan Maesa | dùjīngshān

常绿灌木。全株无毛。小枝具细条纹，疏生皮孔；叶片椭圆形至长圆状倒卵形，长5～14 cm，宽2～5.5 cm，全缘或中部以上具疏锯齿①；总状花序单生或2～3个聚生叶腋，花钟形，淡黄色②，具线状条纹，子房半下位；浆果肉质，球形，黄白色②③。

分布于山地沟谷林下。喜阴湿。

常可见花果同枝。

1

3

2

4

1

2

3

朱砂根 紫金牛科 紫金牛属

Ardisia crenata

Cinnabarroot | zhūshāgēn

常绿小灌木①。全体无毛；根肉质，红色；叶常聚生于枝顶，椭圆形至倒披针形，长6 ~ 14 cm，宽1.8 ~ 4 cm，边缘皱波状，具圆齿，齿缝间有黑色腺点，两面具点状腺体，侧脉12 ~ 18对；伞形花序或聚伞花序生于侧枝顶端和叶腋，花冠淡红色，具腺点②；果球形，鲜红色，花柱和花萼宿存①。

分布于山地丘陵林下。喜疏松土壤和阴湿处。

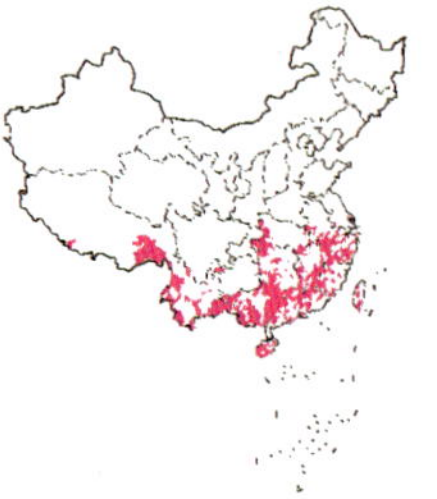

相似种：山血丹【*Ardisia lindleyana*，紫金牛科 紫金牛属】又名沿海紫金牛。常绿小灌木，小枝及叶片下面被微柔毛。叶长椭圆形至椭圆状披针形，全缘或近波状，具边缘腺体，侧脉10 ~ 12对；伞形花序顶生，花绿白色；果球形③，熟时深红色。分布于山地沟谷林下；喜阴湿。

朱砂根叶缘具浅齿，齿缝间具边缘腺点；山血丹叶近全缘，齿端具边缘腺点。

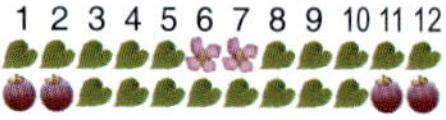

九管血 矮茎紫金牛 紫金牛科 紫金牛属

Ardisia brevicaulis

Shortstem Ardisia | jiǔguǎnxuè

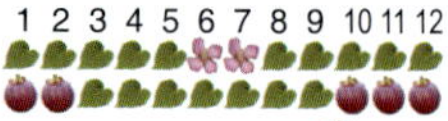

常绿矮灌木，高达40 cm。具匍匐根状茎，茎不分枝；叶片近椭圆形，长7 ~ 15 cm，宽3.5 ~ 7 cm，下面被毛，叶片全缘或具浅圆齿，边缘腺点较密；伞形花序，花冠白色，具黑色腺点③；果球形，熟时红色，具宿存花萼①。

分布于山地林下。喜阴湿。

相似种：紫金牛【*Ardisia japonica*，紫金牛科 紫金牛属】别名老不大。常绿小灌木，高20 ~ 40 cm。幼枝密被柔毛；叶片长可达9 cm，除叶下主脉外近无毛；果鲜红色②。分布于山地林下；常小片生长。百两金【*Ardisia crispa*，紫金牛科 紫金牛属】常绿小灌木，高50 ~ 100 cm。叶狭长披针形⑤，两面无毛；花冠白色④。分布于山地沟谷林下。

九管血和百两金叶全缘或略波状，边缘腺点明显，九管血叶近椭圆形，百两金叶狭长披针形；紫金牛叶片具细锯齿，叶缘无腺点。

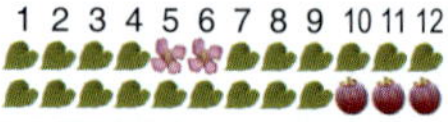

1

2

3

1

3

4

2

5

山柿 浙江柿 粉叶柿 柿树科 柿属

Diospyros japonica

Zhejiang Persimmon | shānshì

落叶乔木。树皮黑褐色，芽扁圆形，有毛；叶卵形至卵状披针形，长6 ~ 17 cm，宽3 ~ 8 cm，上面深绿色④，下面灰白色；雌雄异株，雌花单生或聚生于叶腋，花梗极短，花冠坛状，黄色或淡紫红色③；浆果球形，熟时黄色，被白粉①。

分布于山地林中。

相似种： 罗浮柿【*Diospyros morrisiana*，柿树科 柿属】常绿小乔木。叶椭圆形，全缘②，叶下面淡绿色，花淡黄色；浆果球形，成熟时浅黄色。分布于低海拔林下。野柿【*Diospyros kaki* var. *silvestris*，柿树科 柿属】小枝与叶柄密生黄褐色短绒毛，叶上面深绿色，下面疏生柔毛；果扁球形，成熟时橙色⑤。分布于低山丘陵疏林中；阳生。

山柿和野柿是落叶树种；山柿叶下面灰白色，小枝无毛；野柿叶下面粉绿色，小枝有毛；罗浮柿是常绿树种。

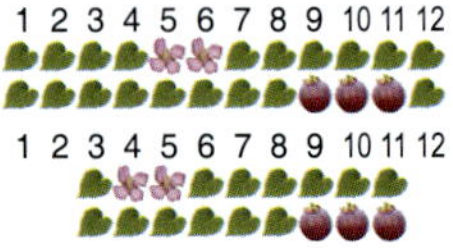

老鼠矢 山矾科 山矾属

Symplocos stellaris

Starshape Sweetleaf | lǎoshǔshǐ

常绿小乔木。小枝粗壮，密被棕色长绒毛①；叶片厚革质，狭长椭圆形至披针状椭圆形，长6 ~ 20 cm，宽2 ~ 4 cm，全缘，上面绿色，下面苍白色，两面无毛；密伞花序腋生于两年生枝条上，花冠白色②；核果长椭圆形，具6 ~ 8条纵棱，宿存花萼裂片直立③。

分布于山地丘陵林下。

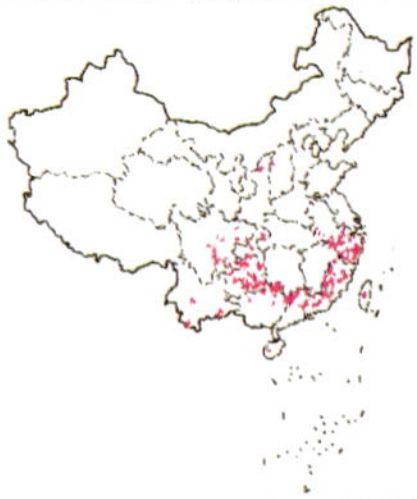

相似种： 光亮山矾【*Symplocos lucida*，山矾科 山矾属】别名四川山矾。常绿小乔木。嫩枝有棱；叶片革质，长椭圆形，边缘疏生锯齿，两面无毛，中脉两面隆起；密伞花序；核果椭圆形④，熟时黑褐色。分布于山地丘陵林下。

老鼠矢叶狭长，全缘，叶上面中脉凹陷；光亮山矾叶长椭圆形，有锯齿，叶上面中脉凸起。

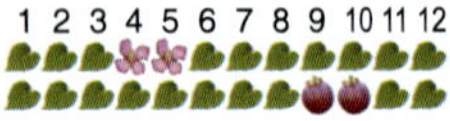

1
3
4
2
5

1
3
2
4

薄叶山矾　山矾科 山矾属

Symplocos anomala

Thinleaf Sweetleaf　| báoyèshānfán

常绿小乔木。幼枝与顶芽密被褐色短绒毛①；叶片薄革质，多为狭椭圆状披针形，长5 ~ 9 cm，宽1.5 ~ 3 cm，全缘或疏生锯齿，两面无毛，中脉上面凸起；总状花序腋生，花白色，花冠5深裂至基部⑤；核果长圆形③，成熟时蓝黑色①。

分布于山地林下。

相似种：山矾【*Symplocos sumuntia*，山矾科 山矾属】常绿灌木或小乔木。幼枝微被毛；叶片卵形至椭圆形，长尾状渐尖，边缘有浅锯齿，两面无毛；总状花序轴和花梗被短柔毛，花白色，极芳香②；核果坛状④。分布于山地丘陵；常见。白檀【*Symplocos paniculata*，山矾科 山矾属】落叶小乔木或灌木。嫩枝及幼叶两面被柔毛；叶片椭圆形等，边缘有细锐锯齿，中脉在上面凹下；圆锥花序生于新枝顶端，花白色⑥，芳香；核果无毛。分布于山地丘陵；阳生。

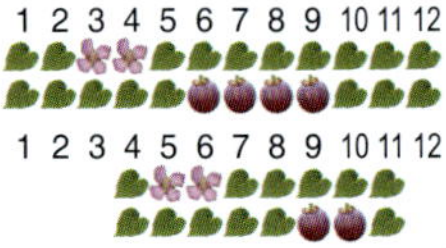

薄叶山矾和山矾常绿；薄叶山矾嫩枝密被毛；山矾嫩枝微被毛；白檀落叶。

赤杨叶　拟赤杨　安息香科 赤杨叶属

Alniphyllum fortunei

Fortune Chinabells　| chìyángyè

落叶乔木。树皮红褐色或暗灰色，浅裂；小枝红褐色，被黄色星状毛；单叶互生，叶片椭圆形至倒卵形，长7 ~ 19 cm，宽4.5 ~ 10 cm，边缘疏生浅锯齿，两面疏生星状毛，老时近无毛；总状花序，花冠白色或略带粉红色①，雄蕊下部合生成短筒；蒴果长椭圆形②；种子具膜质翅。

分布于向阳山坡或沟谷林中。喜疏松肥沃土壤。

相似种：小叶白辛树【*Pterostyrax corymbosus*，安息香科 白辛树属】落叶乔木。幼枝被灰色星状毛；叶片宽卵形至椭圆形，边缘具不规则细齿，下面被绒毛；圆锥花序，花黄白色，生于分枝的一侧③；核果倒卵形，具4 ~ 5狭翅和喙④，密被星状毛。分布于低山沟谷林中；喜湿润。

赤杨叶果为蒴果，成熟时开裂，无翅；小叶白辛树果为核果，成熟时不开裂，有狭翅。

1

3

5

2

4

6

1

3

2

4

红皮树 栓叶安息香 安息香科 安息香属

Styrax suberifolius

Corkleaf Snowbell | hóngpíshù

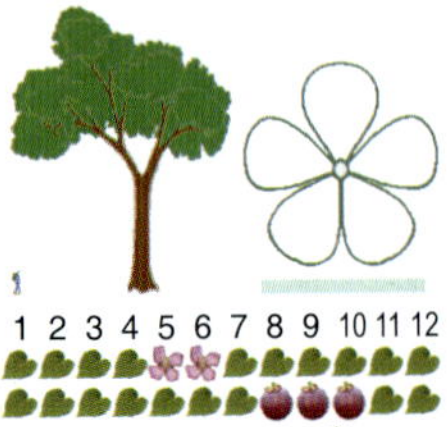

常绿乔木。树皮红褐色或灰褐色，扭曲条状开裂，幼枝密被锈色绒毛；叶片革质，椭圆形至长圆状披针形，长6 ~ 16 cm，宽3 ~ 6 cm，全缘，下面密被黄褐色至灰褐色星状绒毛④；总状或圆锥花序①，花序梗被星状毛；花萼杯状，花冠4 ~ 5深裂，白色②；果实球形，被淡黄色毛，顶端3瓣裂③。

分布于低山丘陵沟谷林中。喜湿润。

树皮红褐色或灰褐色，叶片下面密被黄褐色至灰褐色星状绒毛。

郁香安息香 芬芳安息香 安息香科 安息香属

Styrax odoratissimus

Sweetscented Snowbell | yùxiāng'ānxīxiāng

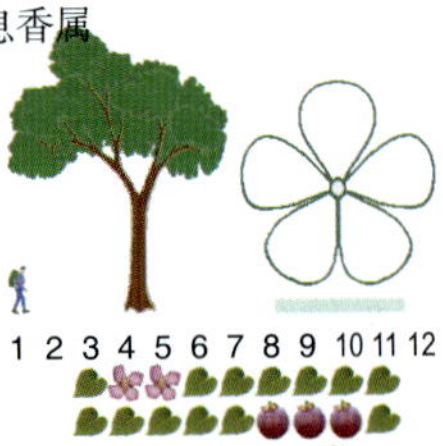

落叶灌木或小乔木，树皮灰褐色不裂；3芽叠生①。叶椭圆形至卵状椭圆形，长7 ~ 15 cm，宽4 ~ 8 cm，全缘或叶脉伸出呈小尖头，两面无毛；总状花序，花白色①，芳香；果实近球形，密被星状绒毛，顶端具凸尖②。

分布于山地林中或林缘。

相似种：赛山梅【*Styrax confusus*，安息香科安息香属】落叶灌木或小乔木，叶片长椭圆形等，边缘具小齿；总状花序顶生，花白色③；果实球形，密被星状绒毛④。分布于山地丘陵疏林；阳生。婺源安息香【*Styrax wuyuanensis*，安息香科 安息香属】落叶灌木。小枝纤细；芽上密被金黄色星状柔毛；叶互生，椭圆状菱形等，边缘疏生锯齿；花梗纤细，果实卵形，基部具宿存花萼⑤。分布于山坡疏林。

前两者花梗较花短，郁香安息香果实具喙尖，赛山梅果实无喙尖；婺源安息香花梗比花长。

1
3
2
4

1
3
2
4
5

金钟花 木犀科 连翘属

Forsythia viridissima

Goldenbell Flower | jīnzhōnghuā

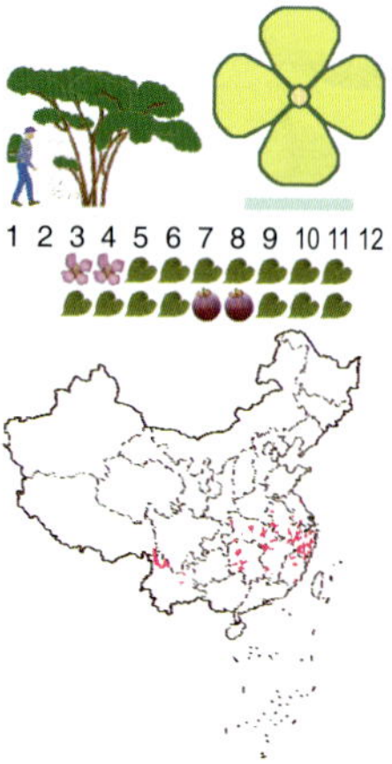

落叶灌木①。枝常拱曲，具4棱，髓呈薄片状④；单叶对生，叶片长圆形至卵状披针形，长3 ~ 7 cm，宽1 ~ 2.5 cm，边缘中部以上有锯齿②，两面无毛；花先叶开放，1 ~ 3朵簇生于叶腋，花冠钟形，黄色，4深裂③；蒴果卵球形，表面散生棕色鳞秕，顶端尖。

分布于低山河谷两侧向阳处。喜湿润。

髓部呈薄片状；花冠4裂，黄色。

宁波木犀 华东木犀 木犀科 木犀属

Osmanthus cooperi

Cooper Osmanther | níngbōmùxī

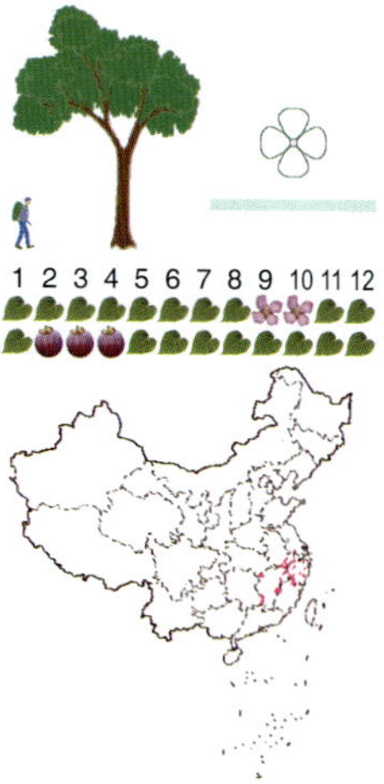

常绿乔木。枝灰褐色，无毛。叶交互对生，革质，椭圆形至倒卵形，长6 ~ 9.5 cm，宽2.5 ~ 4 cm，全缘，幼苗和萌发枝上叶有不规则疏锯齿①，上面亮绿色，下面淡绿色，两面近无毛②；花簇生于叶腋，白色③；核果长圆形，成熟时紫黑色④。

分布于低山丘陵林中。阴生。

叶全缘，幼苗和萌发枝上叶有不规则疏锯齿，无毛；花白色，芳香味淡。

1
3
2
4

1
3
2
4

小蜡　木犀科 女贞属

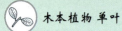

Ligustrum sinense

Small Privet　| xiǎolà

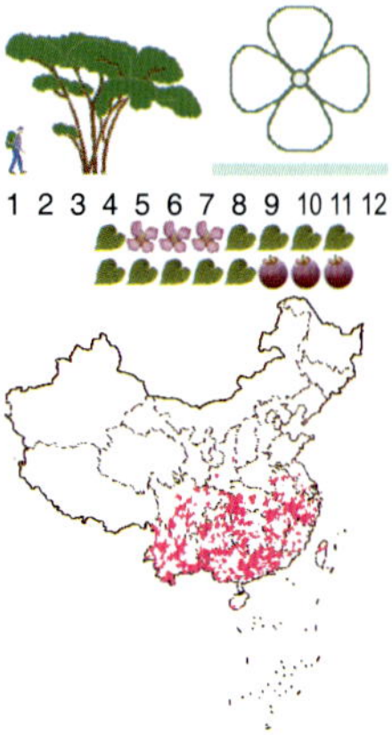

落叶灌木或小乔木。枝密被短柔毛；叶对生，叶片长圆形至长圆状卵形，2.5 ~ 6 cm，宽1 ~ 3 cm，先端微凹，全缘，上面无毛，下面有短柔毛和细小腺点，侧脉5 ~ 8对②；圆锥花序顶生，花白色①；核果浆果状，近球形③，熟时黑色。

分布于低山丘陵沟谷两侧向阳处。喜湿润。

小枝密被毛；圆锥花序顶生，花白色密集。

醉鱼草　醉鱼草科 醉鱼草属

Buddleja lindleyana

Lindley Summerlilic　| zuìyúcǎo

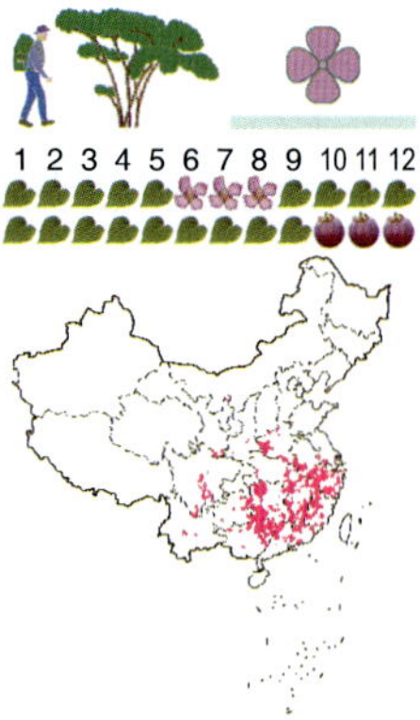

半常绿灌木①。小枝具4棱和窄翅；嫩枝、嫩叶和花序均被棕黄色星状毛和鳞片；叶对生；叶片卵形至椭圆状披针形，长2.5 ~ 13 cm，宽1.2 ~ 4.2 cm，全缘或疏生波状细齿，中脉上面凹下，侧脉两面凸起②；花由多数聚伞花序集成顶生伸长的穗状花序，常偏向一侧，花冠紫色③；蒴果长圆形，外面密被黄褐色鳞片④。

分布于溪谷或路边。喜光。

小枝具4棱和窄翅，单叶对生；花紫色，穗状花序顶生且明显较长。

厚壳树 紫草科 厚壳树属

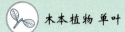

Ehretia acuminata

Heliotrope Ehretia | hòukéshù

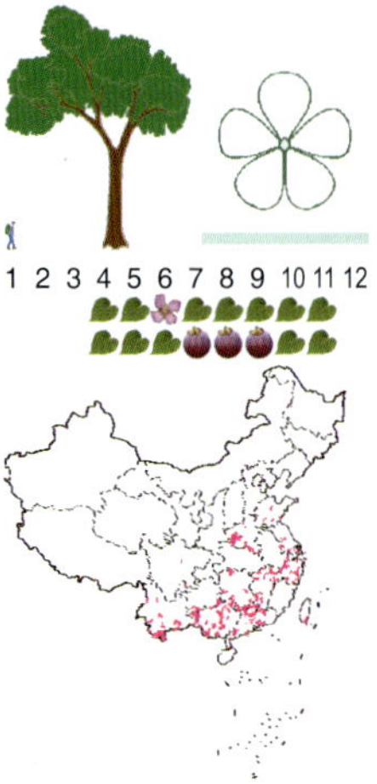

落叶乔木①。树皮灰黑色，不规则纵裂；叶互生，倒卵形至长圆状椭圆形③，长7 ~ 20 cm，宽3 ~ 10.5 cm，边缘有细锯齿，上面疏生短糙伏毛，下面仅脉腋有毛；花小，密集成大型的圆锥花序，顶生或腋生，白色②，有香气；核果，球形，成熟时橘红色④，直径3 ~ 4 mm。

分布于山地丘陵河谷两侧。阳生，喜湿润。

树皮灰黑色，不规则纵裂；圆锥花序大型。

白棠子树 马鞭草科 紫珠属

Callicarpa dichotoma

Purple Purplepearl | báitángzǐshù

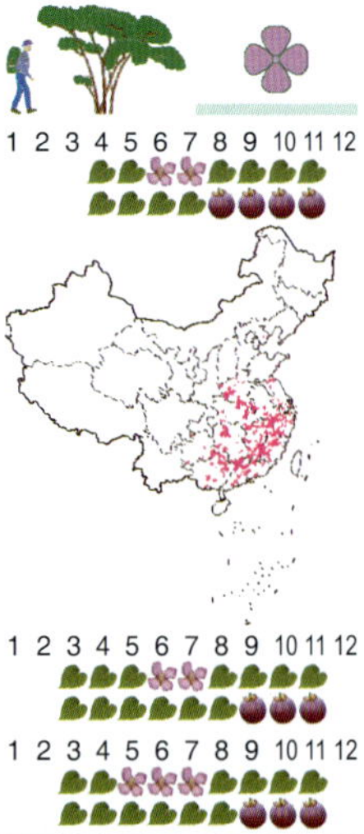

落叶灌木。小枝细长，略成四棱形；叶片倒卵形，长3 ~ 6 cm，宽1 ~ 2.5 cm，边缘中部以上疏生锯齿，两面无毛，下面密生黄色腺点；聚伞花序生于叶腋，总花梗纤细，花淡紫红色；果实球形，紫色①。

分布于河谷浅滩及两侧。喜湿润、喜光。

相似种：窄叶紫珠【*Callicarpa membranacea*，马鞭草科 紫珠属】除嫩枝和幼叶外全株无毛；叶片倒卵状披针形，边缘上半部有锯齿②；果熟时紫色。分布于山地林下。紫珠【*Callicarpa bodinieri*，马鞭草科 紫珠属】小枝、叶柄、花序均被星状毛；叶片卵形，边缘有细钝锯齿，下面密被星状毛，两面有暗红色腺点；花冠紫红色③；果熟时紫色④。分布于林缘和沟谷边。

白棠子树叶下密生黄腺点，总花梗纤细，远长于叶柄；紫珠植株多被毛，叶下有红腺点；窄叶紫珠叶下有不明显黄腺点，总花梗与叶柄等长。

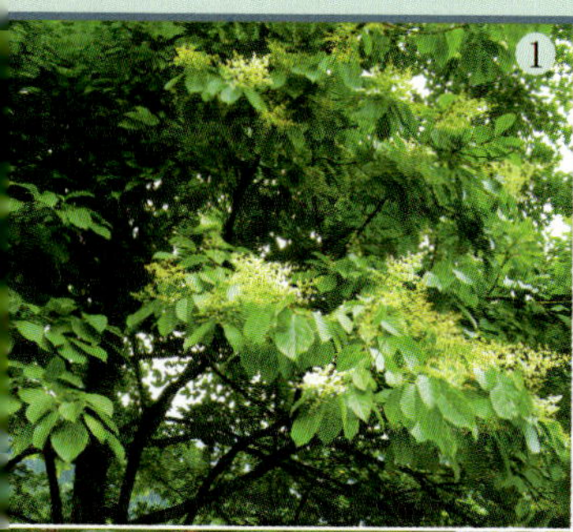
1

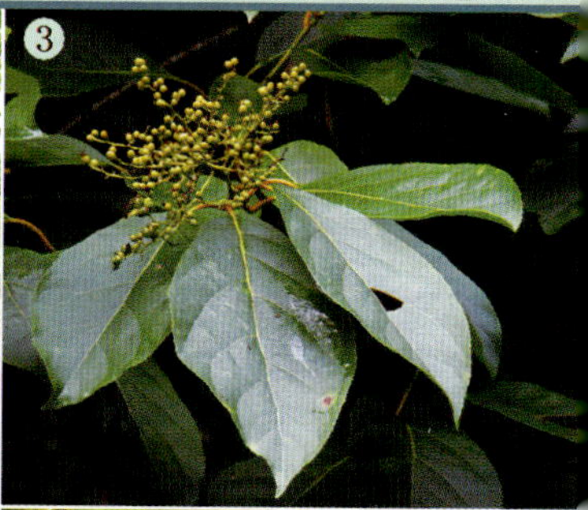
3

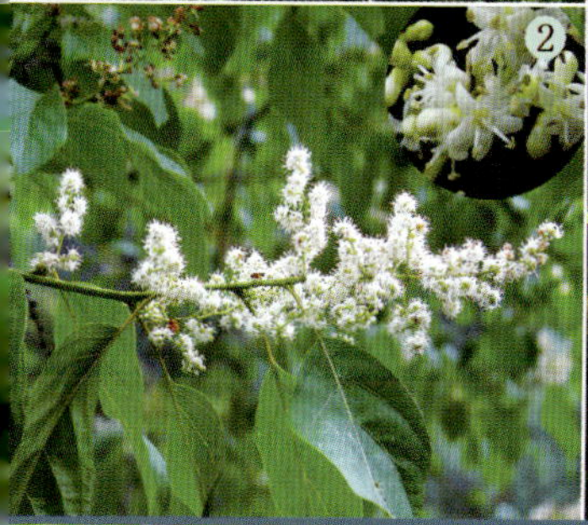
2

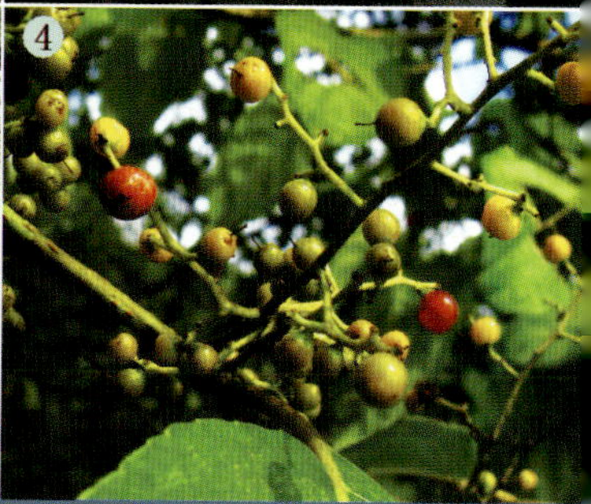
4

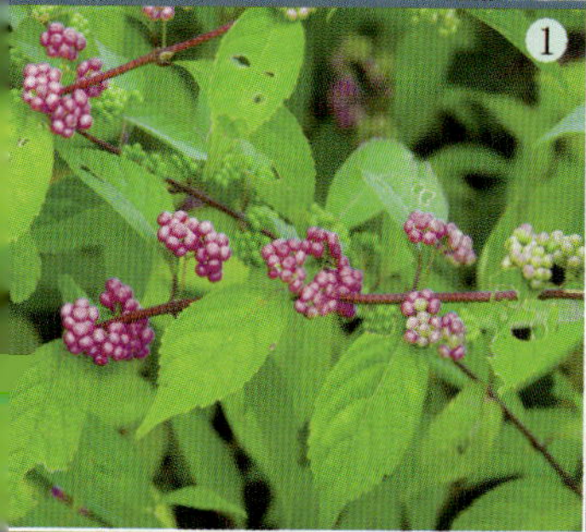
1

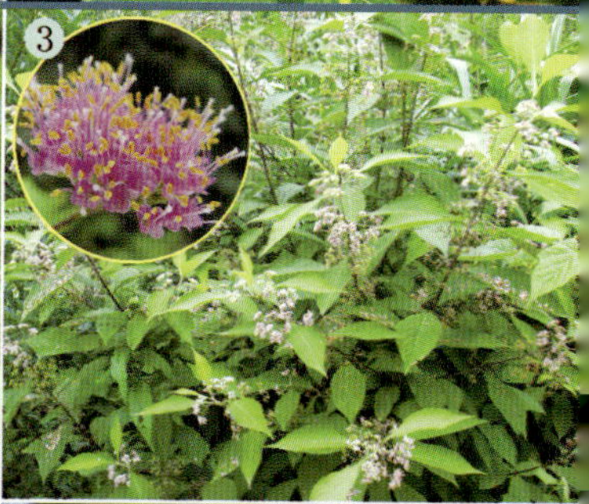
3

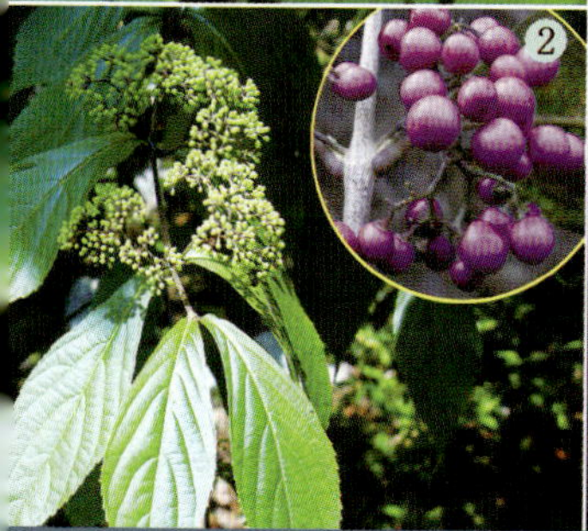
2

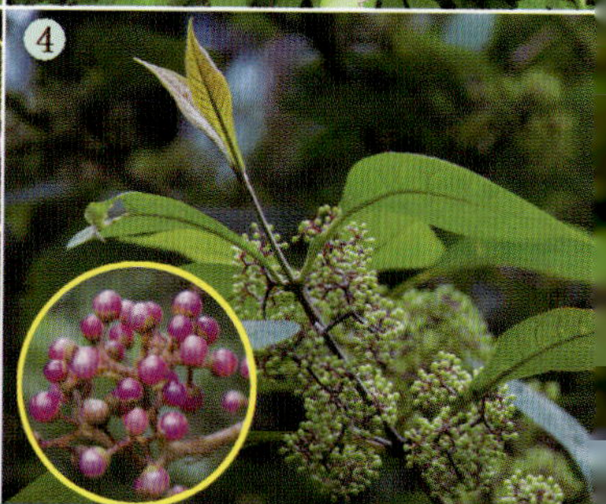
4

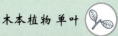

红紫珠 马鞭草科 紫珠属

Callicarpa rubella

Reddish Purplepearl | hóngzǐzhū

落叶灌木。小枝密被黄褐色星状毛和腺毛；叶片倒卵形或倒卵状椭圆形，长10～22 cm，宽4～10 cm，基部两侧耳垂状，边缘具锯齿，下面密被灰白色毛和黄色腺点，叶柄短，长不超过4 mm；聚伞花序，总花梗长2～3 cm；花白色①；果紫红色②。

分布于低山丘陵林下。稍喜光。

相似种：藤紫珠【*Callicarpa integerrima* var. *chinensis*，马鞭草科 紫珠属】攀缘状灌木③。嫩枝、叶柄和花序密生黄褐色毛；叶片革质，宽椭圆形，全缘，下面密生黄褐色星状毛和细小的金黄色腺点；聚伞花序，花冠紫红色④。分布于低海拔沟谷疏林中或林缘。

红紫珠直立，叶边缘有锯齿；藤紫珠蔓状，叶全缘。

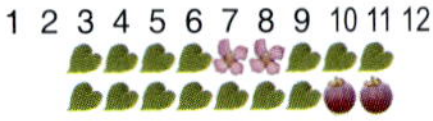

浙江大青 马鞭草科 大青属

Clerodendrum kaichianum

Zhejiang Glorybower | zhèjiāngdàqīng

落叶小乔木或灌木。嫩枝略呈四棱形，密被黄褐色短柔毛，髓白色，有淡黄色薄片状横隔；芽紫色；叶椭圆状卵形至宽卵形，长8～20 cm，宽5～12 cm，全缘，两面疏生短毛，下面基部脉腋有数个盘状腺体；伞房状聚伞花序顶生，花乳白色①；核果球形，熟时蓝绿色，有紫红色的宿存花萼②。

分布于沟谷两侧。喜湿润。

相似种：臭牡丹【*Clerodendrum bungei*，马鞭草科 大青属】落叶小灌木。植株有臭味；叶缘具粗锯齿或小齿；顶生聚伞花序密集成头状③。分布于荒地路边；喜湿润。大青【*Clerodendrum cyrtophyllum*，马鞭草科 大青属】叶有臭味，长圆状披针形，全缘；花绿白色④。分布于低山丘陵疏林或林缘。

浙江大青和大青聚伞花序不成头状；浙江大青叶宽卵形；大青叶长圆状披针形；臭牡丹聚伞花序紧缩成头状。

1

3

2

4

1

3

2

4

细叶水团花　水杨梅　茜草科 水团花属

Adina rubella

Thinleaf Adina　| xìyèshuǐtuánhuā

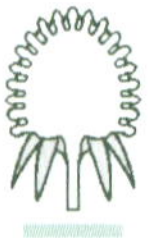

落叶灌木。嫩枝密被短柔毛；叶对生；叶片卵状椭圆形至宽卵状椭圆形，长2～4.5 cm，宽0.8～1.5 cm，全缘；叶柄极短；托叶二深裂；头状花序通常单个顶生，花淡紫红色①；蒴果②。

分布于溪谷浅滩和堤岸。喜湿润。

相似种：风箱树【*Cephalanthus tetrandrus*，茜草科 风箱树属】落叶小乔木③。叶对生或三叶轮生，椭圆形，全缘，托叶三角形，先端常有一枚黑色腺体；球形头状花序排成圆锥状，顶生或生于上部叶腋，花冠白色④；种子具海绵质假种皮。分布于河谷两侧；喜光和湿润。

细叶水团花种子不具海绵质假种皮，托叶二深裂；风箱树种子具海绵质假种皮，托叶三角形。

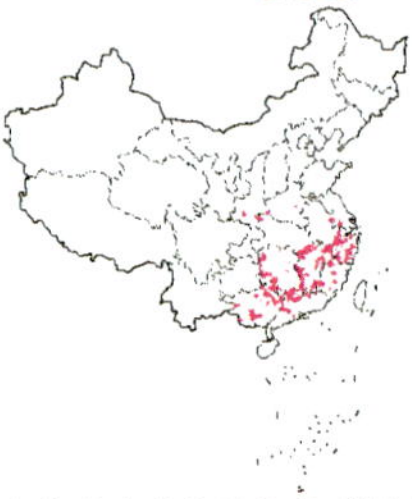

海南槽裂木　茜草科 槽裂木属

Pertusadina hainanensis

Hainan Adina　| hǎináncáolièmù

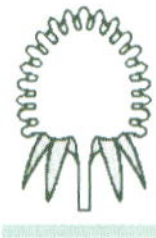

常绿小乔木。小枝红褐色，具皮孔；单叶对生；叶片椭圆形至长椭圆形，长6～15 cm，宽2～4.5 cm，全缘而呈微波状，上面无毛光泽，下面被短绒毛，老时脱落；托叶线状长圆形；头状花序腋生①；蒴果②，具硬的内果皮；种子具翅。

分布于低山河谷两侧。阴生。

相似种：鸡仔木【*Sinoadina racemosa*，茜草科 鸡仔木属】落叶乔木。侧芽埋藏于周围肿胀的皮层内而仅露出顶端④；叶片宽卵形，边缘浅波状，网脉明显；叶柄长1.5～4 cm③；头状花序组成圆锥状，花冠淡黄色或白色；蒴果倒卵状楔形，内果皮硬；种子具翅。分布于山坡谷地及溪边林中；喜湿润。

海南槽裂木不育小枝明显具顶芽，托叶全缘不裂；鸡仔木不育小枝无顶芽，托叶2浅裂。

1

3

2

4

1

3

2

4

大叶白纸扇 茜草科 玉叶金花属

Mussaenda shikokiana

Shikoki's Jadeleaf and Goldenflower | dàyèbáizhǐshàn

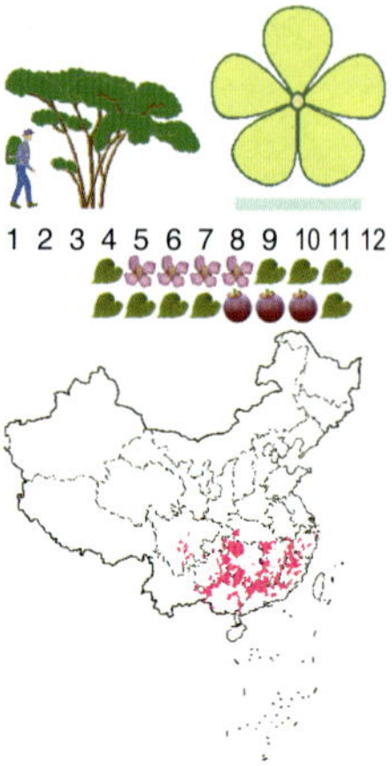

落叶直立或攀缘状灌木①。小枝被黄褐色短柔毛。叶对生，叶片膜质或薄纸质，宽卵形或宽椭圆形，长8～18 cm，宽5～11 cm，全缘，两面疏被柔毛，沿脉较密，中脉在上面稍隆起，下面明显隆起，托叶卵状披针形，先端常2裂。伞房式聚伞花序，疏散，密被柔毛；花具短梗，花瓣状萼裂片白色②；花冠黄色，外密被平伏状长柔毛，内有金黄色绒毛③；果近球形，被疏柔毛，顶端具环纹④。

分布于山坡、溪边、路旁及林下灌丛中。喜湿润。

花序边缘部分花有萼裂片扩大成明显白色花瓣状。

香果树 茜草科 香果树属

Emmenopterys henryi

Henry Emmenopterys | xiāngguǒshù

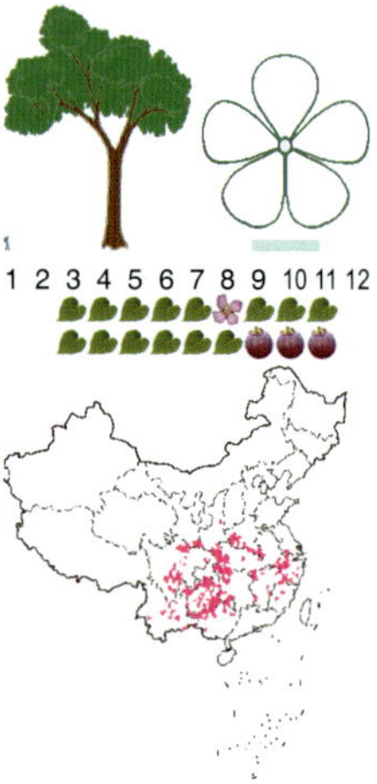

落叶乔木。小枝具皮孔；顶芽尖锐明显②；单叶对生，革质或薄革质，宽椭圆形至宽卵形，长10～20 cm，宽7～13 cm，先端急尖或短渐尖，全缘①，上面无毛，下面沿脉被毛或全面被毛，叶柄具柔毛，托叶三角形卵状，早落；聚伞花序组成顶生的大型圆锥状花序，花大，长达2～2.5 cm，白色，具短梗，叶状萼裂片白色显著，宿存③；蒴果，纺锤形④；种子细小。

分布于山地沟谷。喜阴湿。

落叶乔木，具白色显著的叶状萼裂片。

1
3
2
4

1
3
2
4

白花苦灯笼 密毛乌口树 茜草科 乌口树属

Tarenna mollissima

Whiteflower Tarenna | báihuākǔdēnglong

常绿灌木或小乔木。小枝密被灰褐色柔毛；单叶对生①，托叶卵状三角形，叶卵形至长卵状披针形②，长8～16 cm，宽2～5.5 cm，两面密被柔毛；伞房状聚伞花序顶生，花冠漏斗状或高脚碟状，白色③；浆果，球形，肉质，被短柔毛④。

分布于山地丘陵林下。阴生。

全株密被灰白色柔毛，聚伞花序顶生。

山黄皮 茜树 茜草科 茜树属

Aidia cochinchinensis

Maddertree | shānhuángpí

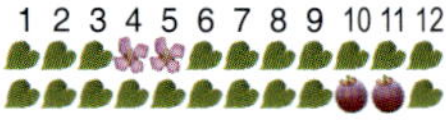

常绿灌木或小乔木。1～3年生枝绿色；叶对生；叶片革质，椭圆状长圆形或椭圆形，长6～15 cm，宽2～5 cm，全缘，上面具光泽，下面脉腋内具簇毛，中脉和侧脉两面均隆起①；托叶披针形，早落；聚伞花序与叶对生，花冠黄白色②，花柱长，柱头2浅裂；浆果球形，成熟时紫黑色。

分布于低山丘陵的沟谷。喜阴湿。

相似种：狗骨柴【*Diplospora dubia*，茜草科狗骨柴属】常绿小乔木或灌木。一年生枝绿色，光滑；叶片卵状长圆形至椭圆形，革质，全缘，两面无毛，侧脉和中脉两面隆起，托叶基部合生呈短鞘状，上部三角形；花腋生，花冠绿白色，里面被柔毛，花柱2裂③；浆果球形，成熟时橙红色④。分布于山地沟谷两侧；喜阴。

山黄皮托叶分离，披针形，早落；狗骨柴托叶基部合生呈短鞘状，上部三角形。

1

2

3

4

1

2

3

4

日本粗叶木 毛脉粗叶木 茜草科 粗叶木属

Lasianthus japonicus

Hart Roughleaf | rìběncūyèmù

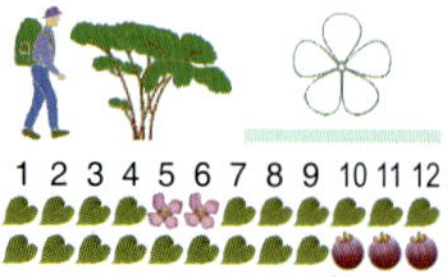

常绿灌木。小枝具伸展柔毛；叶两列状排列，叶片多呈长圆状披针形①，长9～16 cm，宽2～4 cm，先端长尾状渐尖，边缘浅波状全缘，下面中脉及侧脉均具伏毛，叶脉两面隆起③；花数个生于叶腋，漏斗状，花冠白色或微带红色，里面被绒毛②；核果球形，成熟时蓝色④。

分布于山地林下。喜阴。

本地也产榄绿粗叶木（*Lasianthus japonicus* var. *lancilimbus*），叶下面近无毛；产地与日本粗叶木重叠，叶下被毛的多少过渡类型很多，野外不易区分。

栀子 茜草科 栀子属

Gardenia jasminoides

Gardenia | zhīzi

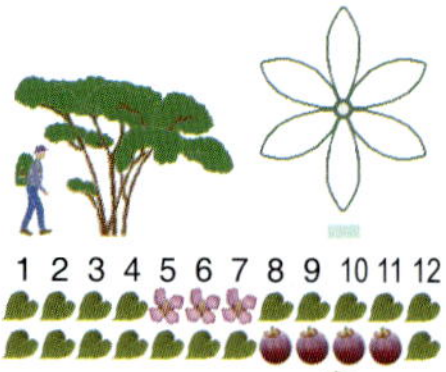

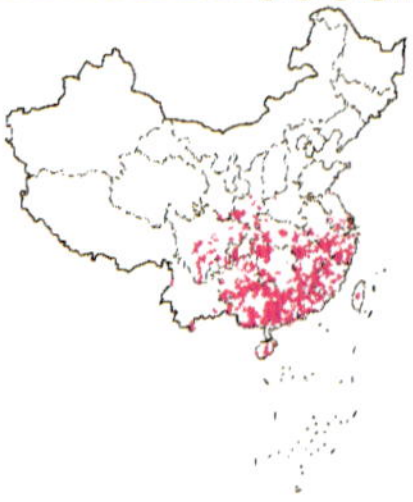

常绿灌木。小枝绿色，密被毛；叶对生或三叶轮生，近集生于枝顶，叶片革质，倒卵状椭圆形至倒卵状长椭圆形，长4～14 cm，宽1.5～4 m，全缘③，两面无毛，托叶鞘状；花单生于小枝顶端，花冠白色①，花蕾时旋转状排列，花柱粗厚，柱头扁平②，芳香；果橙色，卵形，有5～8纵棱，顶端有宿存的萼裂片③④。

分布于山地丘陵林下。常见栽培。

花大，白色，芳香，果实有纵棱。

1

3

2

4

1

3

2

4

白马骨 茜草科 白马骨属

Serissa serissoides

Junesnow | báimǎgǔ

半常绿小灌木，多分枝。叶片卵形至长圆状卵形，长1～3 cm，宽0.5～1.2 cm，全缘，叶脉两面凸起；叶柄极短；托叶膜质，先端分裂成刺毛状；花数朵簇生，无梗，花冠白色①；核果球形，干燥。

分布于路边林缘。阳生。

相似种：短刺虎刺【*Damnacanthus giganteus*，茜草科 虎刺属】常绿小灌木。叶长6～12 cm，下面密生疣状凸起；针状刺对生于叶柄间，长1～3 mm②。分布于山地沟谷林下；喜阴。虎刺【*Damnacanthus indicus*，茜草科 虎刺属】常绿小灌木。根呈念珠状。小枝逐节生针状刺，刺长1～2 cm；叶卵形至宽卵形，全缘③，长1～3 cm，两面无毛；核果球形，成熟时红色④。分布于山地沟谷林下；喜阴。

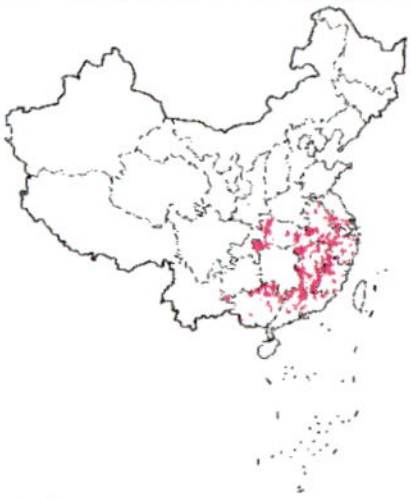

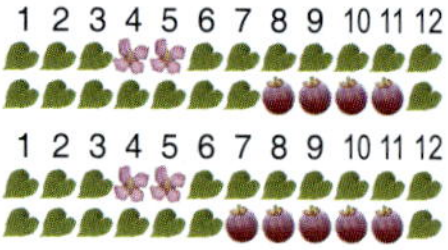

虎刺和短刺虎刺根肉质，呈念珠状；虎刺刺长1～2 cm；短刺虎刺刺长1～3 mm，多退化；白马骨无肉质根和枝刺。

水马桑 半边月 忍冬科 锦带花属

Weigela japonica* var. *sinica

China Brocadebeldflower | shuǐmǎsāng

落叶灌木。枝条常拱曲①；幼枝四棱形，有两列柔毛；叶对生，叶片长卵形至倒卵形，长5～15 cm，宽2.5～6 cm，边缘具细锯齿③，上面脉上被毛，叶片下面密生短柔毛；聚伞花序生于短枝叶腋或顶端，花白色至紫红色②；蒴果圆柱形，顶端具喙，2瓣裂④。

分布于山坡灌丛或沟谷两侧。喜光和湿润。

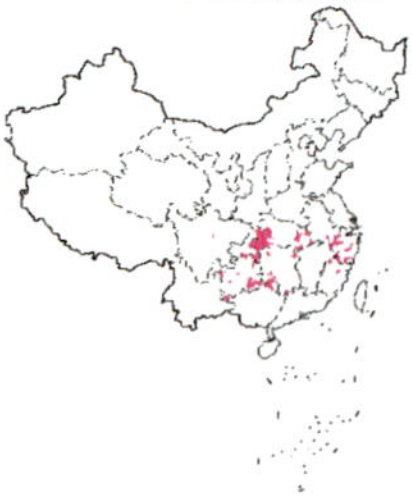

花期常同时见白色和紫红色花。

1

2

3

4

1

2

3

4

宜昌荚蒾　忍冬科 荚蒾属

Viburnum erosum

Yichang Arrowwood　| yíchāngjiámí

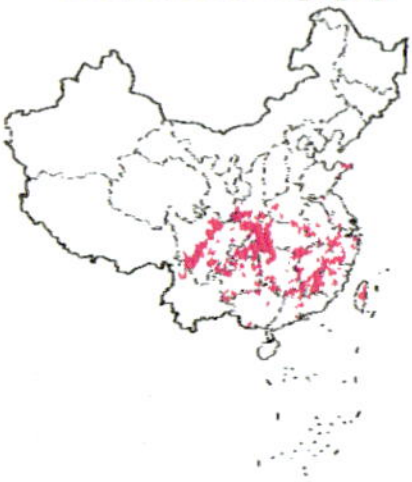

落叶灌木。当年生小枝基部有环状芽鳞痕，小枝、芽、叶柄、花序密被毛；叶片卵形至倒卵形，长3～10 cm，宽1.5～5 cm，中脉下陷，侧脉直达齿端；托叶2，线状钻形；花序复伞状①；浆果状核果②，熟时红色，果核扁。

分布于山地丘陵林中。

相似种： 具毛常绿荚蒾【*Viburnum sempervirens* var. *trichophorum*，忍冬科 荚蒾属】常绿灌木。当年生小枝被毛；叶片椭圆形等，全缘或上部有少数浅齿，两面无毛，有黑褐色腺点；果成熟时红色③。分布于低山沟谷两侧；喜阴。茶荚蒾【*Viburnum setigerum*，忍冬科 荚蒾属】落叶灌木，叶片干后变黑色。叶卵状长圆形等④，边缘有锯齿，下面沿脉被疏长毛；果序弯垂。分布于山地丘陵；喜光。

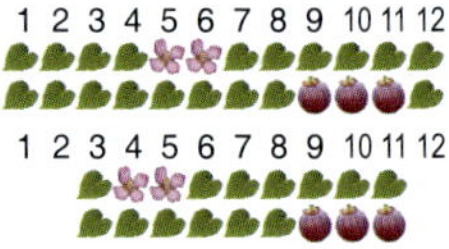

宜昌荚蒾和茶荚蒾落叶，宜昌荚蒾叶柄有托叶，果总梗不下垂；茶荚蒾叶柄无托叶，果序总梗向下弯曲；具毛常绿荚蒾常绿。

下江忍冬　忍冬科 忍冬属

Lonicera modesta

Moderate Honeysuckle　| xiàjiāngrěndōng

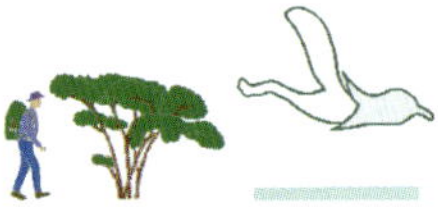

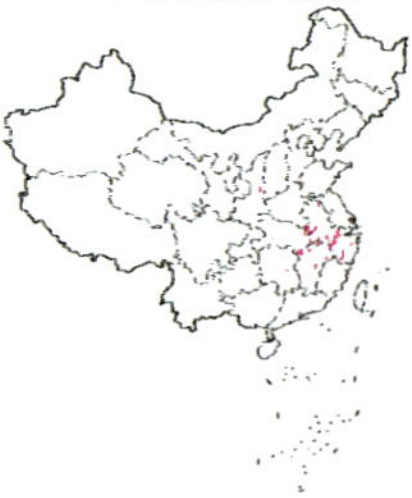

落叶灌木。老枝皮纤维状纵裂，小枝髓部白色而实心，冬芽具四棱角；单叶对生；叶片菱形至宽卵形，长2～8 cm，宽1.5～4.8 cm，边缘微波状③，被短柔毛；花成对腋生，唇形①，白色或黄色②；相邻两浆果几乎全部合生，果实成熟时半透明状鲜红色④。

分布于山地疏林中或林缘。喜光。

花芳香，老枝皮纤维状纵裂。

①
③
②
④

①
③
②
④

豆腐柴 腐婢 马鞭草科 豆腐柴属

Premna microphylla

Premna | dòufuchái

落叶灌木。单叶对生；叶片纸质，卵状披针形至卵形，长4 ~ 11 cm，宽1.5 ~ 5 cm，叶边缘有疏锯齿①；聚伞花序组成顶生的圆锥花序，花冠二唇形，顶端4浅裂，淡黄色②；核果成熟时紫黑色③。

分布于山地林下或林缘。稍喜光。

叶片揉碎有特殊气味，含果胶。

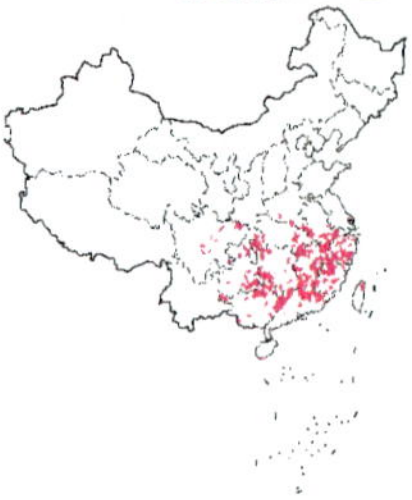

吊石苣苔 石吊兰 苦苣苔科 吊石苣苔属

Lysionotus pauciflorus

Lysionotus | diàoshíjùtái

附生常绿小灌木②。茎长5 ~ 25cm；叶在枝端密集着生，下部的3 ~ 4叶轮生；叶片革质，狭卵形至线形，长2.5 ~ 6 cm，宽0.5 ~ 2 cm，中部以上有钝锯齿，两面无毛；聚伞花序顶生，花冠二唇形，淡紫色①，长可达4.5 cm；蒴果线形，长达9 cm③。

生长于沟谷岩石上。喜阴。

附生常绿小灌木，花淡紫色，蒴果线形。

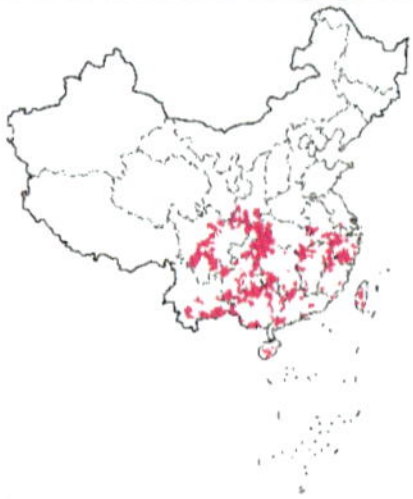

阔叶箬竹 禾本科 箬竹属

Indocalamus latifolius

Broadleaf Indocalamus | kuòyèruòzhú

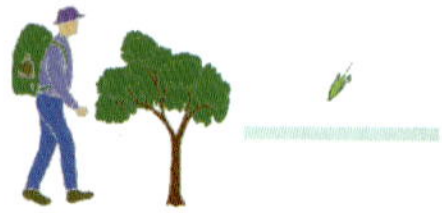

复轴。秆高1 m，直径5 mm，节间具微毛。叶宽大，长20 ~ 35 cm，宽3 ~ 5 cm①。笋期5月，笋箨外面密被短刺毛。叶片可包粽子。

分布于山地丘陵。常成灌丛优势种类。

相似种：水竹【*Phyllostachys heteroclada*，禾本科 刚竹属】单轴。秆高2 ~ 8 m，直径1 ~ 6 cm。叶长7 ~ 16 cm，宽10 ~ 16 mm。花序密集②。笋期4 ~ 5月，笋箨无斑点，疏生短毛，箨叶直立④。广布林缘湿润处。毛竹【*Phyllostachys edulis*，禾本科 毛竹属】单轴大型竹，秆高达20 m，径粗10 ~ 20 cm③；笋期3 ~ 4月，笋箨密被毛和黑褐色斑块⑤。广布山地，常见栽培。

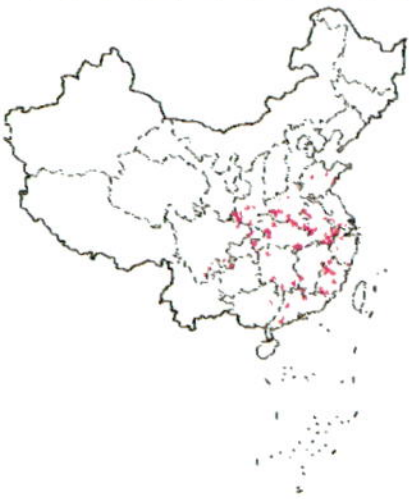

阔叶箬竹叶宽大，长超过20 cm；水竹和毛竹叶长度不超过20 cm，水竹茎粗在6 cm以下，毛竹茎粗在10 cm以上。

化香树 花香 胡桃科 化香树属

Platycarya strobilacea

Dyetree | huàxiāngshù

落叶小乔木。树皮浅纵裂；小枝粗壮，枝髓实心；鳞芽；奇数羽状复叶；小叶5 ~ 11枚，对生或上部互生，无柄，长2.8 ~ 14 cm，宽0.9 ~ 4.8 cm，基部偏斜，边缘有细尖重锯齿①；花单性，雌雄同株或同序，柔荑花序直立②；果序球果状，长可达4.3 cm③，成熟时栗褐色④；果苞片披针形；小坚果扁平，有翅。

分布于山地丘陵。阳生，耐干旱瘠薄，为先锋树种。

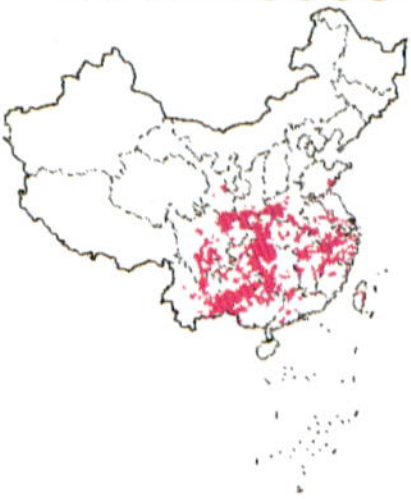

落叶小乔木，枝髓实心，奇数羽状复叶，果序球果状。

①
③
②
④
⑤

①
③
②
④

青钱柳　胡桃科 青钱柳属

Cyclocarya paliurus

Cyclocarya　| qīngqiánliǔ

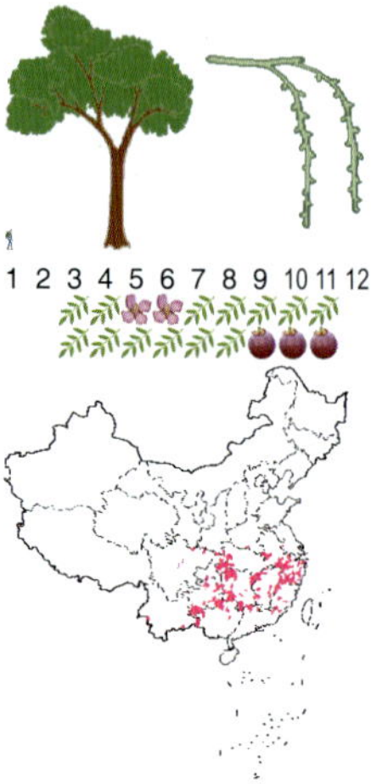

落叶乔木。子叶掌裂①。裸芽；枝髓片状分隔，幼枝密被褐色毛，后脱落；奇数羽状复叶；小叶7～13枚，互生，长3～15 cm，宽1.5～6 cm，基部偏斜，边缘有细锯齿②，两面被腺鳞和毛；花雌雄同株，柔荑花序下垂；坚果具圆盘状翅，直径达2.5～6 cm③，成熟时褐色④。

分布于山地沟谷两侧。喜肥沃湿润。

奇数羽状复叶，嫩叶有甜味，果翅圆形。

胡桃楸　华东野核桃　胡桃科 胡桃属

Juglans mandshurica

Manchurian Walnut　| hútáoqiū

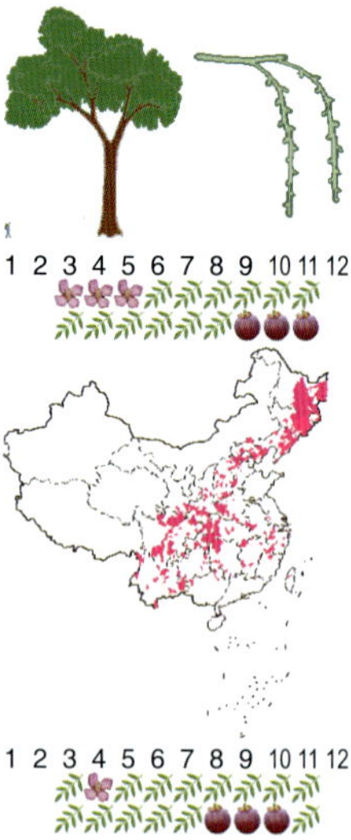

落叶乔木。小枝粗壮，枝髓具片状分隔，冬芽有芽鳞；幼枝有腺毛、星状毛和柔毛；奇数羽状复叶，长36～50 cm；小叶9～17枚，对生或近对生，无柄，长8～15 cm，宽3～7.5 cm，叶基偏斜，叶缘有细锯齿，叶片两面被毛；柔荑花序①；果核果状，直径2.8～3 cm，密被腺毛②。

分布于山地沟谷。喜疏松肥沃土壤。

相似种：枫杨【*Pterocarya stenoptera*，胡桃科枫杨属】落叶乔木。枝髓具片状分隔；裸芽，数个迭生，密被锈色腺鳞；偶数羽状复叶；小叶对生，边缘具细锯齿，叶轴两侧具窄翅；柔荑花序下垂③；果序长而下垂，坚果具两翅④。分布于河谷两侧或浅滩；喜光和湿润。

胡桃楸叶轴两侧无窄翅，果核果状；枫杨叶轴两侧具窄翅，坚果具翅。

1

2

3

4

1

2

3

4

蓬蘽　蔷薇科 悬钩子属

Rubus hirsutus

Hirsute Raspberry　| pénglěi

半常绿灌木。枝被腺毛和皮刺；奇数羽状复叶；小叶3～5枚，小叶片长3～7 cm，宽2～3.5 cm，边缘具重锯齿，两面散生白色柔毛；花单生侧枝顶端，白色①；聚合果，红色②。

分布于空旷处。阳生。

相似种：茅莓【*Rubus parvifolius*，蔷薇科 悬钩子属】落叶小灌木。枝被柔毛和皮刺；小叶3枚，边缘具重粗锯齿，下面密被灰白色绒毛；伞房花序顶生或腋生，花瓣紫红色③；聚合果卵球形，红色③。分布于低山丘陵空旷处；阳生。红腺悬钩子【*Rubus sumatranus*，蔷薇科 悬钩子属】直立或攀缘状灌木。小枝、叶柄和花梗均被紫红色腺毛；小叶5～7枚，两面疏生柔毛，下面沿脉有小皮刺；花白色④；聚合果，长圆形，橙红色④。分布于山地林缘。

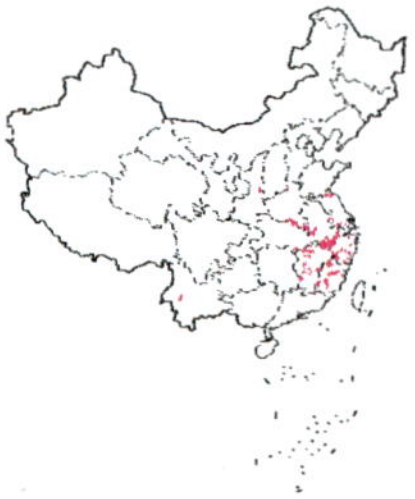

蓬蘽和红腺悬钩子花托有柄；蓬蘽小叶3～5枚；红腺悬钩子小叶5～7枚；茅莓花托无柄，小叶3枚。

阔叶十大功劳　小檗科 十大功劳属

Mahonia bealei

Broadleaf Mahonia　| kuòyèshídàgōngláo

常绿灌木。树皮黄褐色，全体无毛；奇数羽状复叶；小叶7～19，厚革质，对生，小叶片卵形，大小不等，顶生小叶较侧生小叶宽大，长度可达12 cm，叶缘具锯齿刺状；总状花序簇生，直立于小枝顶端，花黄色①；浆果卵圆形，熟时蓝黑色，被白粉②。

分布于山地林下。喜阴。

相似种：南天竹【*Nandina domestica*，小檗科 南天竹属】常绿灌木。茎常丛生而少分枝；三回奇数羽状复叶；小叶片椭圆状披针形，长2～8 cm，全缘，两面无毛；圆锥花序顶生，花白色③；浆果球形，红色④。分布于山地疏林下；常见栽培。

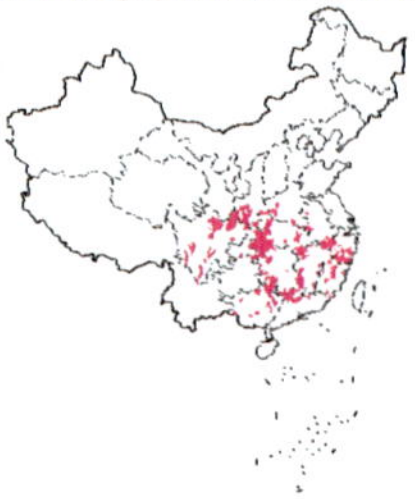

阔叶十大功劳叶缘有刺状锯齿；南天竹叶全缘。

1

3

2

4

1

3

2

4

臭辣树　楝叶吴萸　芸香科 吴茱萸属

Tetradium glabrifolium

Melialeaf Evodia　| chòulàshù

落叶乔木。枝暗紫褐色；奇数羽状复叶对生；叶揉碎有臭辣味；小叶5～7枚，小叶片长6～11 cm，宽2～6 cm，对生，偏斜，边缘有不明显的钝锯齿，两面无毛，仅沿脉被柔毛，下面灰白色；圆锥花序顶生①；蓇葖果表面有油点，成熟时开裂成4～5果瓣③，紫红色；种子黑色有光泽②。

分布于山地林中。阳生。

相似种：吴茱萸【*Tetradium ruticarpum*，芸香科 吴茱萸属】落叶小乔木或灌木。幼枝、叶轴、总花梗密被锈色长柔毛；叶片两面被短柔毛，有粗大油点；果熟时红色④。分布于低山疏林或林缘；常见栽培。

臭辣树叶片仅沿中脉有毛；吴茱萸叶片两面有柔毛。

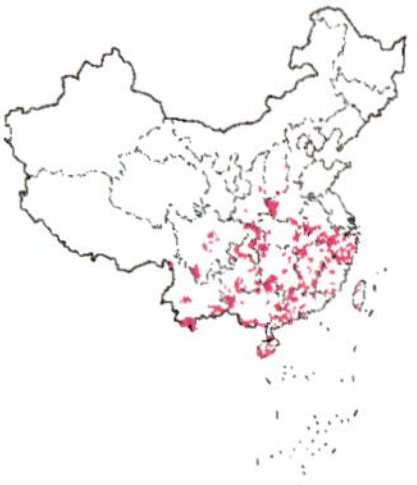

竹叶花椒　芸香科 花椒属

Zanthoxylum armatum

Bambooleaf Prickleyash　| zhúyèhuājiāo

常绿灌木。枝散生劲直扁平刺，老枝皮刺基部木栓化；奇数羽状复叶，小叶常为3～5枚，叶轴有宽翅；小叶片对生，长3～12 cm，宽1～3 cm，边缘有细齿，齿缝有粗大油点①；聚伞状圆锥花序腋生或生于侧枝顶端；蓇葖果红色，外面有凸起腺点②；种子黑色光泽。

分布于低山丘陵疏林中。

相似种：岭南花椒【*Zanthoxylum austrosinense*，芸香科 花椒属】落叶灌木。枝上疏生扁皮刺③；奇数羽状复叶有小叶7～11枚③，叶轴紫红色；小叶片基部偏斜，边缘有细钝锯齿，脉上有皮刺。分布于山地疏林下。

竹叶花椒常绿，小叶常为3～5枚，叶轴有翅；岭南花椒落叶，小叶7～11枚，叶轴无翅。

1

3

2

4

1

2

3

苦树 苦木 苦木科 苦树属

Picrasma quassioides

Quassia | kǔshù

落叶小乔木。叶和树皮极苦；一、二年生小枝有棕色短柔毛，皮孔明显；芽裸露②；奇数羽状复叶互生，有小叶9～15枚；小叶片长4～10 cm，宽2～4 cm，对生，偏斜，边缘有疏锯齿，中脉两面隆起；花雌雄异株，圆锥花序腋生①；核果浆果状，熟时蓝黑色，3～4个并生，萼片宿存②。

分布于山地林中。

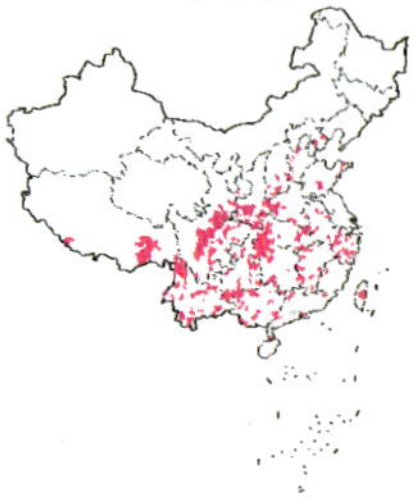

相似种：臭椿【*Ailanthus altissima*，苦木科 臭椿属】落叶乔木。树皮平滑；小枝粗壮，髓心海绵质；鳞芽；奇数羽状复叶，小叶13～25枚；小叶对生，揉碎后有臭味，基部偏斜，叶缘仅基部有1～2对大锯齿，齿端有1大腺体，叶两面有短柔毛；圆锥花序顶生③；翅果成熟时黄褐色，长椭圆形④，种子位于翅果中部。分布于低山丘陵河谷两侧；喜光。

苦树叶和树皮极苦，叶缘具疏锯齿，芽裸露，核果；臭椿叶揉碎后有臭味，叶缘仅基部有1～2对大腺齿，芽有鳞片，翅果。

红椿 毛红椿 楝科 香椿属

Toona ciliata

Red Toona | hóngchūn

落叶乔木。小枝被柔毛；偶数羽状复叶，小叶8～16枚①，叶轴和叶柄被毛；小叶互生或近对生，小叶片长6～14 cm，宽3～6 cm，全缘，基部偏斜，下面被毛②；圆锥花序顶生，花白色；蒴果，种子具翅。

分布于山地沟谷。喜肥沃湿润。

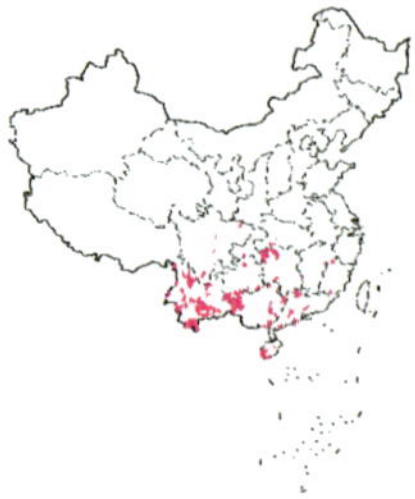

相似种：香椿【*Toona sinensis*，楝科 香椿属】落叶乔木。树干挺直，树皮薄片状脱落，纵裂；小枝粗壮；偶数羽状复叶互生，小叶10～22枚，叶揉碎有特殊气味；小叶对生或近对生，叶片全缘，两面近无毛；圆锥花序顶生③；蒴果狭卵圆形④。分布于低山丘陵；阳生，常见栽培。

红椿叶下面被短柔毛，种子两端具翅；香椿叶近无毛，种子仅一端具翅。

1

3

2

4

1

3

2

4

南酸枣 漆树科 南酸枣属

Choerospondias axillaris

Axillary Southern Wildjujube | nánsuānzǎo

落叶乔木。树皮红褐色，片状剥落；小枝紫褐色，皮孔凸起；奇数羽状复叶，小叶7～13枚①；小叶片长5～14 cm，宽1.5～4 cm，全缘，幼树叶缘具锯齿；圆锥花序生于叶腋②，花紫褐色①；核果椭圆形③，内果皮骨质，顶端有5个小孔。

分布于山地沟谷。喜疏松肥沃土壤。

相似种： 黄连木【*Pistacia chinensis*，漆树科黄连木属】落叶乔木。树皮细鳞片状脱落；偶数羽状复叶，小叶对生，10～16枚，叶片全缘，基部偏斜；圆锥花序腋生，花先叶开放；核果近球形④，成熟时紫红色。分布于低山丘陵；阳生。

南酸枣核果大，长2～3 cm，核顶端有5个孔；黄连木核果小，径约5 mm，顶端无孔穴。

盐肤木 漆树科 盐肤木属

Rhus chinensis

China Sumac | yánfūmù

落叶小乔木或灌木。小枝、叶柄和花序密被锈色柔毛；奇数羽状复叶互生，叶轴具宽翅，小叶5～13枚①；小叶片长3～11 cm，宽2～6 cm，边缘具粗锯齿，下面密被毛；圆锥花序宽大，花黄白色①；核果半包被白色蜡层②。

分布于山地丘陵向阳处。喜光，常为荒地先锋树种。

相似种： 白背麸杨【*Rhus hypoleuca*，漆树科盐肤木属】落叶小乔木。奇数羽状复叶，叶轴无翅，小叶对生；圆锥花序③；核果球形，成熟时棕黄色，被白色长柔毛和红色纤毛④。分布于山地疏林中；喜光。

盐肤木叶轴具翅，小叶片具锯齿，下面被锈色毛；白背麸杨叶轴无翅，小叶片全缘或略具粗锯齿，下面密被白色绢状毛。

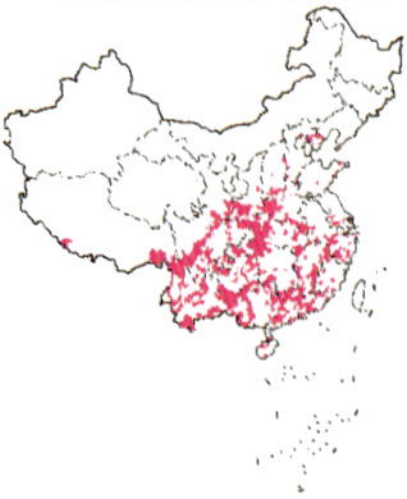

①

③

②

④

①

③

②

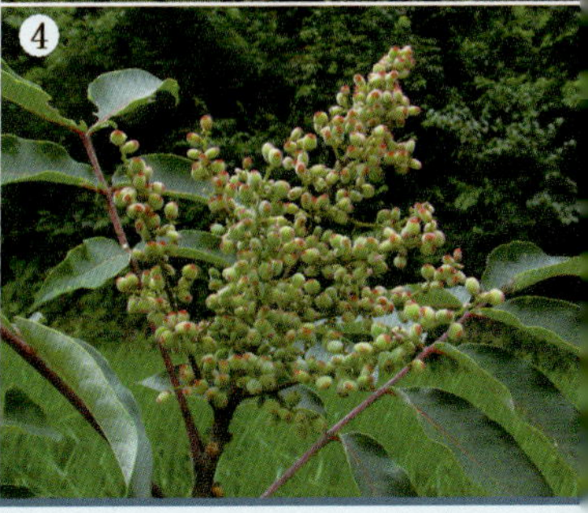
④

野漆 野漆树 漆树科 漆属

Toxicodendron succedaneum

Field Lacquertree | yěqī

落叶乔木。小枝粗壮，无毛，树皮具白色乳汁；顶芽大，紫褐色；奇数羽状复叶常集生于小枝顶端，小叶9～15枚①；小叶片长6～12 cm，宽2～4 cm，全缘，两面无毛；圆锥花序腋生①；核果扁球形，成熟时棕黄色，无毛②。

分布于山地丘陵林中。

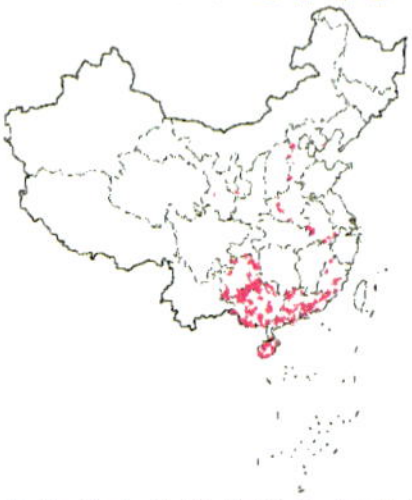

相似种：木蜡树【*Toxicodendron sylvestre*，漆树科 漆属】落叶乔木。幼枝和芽被开展的黄褐色柔毛；奇数羽状复叶有小叶7～13枚；小叶片偏斜，全缘，下面密被黄褐色短柔毛；核果无毛③。分布于低山丘陵向阳处。**毛漆树**【*Toxicodendron trichocarpum*，漆树科 漆属】落叶小乔木或灌木。幼枝被黄褐色硬毛；小叶片两面被柔毛，叶边缘具睫毛；核果，扁球形，被短刺毛④。分布于海拔900 m以上的山地。

野漆全体无毛；木蜡树小枝与叶被毛，核果无毛；毛漆树小枝与叶被毛，核果有刺毛。

野鸦椿 省沽油科 野鸦椿属

Euscaphis japonica

Common Euscaphis | yěyāchūn

落叶小乔木①。树皮具纵裂纹；小枝和芽红紫色，无毛；奇数羽状复叶，小叶5～9枚；小叶片长4～9 cm，宽2～5 cm，边缘具细锐锯齿，齿间有腺体，近无毛②，叶片揉碎后有臭味；圆锥花序顶生，花黄白色③；蓇葖果1～3个，果皮软革质，紫红色，开裂；种子具假种皮，黑色，有光泽④。

分布于山地丘陵。常见，喜光。

蓇葖果开裂后不落，果皮软革质，紫红色。

1

3

2

4

1

3

2

4

无患子　无患子科 无患子属

Sapindus saponaria

China Soapberry　| wúhuànzǐ

落叶乔木。一回偶数羽状复叶，小叶5～8对；小叶片长6～14 cm，宽2～5 cm，偏斜，全缘，近无毛；圆锥花序顶生①，密被灰黄色柔毛；果核果状，球形，果皮肉质，富含皂素，内面被毛，种子黑色，有光泽②。

分布于低山丘陵的沟谷，常见栽培。

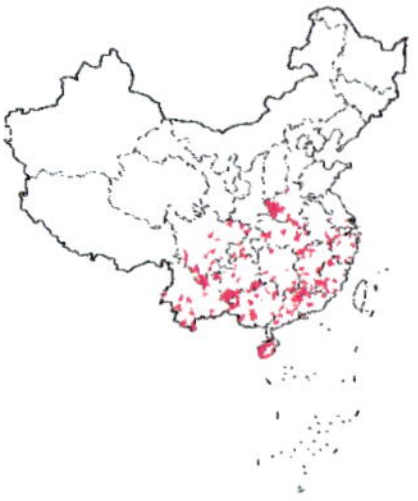

相似种：全缘叶栾树【*Koelreuteria bipinnata* var. *integrifoliola*，无患子科 栾树属】别名黄山栾树。落叶乔木。小枝密生皮孔；二回羽状复叶，小叶互生，全缘或有少数粗锯齿；圆锥花序顶生，花黄色③；蒴果椭圆形，泡囊状，熟时红褐色④；种子黑色，球形。分布于低山丘陵，常见栽培；喜光。

无患子叶为一回羽状复叶，果为核果状；全缘叶栾树为二回羽状复叶，果实为泡囊状蒴果。

红枝柴　羽叶泡花树　清风藤科 泡花树属

Meliosma oldhamii

Oldham Meliosma　| hóngzhīchái

落叶乔木。树皮暗灰色，光滑，节痕明显③。芽裸露，被棕色毛④；奇数羽状复叶，有小叶5～15枚，对生或近对生；小叶片长3～8 cm，宽2～3.5 cm，边缘有稀疏锐齿①，脉腋间常有毛；圆锥花序顶生或出自枝顶叶腋，花白色②；核果近球形⑤，成熟时鲜红色。

分布于山地林中。

小枝粗壮，芽裸露，被棕色毛。

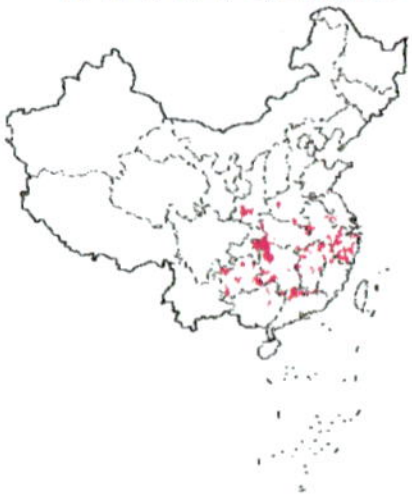

1

3

2

4

1

3

4

2

5

吴茱萸五加 树三加 五加科 五加属

Gamblea ciliata* var. *evodiaefolia

Evodialeaf Acanthopanax | wúzhūyúwǔjiā

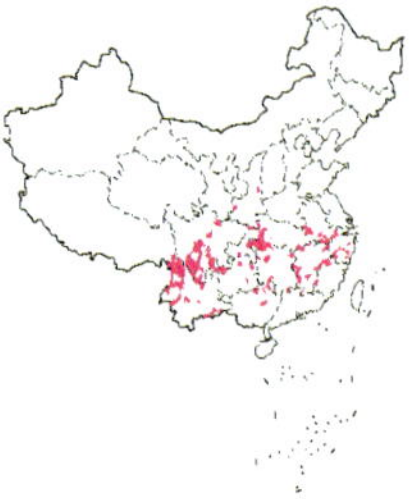

落叶灌木或小乔木。树皮平滑，无刺，具长短枝；掌状复叶，小叶3；小叶片长6 ~ 12 cm，宽2.8 ~ 6 cm，边缘具细锯齿①；伞形花序数个簇生或排列成总状③，花瓣绿色，反曲②；核果状浆果，具2 ~ 4棱④。

分布于山地中坡向阳处林中。

掌状3小叶复叶，无刺，具长短枝，伞形花序数个簇生或排列成总状。

楤木 黄毛楤木 五加科 楤木属

Aralia chinensis

China Aralia | sǒngmù

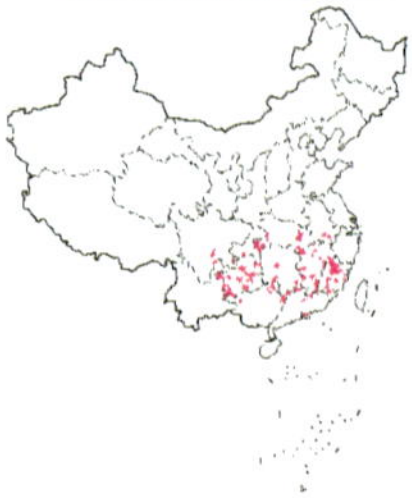

落叶小乔木。小枝被黄棕色绒毛和短刺；二至三回羽状复叶；小叶片长5 ~ 12 cm，宽2 ~ 8 cm，上面疏生糙伏毛，下面被灰黄色短柔毛，两面常被细刺，边缘具细齿；大型圆锥花序顶生，花白色，花梗长2 ~ 6 mm①；浆果，球形，具5棱，熟时黑色②。

分布于山地丘陵林缘或疏林中。喜光。

相似种： 棘茎楤木【*Aralia echinocaulis*，五加科 楤木属】茎密被紫红色或棕红色细长直刺③；小叶两面无毛。分布于山地林缘。头序楤木【*Aralia dasyphylla*，五加科 楤木属】小枝被短而直的粗刺；叶轴和小叶片下面密被黄棕色毛；花无梗，聚生成头状花序④。分布于山地林缘。

楤木和棘茎楤木花具明显花梗，聚生成伞形花序；楤木刺褐色，棘茎楤木细刺紫红色或棕褐色；头序楤木花无梗，聚生成头状花序。

1

2

3

4

1

2

3

4

苦枥木　木犀科 梣属

Fraxinus insularis

Insular Ash　| kǔlìmù

落叶乔木。幼苗叶形变化大，单叶至三出复叶①。芽圆锥形，黑褐色②；成熟叶奇数羽状复叶对生，小叶3～5；小叶片卵形至卵状披针形，小叶片长7～14 cm，宽3～4.5 cm，有疏钝锯齿②或全缘，两面无毛；圆锥花序生于当年生枝顶；花芳香，白色；花冠4裂，裂片条状，长3～4 mm③。翅果线形，长2.5～3 cm，宽3～4 mm，翅在果实的顶端伸长，宿存花萼紧包果基部④。

分布于山地阔叶林中。

落叶乔木，奇数羽状复叶对生，芽黑褐色，花有花冠，翅果。

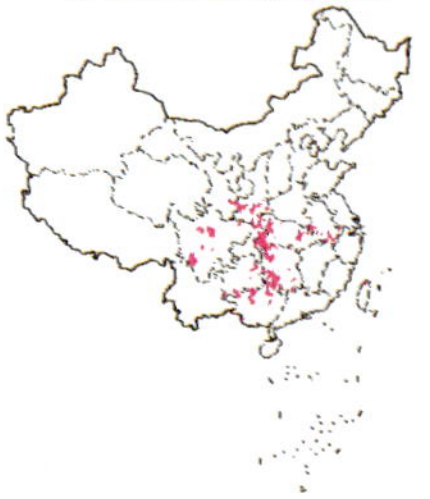

肥皂荚　云实科 肥皂荚属

Gymnocladus chinensis

Soappod　| féizàojiá

落叶乔木①。树皮具明显白色皮孔；当年生枝密被锈色或白色小柔毛，叶柄下芽叠生；二回偶数羽状复叶③；小叶片长圆形至卵状长圆形，长1.5～4 cm，宽1～2.2 cm，两端圆钝，全缘，幼时被毛⑤，老时渐脱落；小托叶钻形，宿存；总状花序顶生④，花紫色①；荚果肥厚，长椭圆形⑥，无毛，内含2～4粒种子；种子黑色，扁球形。

分布于山坡疏林中或空旷地。喜光。

落叶乔木，无刺，二回偶数羽状复叶，花序顶生，荚果肥厚肿胀。

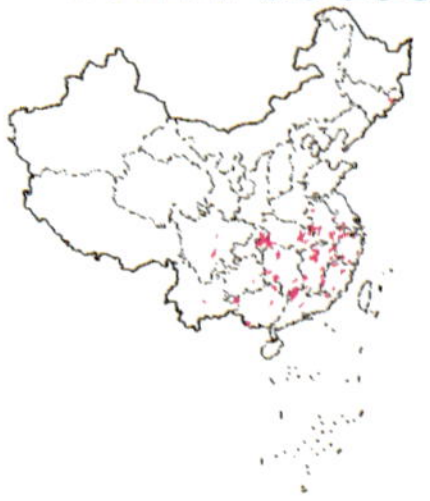

1
3
2
4

3
5
1
2
6

花榈木　蝶形花科 红豆属

Ormosia henryi

Henry Ormosia　| huālǘmù

常绿乔木。幼枝密被灰黄色绒毛；裸芽；奇数羽状复叶，小叶5～9枚；小叶片长6～10 cm，宽2～6 cm，全缘①，下面密被灰黄色毛；圆锥花序顶生或腋生，蝶形花冠黄白色；荚果长达11 cm，扁平②，含2～7粒种子，种子鲜红色③。

分布于低山丘陵疏林中。喜深厚肥沃土壤。

相似种：红豆树【*Ormosia hosiei*，蝶形花科 红豆属】常绿乔木。幼枝初被疏毛，后脱落；小叶5～9枚，小叶片上面绿色，下面灰绿色，全缘，无毛或近无毛④；花白色或淡红色；荚果长达6.5cm，含1～2粒种子，种子扁圆形。分布于低海拔阔叶林中，常见栽培。

花榈木叶轴、小叶柄和叶片下面密被毛，种脐长约3 mm；红豆树叶轴、小叶柄和叶片下面无毛或近无毛，种脐长约8 mm。

尖叶长柄山蚂蝗　蝶形花科 长柄山蚂蝗属

Hylodesmum podocarpum* subsp. *oxyphyllum

Acutifoliate Podocarpium　| jiānyèchángbǐngshānmǎhuáng

落叶半灌木。茎常分枝；叶在枝上多散生，三出羽状复叶；顶生小叶近菱形，长4～8cm①，两面近无毛；顶生花序总状；荚果密生小钩状毛。

分布于山地丘陵疏林下。

相似种：小叶三点金【*Codariocalyx microphyllus*，蝶形花科 山蚂蝗属】茎常平卧状；顶生小叶常短于1cm；花序腋生或顶生，花冠粉红色②；荚果扁平②。分布于山地丘陵空旷处；阳生。**宽卵叶长柄山蚂蝗**【*Hylodesmum podocarpum* subsp. *fallax*，蝶形花科 长柄山蚂蝗属】叶常聚生或近聚生于茎顶，顶生小叶宽卵形③，两面被短柔毛；荚果单侧缩缢④。分布于山地林下。

尖叶长柄山蚂蝗和宽卵叶长柄山蚂蝗荚果单侧缩缢，前种叶在枝上散生，后种叶近聚生茎顶；小叶三点金荚果两侧均缩缢。

1

2

3

4

1

2

3

4

黄檀　蝶形花科 黄檀属

Dalbergia hupeana

Hubei Rosewood　| huángtán

落叶乔木。树皮条状，浅纵裂①，当年生小枝绿色；冬芽略扁平；奇数羽状复叶有小叶9～11枚，互生；小叶近椭圆形，长3～5.5 cm，先端微凹①；圆锥花序顶生或生于近枝顶叶腋，花梗及花萼被锈色柔毛，花冠黄白色，有紫色条斑③；荚果扁平不开裂，无毛②。

分布于山地丘陵。阳生。

相似种：香槐【*Cladrastis wilsonii*，蝶形花科 香槐属】落叶乔木。幼枝无毛，叶柄下芽叠生，被棕黄色卷曲柔毛④；奇数羽状复叶，小叶9～11枚，互生，先端急尖④；圆锥花序顶生或腋生，花白色；荚果带状扁平，密被短柔毛。分布于海拔500 m以上的山地阔叶林中。

黄檀芽扁平，小叶先端微凹，荚果无毛；香槐叶柄下芽，小叶先端急尖，荚果密被毛。

庭藤　蝶形花科 木蓝属

Indigofera decora

Fair Indigo　| tíngténg

落叶小灌木。奇数羽状复叶，小叶7～13枚，小叶对生或下部互生①；小叶片长2～7 cm，上面无毛，下面被白色平贴丁字毛；总状花序腋生，下垂②；花蝶形，长达1.8 cm，粉红色③；荚果线状圆柱形，近无毛。

分布于山地疏林下。

相似种：马棘【*Indigofera pseudotinctoria*，蝶形花科 木蓝属】落叶小灌木。茎多分枝；奇数羽状复叶，有7～11枚小叶；小叶片长1～2 cm，先端圆，两面被平贴毛；总状花序常长于复叶，花密集，长5～6 mm，淡紫红色④；荚果有毛。分布于低山丘陵空旷处；阳生，耐干旱瘠薄。

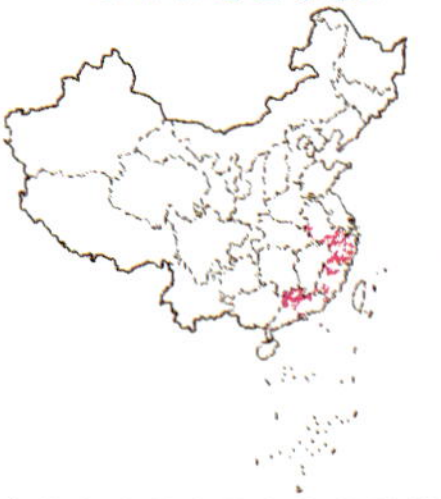

庭藤花序下垂，花冠长1.2～1.8cm；马棘花序直立，花较小，长5～6mm。

1

3

2

4

1

3

2

4

胡豆莲　三叶山豆根　蝶形花科 山豆根属

Euchresta japonica

Threeleaflet Euchresta　| húdòulián

常绿半灌木。根膨大，肉质②。茎稍匍匐，分枝少；幼枝、叶柄、叶片下均被淡褐色短毛；3小叶复叶，互生；小叶片近革质，有光泽，倒卵状椭圆形或椭圆形，长4～9 cm，宽2.5～5 cm①；总状花序与叶对生，花白色；荚果肉质，肿胀，椭圆形，似核果状③，熟时黑色。

分布于海拔700 m以上的山地沟谷常绿阔叶林下。喜阴湿。

根膨大，肉质；3小叶复叶。

美丽胡枝子　蝶形花科 胡枝子属

Lspedeza thunbergii* subsp. *formosa

Spiffy Bushclover　| měilìhúzhīzǐ

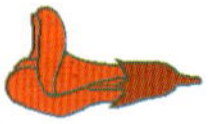

落叶灌木。枝具棱；3小叶复叶；叶柄上具沟槽；小叶片长2.5～6 cm，宽1～3 cm，先端圆钝，有小尖头，上面绿色，下面灰绿色，贴生短柔毛；总状花序腋生，长于复叶，或圆锥花序顶生；花紫红色①；荚果顶端具小尖头②，不裂，种子1粒。

分布于向阳山坡、路边或林缘。喜光。

相似种：铁马鞭【*Lespedeza pilosa*，蝶形花科 胡枝子属】茎匍匐或斜升，全株密被毛③。生于空旷地；阳生。**截叶铁扫帚**【*Lespedeza cuneata*，蝶形花科 胡枝子属】半灌木。小叶片线状楔形，宽2～5 mm，先端圆钝或微凹，下面密被伏毛，花淡黄色或白色④。分布于空旷处；阳生。

美丽胡枝子和铁马鞭小叶卵形或宽卵形，美丽胡枝子叶上面近无毛，铁马鞭叶两面密被毛；截叶铁扫帚小叶片窄，线状楔形。

①

②

③

①

③

②

④

牡荆　马鞭草科 牡荆属

Vitex negundo* var. *cannabifolia

Chastetree　| mǔjīng

落叶灌木。小枝四棱形，密被短柔毛①；掌状复叶对生，小叶3～5；中间小叶长6～13 cm，宽2～4 cm，两侧小叶依次变小，叶缘具粗锯齿②，叶下面淡绿色，具疏短柔毛；聚伞花序组成圆锥状；花淡紫色，唇形③；核果干燥，近球形。

分布于山地丘陵空旷处。阳生。

落叶灌木，叶揉碎有特殊芳香味；掌状复叶对生，小叶3～5，叶缘具粗锯齿。

山合欢　山槐　含羞草科 合欢属

Albizia kalkora

Wild Siris　| shānhéhuān

落叶乔木。树皮深灰色，纵裂；二回羽状复叶，羽片2～6对，小叶对生，长圆形，基部偏斜，中脉偏向内侧边缘，全缘①；头状花序2～5个生于叶腋，或多个在枝顶排成伞房状，花丝显著长于花冠②；荚果扁平不开裂，成熟时褐色③。

分布于山地向阳处。喜光，耐干旱瘠薄，常为荒山先锋树种。

相似种：合欢【*Albizia julibrissin*，含羞草科合欢属】二回羽状复叶，羽片4～20对，小叶通常不超过1.5cm，中脉紧靠内侧边缘④，叶柄近基部有一枚长圆形腺体。分布于低山丘陵，也常见栽培；阳生。

山合欢羽片2～6对，小叶片长1.5～5cm，中脉偏向内侧边缘；合欢羽片4～20对，小叶通常不超过1.5cm，中脉紧靠内侧边缘。

1

2

3

1

3

2

4

三叶木通　木通科 木通属

Akebia trifoliata

Threeleaf Akebia　| sānyèmùtōng

落叶藤本。掌状复叶，小叶3片，卵形或宽卵形，长4～7cm，宽2～4.5cm，叶缘波状，先端钝圆或微凹；总状花序腋生，雌雄同序，紫红色①；肉质蓇葖果，椭圆形，成熟时沿腹缝开裂②。

分布于山地疏林中。

相似种：鹰爪枫【*Holboellia coriacea*，木通科 八月瓜属】常绿藤本。3小叶掌状复叶；小叶长4～13 cm，宽2～5 cm，全缘；花序伞房状，花紫色或白绿色③；果实长圆形。分布于山地林中。**尾叶那藤**【*Stauntonia obovatifoliola* subsp. *urophylla*，木通科 野木瓜属】常绿藤本。掌状复叶，小叶5枚，全缘，长为宽的2倍；伞房花序，花白色；果成熟时橙黄色④。分布于山地疏林中。

三叶木通和鹰爪枫小叶3，三叶木通先端钝圆或微凹，鹰爪枫小叶先端渐尖；尾叶那藤小叶5，先端具长而弯的尾尖。

大血藤　大血藤科 大血藤属

Sargentodoxa cuneata

Bloodvine　| dàxuèténg

落叶藤本。茎圆柱形，有条纹，砍断时有红色汁液流出；三出复叶，互生；中央小叶长椭圆形或菱状倒卵形，长5～12 cm，宽3～7 cm，侧生小叶偏斜卵形①；雌雄异株；总状花序下垂②；花黄绿色③；聚合果，小果为浆果，着生于球形的花托上，成熟时蓝黑色，被白粉④。

分布于山地疏林中。喜光。

落叶藤本，茎折断时有红色汁液流出，三出复叶，侧生小叶基部两侧不对称。

1

3

2

4

1

3

2

4

管花马兜铃 马兜铃科 马兜铃属

Aristolochia tubiflora

Tubeflower Dutchmanspipe | guǎnhuāmǎdōulíng

多年生缠绕草本；叶片三角状心形或圆心形，长3.5～10 cm，宽3.5～9 cm，先端钝或急尖，叶基心形，下面被毛或白粉①，油点明显，叶脉7条，基出；花单生叶腋或排列成腋生总状花序①，花被筒黄绿色，稍带紫色，基部膨大成球形②；蒴果倒卵形③，成熟时中部以下连同果梗一起开裂呈提篮状。

分布于山地林缘或路边。

相似种：马兜铃【*Aristolochia debilis*，马兜铃科 马兜铃属】植物各部无毛，叶片三角状卵形至卵状披针形，长3～8 cm，宽1～4.5 cm，先端钝圆，基部两侧外展成圆耳状，两面无毛，叶脉5～7出④。分布于空旷处；喜光。

管花马兜铃叶片先端钝或急尖，叶基心形，下面被毛或白粉；马兜铃叶片先端钝圆，基部两侧明显外展成圆耳状，下面光滑无毛，浅绿色。

南五味子 五味子科 南五味子属

Kadsura longipedunculata

Common Kadsura | nánwǔwèizǐ

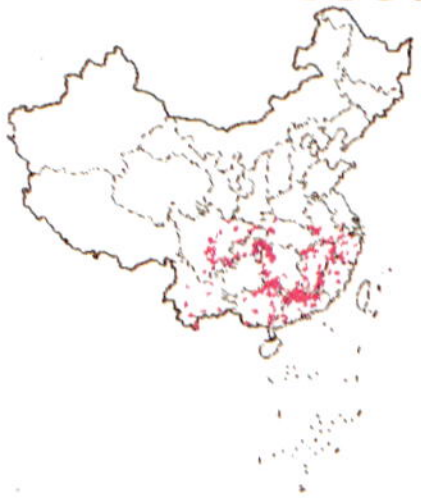

常绿藤本①，全体无毛。叶互生；薄革质，椭圆形或椭圆状披针形，长5～13 cm，宽2～6 cm，先端渐尖，基部楔形，边缘有疏齿；花单性，雌雄异株，单生叶腋，淡黄色②；肉质聚合果球形，直径1.5～3.5 cm③，熟时深红色④，果梗细长。

分布于山地丘陵沟谷两侧林中。喜阴。

果实成熟心皮聚集于一短棒状花托上，形成圆球状的肉质聚合果。

华中五味子 五味子科 五味子属

Schisandra sphenanthera

Orange Magnoliavine | huázhōngwǔwèizǐ

落叶藤本。全株无毛，枝密生黄色瘤状皮孔；叶片椭圆状卵形至倒卵状长椭圆形，长4～11 cm，宽2～7 cm，薄纸质，边缘具锯齿，在长枝上互生，在短枝上密集，花单性，雌雄异株，橙黄色①；果时花托延长，成穗状的聚合果，熟时红色②。

分布于山地林缘或疏林中。

相似种：翼梗五味子【*Schisandra henryi*，五味子科 五味子属】别名粉背五味子。落叶藤本，枝具5棱，皮孔明显；芽鳞大，长8～15mm，宿存③。叶薄革质，宽卵形，下面被白粉④。分布于山地疏林中。

华中五味子芽鳞小，叶下面浅绿色；翼梗五味子芽鳞大，宿存，叶下面被白粉。

何首乌 蓼科 何首乌属

Fallopia multiflora

Heshouwu | héshǒuwū

多年生缠绕草本，有肥大纺锤状块根④；全株无毛；单叶互生；狭卵形至心形，长3～10 cm，宽2～7 cm，顶端渐尖，基部心形，全缘，边缘略呈波状①；托叶鞘筒状，干膜质；圆锥花序大而开展，花白色②；瘦果三棱形，藏于翼状的花被内③。

分布于低山丘陵空旷处。阳生，喜湿润。

新鲜块根表面黑褐色，内部紫红色。

1

3

2

4

1

3

2

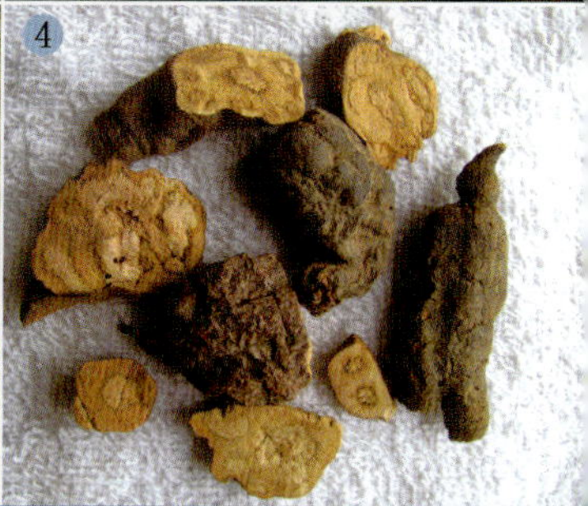
4

冠盖藤　绣球花科 冠盖藤属

Pileostegia viburnoides

Common Pileostegia　| guànɡàiténɡ

常绿木质藤本。叶对生；薄革质，椭圆状长圆形至长圆状倒卵形①，长10～21 cm，宽2.5～7 cm，全缘或中部以上浅波状，近无毛；圆锥花序顶生②；花同型，均为两性花，无放射花，花瓣白色，上部连合成冠盖状④；蒴果陀螺状半球形，具纵棱③；种子细小、多数。

分布于山地沟谷两侧林中。攀附于树上或岩壁。

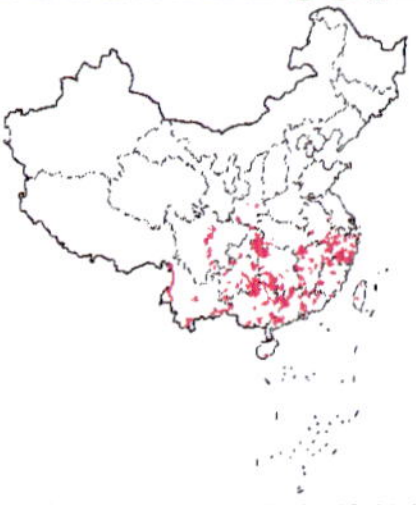

相似种： 冠盖绣球【*Hydrangea anomala*，绣球花科 绣球属】木质落叶藤本。叶对生，椭圆形，边缘具细密锐齿；聚伞花序生于侧枝顶端，花异型，边缘有少数不育的放射花，放射花萼片4枚明显；蒴果扁球形⑤。分布于山地林缘。

冠盖藤常绿，叶全缘或浅波状，花同型；冠盖绣球落叶，叶缘有锯齿，花异型，有放射花。

山木通　毛茛科 铁线莲属

Clematis finetiana

Finet Clematis　| shānmùtōnɡ

半常绿木质藤本。全株无毛；叶对生，常为三出复叶；小叶片卵状披针形等，长达16 cm，全缘，叶脉两面凸起；聚伞花序①；萼片花瓣状，白色④；瘦果被毛，宿存羽毛状花柱长达3 cm③。

分布于山地丘陵林缘。喜光。

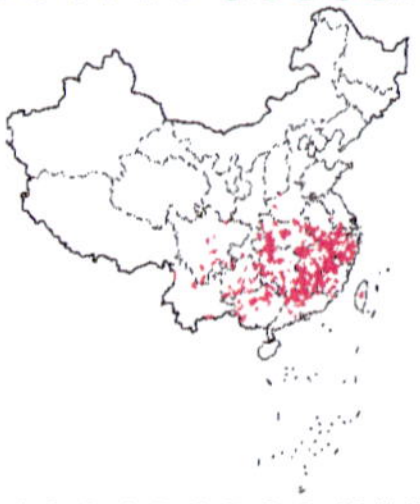

相似种： 柱果铁线莲【*Clematis uncinata*，毛茛科 铁线莲属】常绿木质藤本。常为一至二回羽状复叶，小叶5～15枚，上面亮绿色②，小叶柄中上部具关节；圆锥状聚伞花序，花白色；瘦果无毛，宿存花柱长达2 cm。分布于山地丘陵林缘。**单叶铁线莲**【*Clematis henryi*，毛茛科 铁线莲属】常绿木质藤本。根下部膨大成纺锤形；单叶对生；花序腋生，花白色或淡黄色⑤；瘦果被毛，宿存花柱长达4.5cm。分布于沟谷两侧阴凉处。

前二者小叶均全缘；山木通常为三出复叶，小叶柄无关节；柱果铁线莲复叶常有小叶5～15，小叶柄具关节；单叶铁线莲叶为单叶，有浅锯齿。

1

3

4

2

5

1

3

4

2

5

金樱子　蔷薇科 蔷薇属

Rosa laevigata

Cherokee Rose　| jīnyīngzǐ

常绿攀缘状灌木。小枝粗壮，有扁弯皮刺；三出复叶；叶轴有皮刺和腺毛①；小叶长2 ~ 6 cm，宽1.2 ~ 3.5 cm；花大，白色②，单生叶腋；果梨形或倒卵形，外面密被针刺，萼片宿存③。

分布于山地丘陵疏林下或空旷处。喜光。

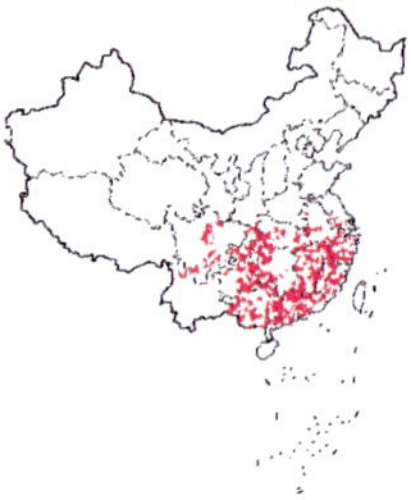

相似种：硕苞蔷薇【*Rosa bracteata*，蔷薇科 蔷薇属】常绿匍匐灌木。小枝粗壮，密被黄褐色柔毛，有扁弯皮刺，奇数羽状复叶，小叶5 ~ 11枚；花单生或2 ~ 3朵集生，白色④；果球形或扁球形，密被柔毛④。分布于丘陵平原空旷处；阳生，耐干旱瘠薄。

金樱子果实梨形或倒卵形，外面密被针刺；硕苞蔷薇果实球形或扁球形，外面有柔毛。

软条七蔷薇　蔷薇科 蔷薇属

Rosa henryi

Henry Rose　| ruǎntiáoqīqiángwēi

落叶攀缘状灌木。小枝疏生皮刺，奇数羽状复叶，小叶3 ~ 5枚；托叶大部分贴生叶柄，离生部分披针形①；小叶片长3.5 ~ 9 cm，宽1.5 ~ 5 cm，边缘有锯齿，两面无毛；伞房花序，花白色①；果褐红色，近球形。

分布于山地丘陵疏林下。

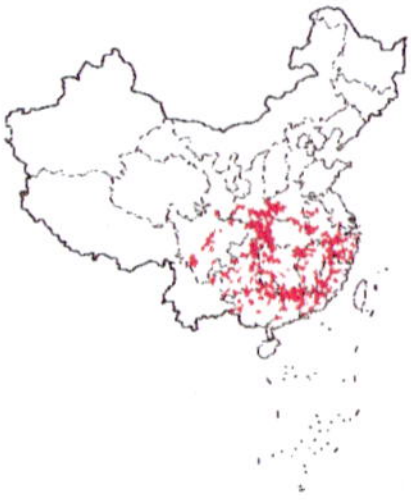

相似种：小果蔷薇【*Rosa cymosa*，蔷薇科 蔷薇属】常绿攀缘灌木。小叶3 ~ 5枚；托叶线形，和叶柄离生，早落；小叶片边缘有细锯齿；复伞房花序，花白色②。分布于丘陵平原空旷处；喜光，耐干旱瘠薄。粉团蔷薇【*Rosa multiflora* var. *cathayensis*，蔷薇科 蔷薇属】攀缘灌木。奇数羽状复叶，小叶5 ~ 9枚；托叶篦齿状③；圆锥花序，花粉红色④。分布于山地丘陵林缘或空旷处。

软条七蔷薇和粉团蔷薇托叶大部分贴生叶柄；软条七蔷薇托叶全缘，披针形，宿存；粉团蔷薇托叶篦齿状，早落；小果蔷薇托叶和叶柄分离，早落。

1

3

2

4

1

3

2

4

花椒簕　芸香科 花椒属

Zanthoxylum scandens

Climbing Prickleyash　| huājiāolè

常绿木质藤本。茎和叶轴上密被弯曲皮刺④；奇数羽状复叶，有小叶15 ~ 25枚，小叶互生或近对生①；小叶片长4 ~ 8 cm，宽1.5 ~ 3.5 cm，小叶偏斜⑤，先端微凹，凹口处有一半透明油点；圆锥花序腋生；蓇葖果③成熟时红褐色，外皮微皱，有粗大油点，先端有短喙尖②。

分布于山地林下。

茎和叶轴上密被弯曲皮刺，小叶片揉碎后有特殊气味。

毛脉显柱南蛇藤　卫矛科 南蛇藤属

Celastrus stylosus* var. *puberulus

Styled Bittersweet　| máomàixiǎnzhùnánshéténg

落叶藤本。小枝具毛，冬芽圆锥形；单叶互生；叶长6 ~ 15 cm，宽3 ~ 9 cm，边缘疏生齿，下面脉上被毛；聚伞花序腋生或侧生，花淡绿色①；蒴果球形，黄色②；假种皮橙红色②。

分布于山地林缘或疏林中。喜光。

相似种：大芽南蛇藤【*Celastrus gemmatus*，卫矛科 南蛇藤属】落叶藤本。小枝无毛，密生皮孔；冬芽尖锐明显；叶片网脉明显；蒴果球形，黄色，具红色假种皮③。**窄叶南蛇藤**【*Celastrus oblanceifolius*，卫矛科 南蛇藤属】常绿藤本。小枝被短毛，密生皮孔，冬芽细小，长约2 mm④；蒴果④。

前两者叶近椭圆形，冬芽外鳞片不特化；大芽南蛇藤冬芽长4 ~ 12 mm；毛脉显柱南蛇藤冬芽长约2 mm；窄叶南蛇藤叶片倒披针形，冬芽细小，外面两枚芽鳞特化成卵状三角形刺。

1
3
2
4
5

1
3
2
4

鄂西清风藤　清风藤科 清风藤属

Sabia campanulata* subsp. *ritchieeae

Bellflower Sabia　| èxīqīngfēngténg

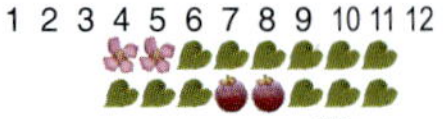

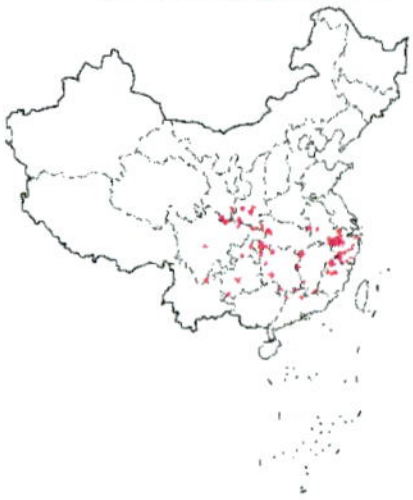

落叶木质藤本。幼枝黄绿色；叶片长圆状卵形至卵形，长6～13 cm，宽2.5～5 cm，两面无毛，网脉纤细；花与叶同时开放，深紫色，花梗纤细①；核果，外果皮肉质③，成熟时蓝色。

分布于山地沟谷两侧林下。喜阴。

相似种：尖叶清风藤【*Sabia swinhoei*，清风藤科 清风藤属】常绿藤本。小枝纤细，被长柔毛；叶端渐尖或尾尖，叶片两面多少被毛；花黄绿色②。分布于沟谷两侧林下；喜阴。清风藤【*Sabia japonica*，清风藤科 清风藤属】落叶藤本。幼枝绿色；叶片卵形，全缘，近无毛；落叶时叶柄基部残留枝上成短尖刺；花先叶开放，黄绿色⑤；核果由1～2心皮组成，熟时蓝色④。分布于低山丘陵疏林中或林缘；喜光。

鄂西清风藤和清风藤花单生叶腋；鄂西清风藤花深紫色，叶无毛；清风藤花黄绿色；叶仅叶脉有疏毛；尖叶清风藤花序生叶腋，叶多少被毛。

钩刺雀梅藤　鼠李科 雀梅藤属

Sageretia hamosa

Hooked Sageretia　| gōucìquèméiténg

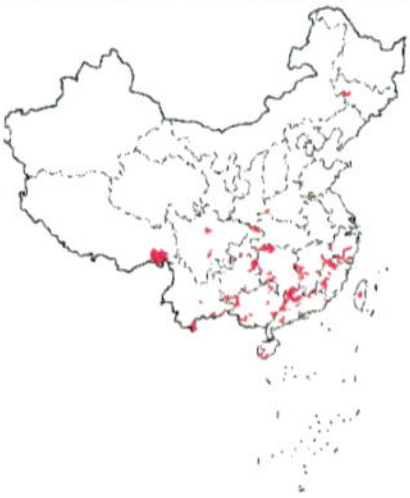

常绿攀缘灌木。枝条具钩状下弯的粗刺②，灰褐色，无毛；叶革质，长圆形至长椭圆形，长9～18 cm，宽4～6 cm，先端尾状渐尖，边缘具细锯齿，上面侧脉凹下①；穗状花序或再组成圆锥状，花序轴密被毛；核果球形，熟时紫黑色，被白粉。

分布于低山沟谷林下。喜阴湿。

相似种：雀梅藤【*Sageretia thea*，鼠李科 雀梅藤属】攀缘状灌木。小枝有刺状短枝，灰褐色，密被毛；叶近对生或互生，椭圆形，先端锐尖③。分布于林缘；喜光。

钩刺雀梅藤叶长9～18 cm，侧脉7～10对；雀梅藤叶长1～5 cm，侧脉3～5对。

1
3
4
2
5

1
3
2

牯岭勾儿茶　鼠李科 勾儿茶属

Berchemia kulingensis

Kuling Hooktea　| gǔlǐnggōuérchá

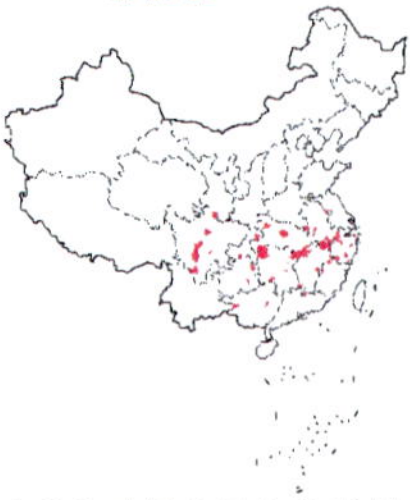

攀缘状灌木。小枝无毛；叶片卵状椭圆形至卵状长圆形，长2～6 cm，宽1.5～3.5 cm，侧脉7～9对，在两面微凸起，全缘①，近无毛；聚伞总状花序，少分枝，花绿色③；核果长圆柱形，成熟时由红色转为黑紫色④。

分布于山地丘陵疏林中或林缘。

相似种：多花勾儿茶【*Berchemia floribunda*，鼠李科 勾儿茶属】幼枝光滑无毛。叶卵形至卵状披针形，侧脉9～11对，下面沿脉有短毛；圆锥花序顶生，宽大，多分枝；核果长圆柱形⑤，成熟时由红色转为黑紫色②。分布于低山沟谷两侧向阳处。

牯岭勾儿茶叶片长度在6 cm以下，花序细长少分枝；多花勾儿茶叶片长度可达11 cm，花序宽大多分枝。

刺葡萄　葡萄科 葡萄属

Vitis davidii

Spine Grape　| cìpútao

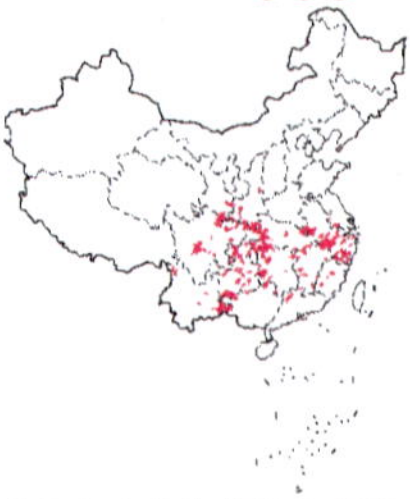

木质藤本。茎粗壮，密生皮刺①；叶片宽卵形至卵圆形，长5～20 cm，宽5～14 cm，边缘有细锯齿，有时不明显的3浅裂，下面灰白色，沿脉有短柔毛；圆锥花序①；浆果球形②，熟时蓝紫色。

分布于山地林缘或疏林中。

相似种：东南葡萄【*Vitis chunganensis*，葡萄科 葡萄属】幼枝圆柱形，无毛。叶基部深心形，边缘疏生小齿，两面无毛，下面被白粉③。分布于山地林缘或疏林中。华东葡萄【*Vitis pseudoreticulata*，葡萄科 葡萄属】幼枝有灰白色绒毛，老时无毛；叶片三角形或肾形，基部宽心形，下面沿脉有毛；浆果熟时蓝黑色④。

刺葡萄小枝上有皮刺；后二者小枝上无皮刺；东南葡萄叶下面无毛，叶基两侧靠近；华东葡萄叶下面沿脉被短毛，叶基两侧不靠近。

1

3

4

2

5

1

3

2

4

广东蛇葡萄 粤蛇葡萄 葡萄科 蛇葡萄属

Ampelopsis cantoniensis

Canton Snakegrape | guǎngdōngshépútao

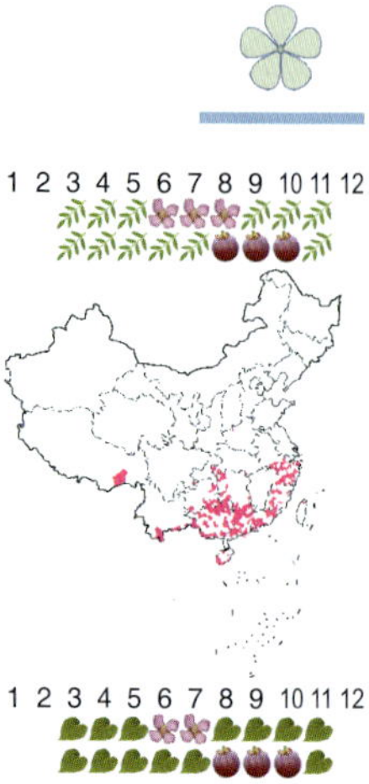

落叶木质藤本。一回羽状复叶（最下面的一对小叶有时呈三出复叶），小叶3～10枚，小叶片大小不一，长2～11 cm，边缘有稀疏钝齿①，下面苍白色，常被白粉；二歧聚伞花序，花淡绿色；浆果球形，成熟时红色或深紫色②。

分布于低海拔沟谷两侧。喜光和湿润。

相似种：牯岭蛇葡萄【*Ampelopsis glandulosa* var. *kulingensis*，葡萄科 蛇葡萄属】木质藤本。叶片五角形，明显3浅裂，边缘有粗齿，近无毛③；聚伞花序具长梗，花小；浆果球形，熟时红色或蓝色④。分布于山地丘陵林缘或空旷处。

广东蛇葡萄叶为羽状复叶；牯岭蛇葡萄叶为单叶。

异叶爬山虎 异叶地锦 葡萄科 爬山虎属

Parthenocissus dalzielii

Diversifolious Creeper | yìyèpáshānhǔ

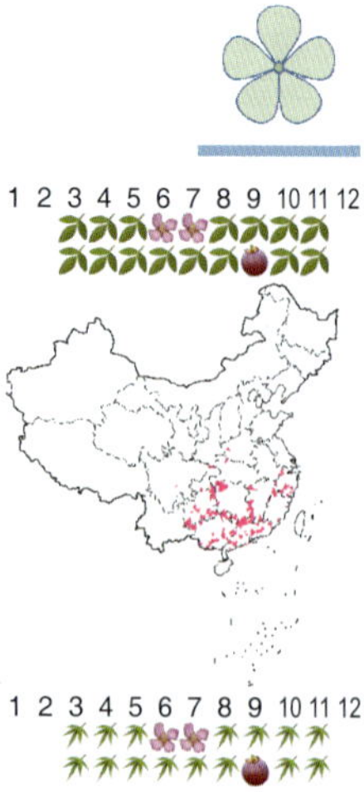

落叶攀缘藤本。卷须先端膨大成吸盘；叶片异形，能育枝上的叶为三出复叶，中间小叶长5～9 cm；不育枝上的叶常为单叶，卵形，长约2～4 cm①；聚伞花序生于短枝上③；浆果球形②，熟时紫黑色。

分布于山坡岩石上。

相似种：爬山虎【*Parthenocissus tricuspidata*，葡萄科 爬山虎属】又名地锦。叶片异形，能育枝上的叶为单叶，宽卵形，先端3浅裂④。攀缘于山坡岩石上，常见栽培。

异叶爬山虎能育枝上的叶为三出复叶；爬山虎能育枝上的叶为单叶。

1

3

2

4

1

3

2

4

三叶崖爬藤　三叶青　葡萄科 崖爬藤属

Tetrastigma hemsleyanum

Hemsley Rockvine　| sānyèyápáténg

多年生常绿草质藤本。块根椭圆形，表面深棕色③，里面白色；茎无毛，下部节上生根，卷须不分枝；掌状复叶互生，有小叶3，中间小叶稍大，长3 ~ 7 cm，宽1.2 ~ 2.5 cm，边缘具尖头状小锯齿①；聚伞花序生于当年新枝上，花小②；浆果球形，红褐色或黑色。

分布于山地沟谷林下。喜阴湿。

多年生常绿草质藤本，有卷须，3小叶复叶互生，块根膨大。

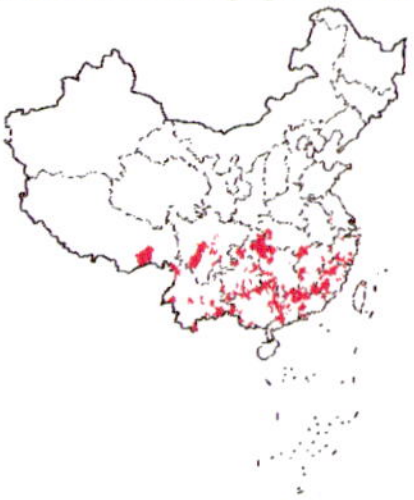

常春藤　中华常春藤　五加科 常春藤属

Hedera nepalensis var.sinensis

China Hvy　| chángchūnténg

常绿木质藤本①。茎以气生根攀缘；叶二型，不育枝上叶常为三角状卵形至戟形，长5 ~ 12 cm，宽3 ~ 10 cm，全缘或3裂②，能育枝上叶常为长椭圆状卵形至披针形，叶柄被锈色鳞片；伞形花序单生或组成总状，花淡黄白色③；浆果球形，熟时红色④。

分布于山地林下，攀附于岩石或树上。喜阴和湿润。

常绿木质藤本；植株幼嫩部分无毛，茎有气生根，叶二型。

1

2

3

1

3

2

4

中华猕猴桃 猕猴桃科 猕猴桃属

Actinidia chinensis

China Kiwifruit | zhōnghuámíhóutáo

落叶木质藤本。幼枝密被绒毛，老枝无毛，有明显叶痕③。叶片宽卵形至倒宽卵形，长6～12 cm，宽6～13 cm，先端常微凹，边缘具刺毛状小齿，下面密被灰白色星状绒毛；聚伞花序生于当年生叶腋，花白色或淡黄色⑤；果圆球形至长圆状球形，幼时密被短绒毛，熟时黄褐色①，可食用。

分布于山地疏林中。喜光和湿润。

相似种：黑蕊猕猴桃【*Actinidia melanandra*，猕猴桃科 猕猴桃属】小枝无毛，叶椭圆形至长圆形，下面具白粉；花绿白色，花药黑色④；果实无毛无斑点，顶部有喙②。分布于山地林下。毛花猕猴桃【*Actinidia eriantha*，猕猴桃科 猕猴桃属】小枝、叶柄、叶、花序密被灰白色绒毛，叶卵形至宽卵形；花淡红紫色⑥；果密被灰白色长绒毛。。

中华猕猴桃和毛花猕猴桃植株显著被毛，前者果实被黄褐色毛或斑点，毛花猕猴桃果实被灰白色长绒毛；黑蕊猕猴桃植株近无毛，果实无毛。

小叶猕猴桃 猕猴桃科 猕猴桃属

Actinidia lanceolata

Lanceolate Kiwifruit | xiǎoyèmíhóutáo

落叶藤本。小枝与叶柄密被棕褐色短绒毛①，叶片披针形至卵状披针形，长3.5～12 cm，宽2～4 cm，叶缘上半部分有小锯齿，下面密被星状毛；聚伞花序，花淡绿色①；果卵球形，长0.5～1 cm，熟时褐色，秃净无毛，有明显斑点②。

分布于山地林缘或疏林中。喜光和湿润。

相似种：异色猕猴桃【*Actinidia callosa* var. *discolor*，猕猴桃科 猕猴桃属】嫩枝无毛，叶椭圆形至倒卵形，边缘有粗钝锯齿，两面无毛；花白色③；果实近球形，长约1.5～2 cm，幼时有毛，成熟时无毛，有斑点④。分布于山地沟谷两侧向阳处。

小叶猕猴桃植物体明显被毛；异色猕猴桃植物体近无毛。

1
3
5
2
4
6

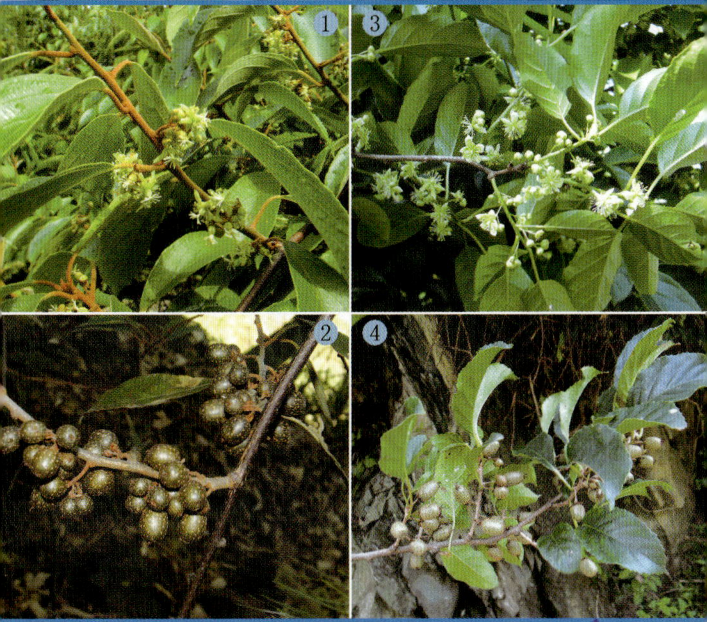
1
3
2
4

清香藤　木犀科 素馨属

Jasminum lanceolarium

Lanceolate Jasmine | qīngxiāngténg

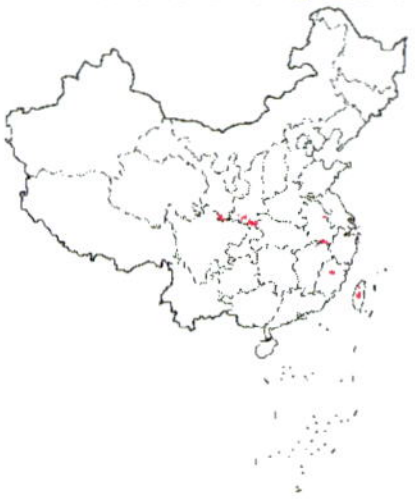

常绿藤本。枝圆柱形；叶对生，三出复叶，3小叶近等大；小叶片革质，椭圆形或卵状披针形，长5～12.5 cm，宽1.5～6.5 cm，全缘，上面亮绿色①，下面淡绿色，无毛至密背柔毛，叶脉两面不明显；侧生小叶柄上部关节状；复聚伞花序，顶生；花高脚碟状，白色②；浆果椭圆形，果梗粗壮③。

分布于低山沟谷两侧向阳处。喜湿润。

常绿藤本，三出复叶，小叶近等大，侧生小叶柄有关节。

紫花络石　夹竹桃科 络石属

Trachelospermum axillare

Purpleflower Starjasmine | zǐhuāluòshí

常绿木质藤本。小枝红紫色①；叶倒披针形至长椭圆形，长6～13 cm，宽2～4.5 cm，全缘，侧脉8～15对；聚伞花序腋生①，花高脚碟状，紫红色③；蓇葖果披针状圆柱形，两枚平行粘生；种子暗紫色，具4～5 cm长的白色毛①。

分布于山地林间。喜阴。

相似种：络石【*Trachelospermum jasminoides*，夹竹桃科 络石属】具气根；叶椭圆形至披针形，侧脉6～12对④；圆锥状聚伞花序，花白色②；蓇葖果双生，等长，叉开呈牛角状。攀缘于岩石或树上；常见。**毛药藤**【*Sindechites henryi*，夹竹桃科 毛药藤属】叶椭圆形至长圆形，侧脉近20对；圆锥状聚伞花序；花淡黄白色，花药具毛⑥；蓇葖果双生，1长1短，长可达25 cm⑤。分布于山地林下。

均为木质藤本，有乳汁，单叶对生；紫花络石花紫红色，络石花白色，毛药藤花淡黄白色；后二者侧脉数量和果实等亦明显不同。

1

2

3

1

3

5

2

4

6

牛奶菜 萝藦科 牛奶菜属

Marsdenia sinensis

China Milkgreens ｜niúnǎicài

常绿木质藤本②，全株密被黄色绒毛。单叶对生，宽卵形，长8 ~ 13.5 cm，宽5 ~ 9.5 cm，基部心形①，侧脉边缘网结，上面被细毛，下面密被黄色绒毛；聚伞花序腋生，花淡黄白色，内面被绒毛；蓇葖果纺锤形，直径可达2 ~ 3 cm。

分布于山地沟谷阔叶林下。喜阴湿。

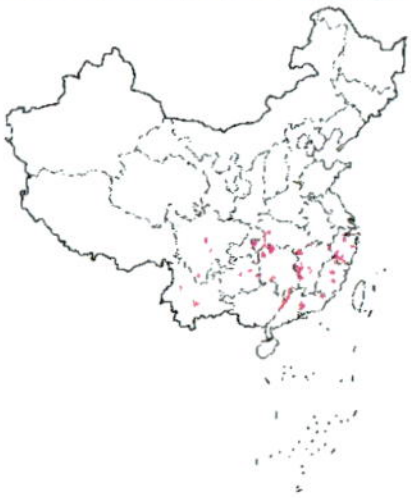

相似种：牛皮消【*Cynanchum auriculatum*，萝藦科 鹅绒藤属】缠绕草质藤本，地下有肥厚块根。茎圆柱形，中空；单叶对生，叶片宽卵状心形，基部深心形，近无毛；聚伞花序，花冠白色④；蓇葖果双生，披针状圆柱形，直径可达1 cm③。分布于山地林缘或空旷处。

牛奶菜全株密被黄毛；牛皮消植物体近无毛。

金灯藤 无根藤 菟丝子科 菟丝子属

Cuscuta japonica

Japan Dodder ｜jīndēngténg

一年生寄生藤本。茎肉质，粗约1 ~ 2 mm，黄色，常带紫红色瘤状斑点，多分枝，无叶①；花序穗状，苞片鳞片状，花白色②；蒴果卵球形，花柱宿存。

分布于开阔河谷和低山。寄生于其他植物上。

寄生植物，无叶。

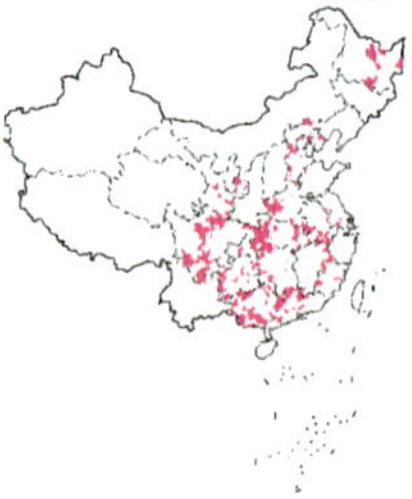

1
2
3
4

1
2

流苏子 盾子木 茜草科 流苏子属

Coptosapelta diffusa

Diffuse Coptosapeita | liúsūzǐ

常绿木质藤本。小枝密被柔毛；叶片长卵形至披针形，长3～7 cm，宽1～2.5 cm，革质，全缘，下面沿中脉被柔毛；托叶位于叶柄间，线状披针形；花单生于叶腋，花梗纤细，花冠高脚碟状，白色或淡黄色②，花药线形；蒴果近球形，两室，室间有槽①。

分布于山地林下。

相似种：羊角藤【*Morinda umbellata* subsp. *obovata*，茜草科 巴戟天属】常绿木质藤本。叶对生，长圆形至椭圆形，全缘，下面中脉被短柔毛；托叶合生成鞘；花序顶生，通常由4～10个小头状花序再组成伞形式花序；花白色，内面有柔毛③；聚花果扁球形，成熟时红色，肉质④。分布于山地林下。

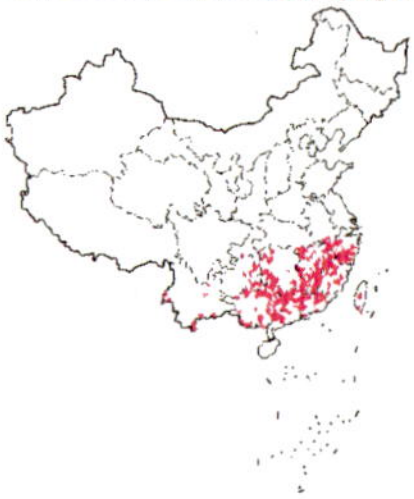

流苏子花单生于叶腋，蒴果开裂；羊角藤小头状花序生于枝条顶端，核果状聚花果。

鸡矢藤 鸡屎藤 茜草科 鸡矢藤属

Paederia foetida

China Fevervine | jīshǐténg

草质藤本。茎幼时被柔毛，后脱落；叶片卵形至卵状披针形，长5～15 cm，宽3～7 cm，全缘，上面无毛，下面被柔毛，侧脉两面隆起；叶揉碎后有特殊臭味。圆锥状聚伞花序①，萼筒陀螺形，花浅紫色，内面被绒毛②；果球形，成熟时蜡黄色，果皮膜质，脆而光亮。

分布于山地疏林中和林缘。喜光。

相似种：白毛鸡矢藤【*Paederia pertomentosa*，茜草科 鸡矢藤属】花序狭窄伸长，叶基部圆形或楔形下延③。疏林下常见。

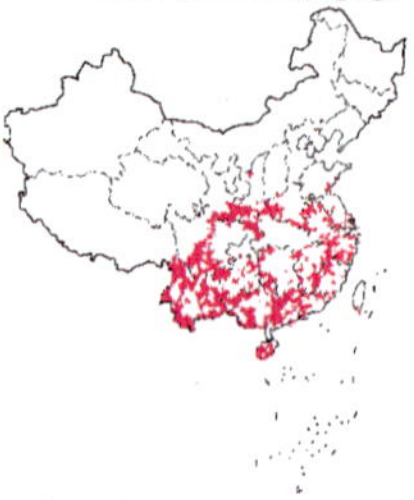

鸡矢藤叶基部多心形至平截；白毛鸡矢藤叶基部多少楔形下延。两者的叶形、大小、毛被在不同生境里皆变异众多。

1
3
2
4

1
2
3

台湾赤爬　　葫芦科 赤爬属

Thladiantha punctata

Taiwan Tubergourd　| táiwānchìpáo

攀缘草质藤本。卷须单一；叶片长卵形至长卵状披针形，长8 ~ 20 cm，宽6 ~ 10 cm，基部心形，边缘有小齿，粗糙；花雌雄异株，雄花数朵生于总花梗上组成总状花序①，花冠黄色，雌花常单生②；果卵形，表面有浅瘤状凸起③，成熟时橙红色。

分布于山地疏林或林缘。

相似种：栝楼【*Trichosanthes kirilowii*，葫芦科 栝楼属】俗名吊瓜。攀缘草质藤本。块根圆柱形，粗大肥厚；卷须分枝；叶片宽圆形，常掌状分裂，两面沿脉有硬毛，基出3 ~ 5脉；花冠白色，先端两侧具丝状裂片；果近球形，成熟时橙红色，光滑，果梗粗壮④。分布于山地林缘，常见栽培；喜湿润。

台湾赤爬叶片不分裂，花冠裂片不呈撕裂状；栝楼叶片常掌状分裂，花冠裂片呈撕裂状。

绞股蓝　　葫芦科 绞股蓝属

Gynostemma pentaphyllum

Fiveleaf Gynostemma　| jiǎogǔlán

多年生草质藤本①。有卷须，鸟足状复叶，常具5小叶，小叶卵状长圆形至披针形，长可达12 cm，边缘具齿，两面疏被短硬毛；花雌雄异株，圆锥花序①；果球形，肉质，不裂②，成熟时黑色。

分布于山地沟谷林下。喜阴湿。

相似种：马铜铃【*Hemsleya graciliflora*，葫芦科 雪胆属】草质藤本。具卷须，鸟足状复叶，通常7小叶，边缘有圆锯齿，下面沿脉疏被细刺毛；雌雄异株，圆锥花序腋生；果倒圆锥形，顶端平截，具10条细棱，果梗弯曲③。分布于山地沟谷阔叶林下；喜阴湿。

绞股蓝常具5小叶，果球形；马铜铃常具7小叶，果倒圆锥形。

①
③
②
④

①
②
③

双蝴蝶 华双蝴蝶 龙胆科 双蝴蝶属

Tripterospermum chinense

Dualbutterfly | shuānghúdié

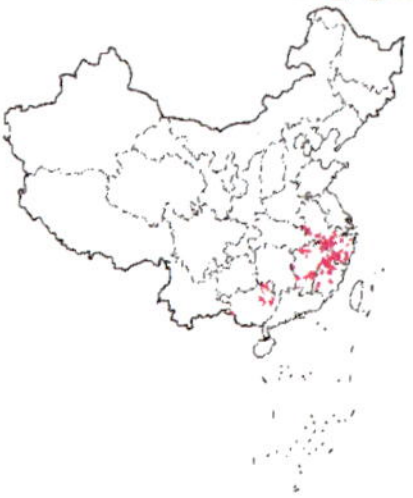

多年生草质缠绕藤本。基生叶4片，两大两小①，对生而无柄，平贴地面呈莲座状，叶片椭圆形至倒卵状椭圆形，长3 ~ 6.5 cm，宽1.5 ~ 5.5 cm，上面常具网纹②，茎生叶近披针形，长可达10 cm，全缘；花单生叶腋，或簇生③，淡紫色，花冠狭钟状④；蒴果二瓣开裂。

分布于山地疏林下。常见。

草质缠绕状藤本，基生叶两两对生，呈莲座状，上面常具网纹。

羊乳 桔梗科 党参属

Codonopsis lanceolata

Lance Asiabell | yángrǔ

多年生草质藤本。根肥大，纺锤形；根、茎、叶折断处有乳汁②。叶二型，在主茎上互生叶呈披针形至狭卵形，较小，长0.8 ~ 1.4 cm，宽3 ~ 7 mm，在小枝顶端常2 ~ 4叶簇生，呈卵形至椭圆形，长3 ~ 10 cm，宽1.5 ~ 4 cm，全缘或微波状，两面无毛；花单生或对生于小枝顶端①，花萼筒半球形，花冠宽钟状，黄绿色或乳白色，内有紫色斑点③，花盘肉质；蒴果圆锥状，具宿存花萼④；种子细小多数。

分布于山地疏林下。

植物体具乳汁，叶常2 ~ 4枚簇生。

1

2

3

4

1

2

3

4

菝葜 金刚刺 百合科 菝葜属

Smilax china

China Greenbrier | báqiā

落叶攀缘灌木。根状茎粗壮坚硬；茎具疏刺；叶片近圆形至椭圆形，长3～10 cm，宽1.5～8 cm，下面淡绿色，基出3～7脉；叶柄有卷须①，翅状鞘狭于叶柄；伞形花序，花黄绿色；浆果球形，成熟时红色，直径6～15 mm①。

分布于山地疏林下或空旷处。阳生。

相似种：小果菝葜【*Smilax davidiana*，百合科 菝葜属】茎具疏刺；叶近椭圆形，具3～5主脉，翅状鞘宽于叶柄②；伞形花序生于长新叶的小枝上②；浆果成熟时红色，直径5～7 mm③。分布于空旷处；喜光。白背牛尾菜【*Smilax nipponica*，百合科 菝葜属】须根粗壮发达；茎无刺，中空；叶片卵形至长圆形，叶背常有粉尘状短毛，基出7～9脉；伞形花序⑤；果密集④，成熟时黑色。分布于山地林下。

菝葜和小果菝葜为攀缘状灌木，茎有刺；菝葜翅状鞘狭于叶柄，小果菝葜翅状鞘远宽于叶柄；白背牛尾菜为草质藤本，茎无刺。

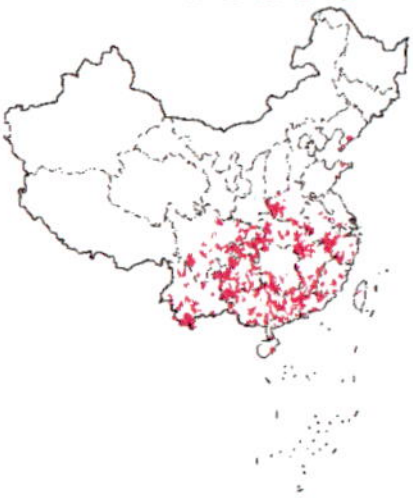

缘脉菝葜 常绿菝葜 百合科 菝葜属

Smilax nervomarginata

Marginvein Greenbrier | yuánmàibáqiā

常绿攀缘灌木。根状茎粗短；叶片革质，披针形至椭圆状披针形，长5～10 cm，宽1～5 cm，全缘，具5～7主脉，最外侧主脉接近叶缘；具卷须；伞形花序，总花梗纤细，长为叶柄的2～4倍，花紫色①；浆果球形②，成熟时黑色。

分布于山地疏林中。

相似种：土茯苓【*Smilax glabra*，百合科 菝葜属】根状茎坚硬，块根状；叶披针形至椭圆状披针形，具3主脉④；花序伞形，浆果具白粉③。分布于山地丘陵空旷处；阳生。

两者均为常绿攀缘灌木，有卷须，茎无刺；缘脉菝葜叶片具5～7条主脉，最外侧主脉与叶缘处接合，总花梗明显长于叶柄；土茯苓叶片具3条主脉，总花梗明显短于叶柄。

1
3
4
2
5

1
3
2
4

尖叶薯蓣　日本薯蓣　薯蓣科 薯蓣属

Dioscorea japonica

Japan Yam　| jiānyèshǔyù

多年生草质藤本。地下块茎直生，圆柱形，鲜时质嫩脆；单叶互生或少数对生，叶片常三角状心形，长6 ~ 18 cm，宽2 ~ 9 cm，全缘，两面无毛，主脉7条，叶腋偶见珠芽③；雌雄异株，花序穗状①；蒴果三棱状扁球形②。

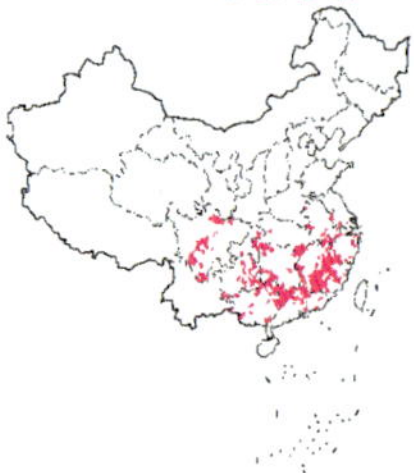

分布于山地林下。

相似种：纤细薯蓣【*Dioscorea gracillima*，薯蓣科 薯蓣属】地下茎横走，竹节状分枝，质坚硬。单叶互生，老枝下部常3 ~ 5枚轮生，叶片宽卵状心形，边缘全缘或微波状，两面无毛，主脉9条④；雌雄异株，花序穗状；蒴果3棱状球形。分布于阔叶林下。

尖叶薯蓣叶片常为宽的2 ~ 3.5倍，全缘，地下茎直生；纤细薯蓣叶片长宽近相等，叶基常具不整齐啮蚀齿，地下茎横走。

云实　云实科 云实属

Caesalpinia decapetala

Decapetalous Caesalpinia　| yúnshí

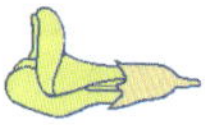

落叶攀缘状灌木。全体散生倒钩状皮刺，二回偶数羽状复叶长20 ~ 30 cm①；小叶片长圆形，长9 ~ 25 mm，宽6 ~ 12 mm，两端圆钝，全缘，小叶柄极短；总状花序顶生，直立②；花冠黄色鲜艳，具红色斑纹③；荚果长圆形，长达12 cm，略肿胀，有尖喙，成熟时褐色；种子黑色④。

分布于低山林缘空旷处。喜光。

落叶攀缘状灌木，全株被倒钩刺，二回偶数羽状复叶，花鲜黄色，荚果长圆形。

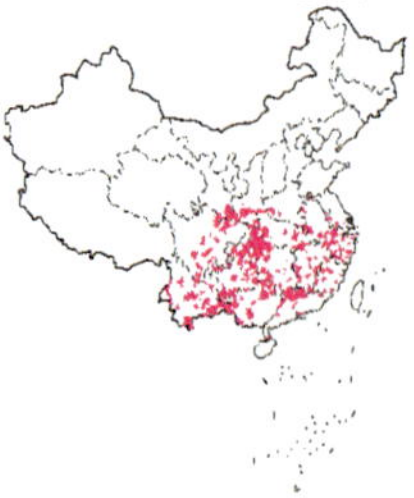

1

3

2

4

1

3

2

4

网络鸡血藤 网脉崖豆藤 蝶形花科 崖豆藤属

Callerya reticulata

Net Cliffbean | wǎngluòjīxuèténg

半常绿或落叶木质藤本。奇数羽状复叶，小叶5～9枚；小叶片革质，长达12 cm，先端微凹，两面无毛，下面网状细脉隆起；顶生圆锥花序下垂，总花梗被黄色疏柔毛；花冠紫红色或玫瑰红色①；荚果线状长圆形，扁平，果瓣木质，无毛②。

分布于低山丘陵林缘。

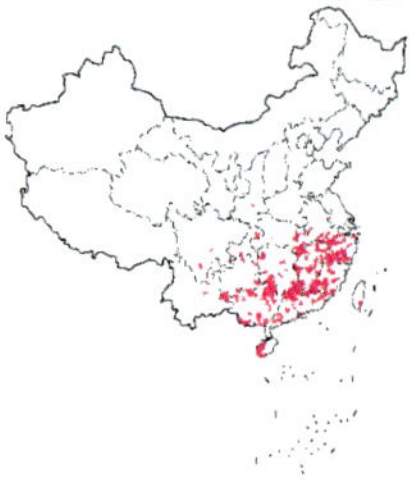

相似种：香花鸡血藤【*Callerya dielsiana*，蝶形花科 崖豆藤属】别名香花崖豆藤。根状茎折断时有红色汁液；羽状复叶通常有小叶5枚；圆锥花序密被柔毛，花冠紫红色③；荚果密被毛。分布于低山疏林中或林缘。紫藤【*Wisteria sinensis*，蝶形花科 紫藤属】落叶木质藤本。羽状复叶有小叶7～13枚；总状花序生于去年生枝顶端，下垂，花密集，紫色，先叶开放④。阳生。

网络鸡血藤荚果无毛，半常绿或落叶；香花鸡血藤荚果密被毛，常绿；紫藤荚果密被毛，落叶。

野葛 葛藤 蝶形花科 葛属

Pueraria montana

Kudzuvine | yěgě

多年生草质藤本。块根肥厚圆柱形④；小枝密被棕褐色粗毛；三出复叶，顶生小叶菱状卵形，长5.5～19 cm，宽4.5～18 cm，侧生小叶宽卵形，小叶片全缘或浅裂，两面被毛②；托叶盾状着生；总状花序腋生，花紫红色①；荚果线形，扁平，密被黄色长硬毛③。

分布于山地空旷处。阳生。

多年生草质藤本，全株被棕黄色毛。块根富含淀粉，可食用。

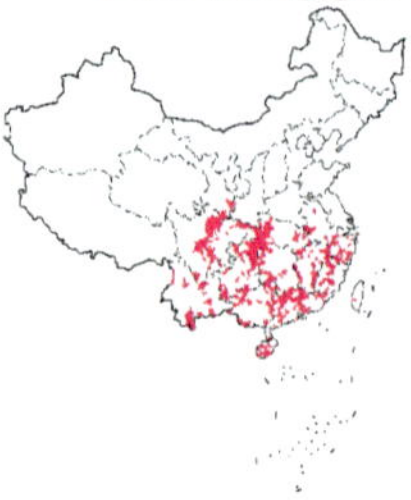

1
3
2
4

1
2
3
4

忍冬　金银花　忍冬科 忍冬属

Lonicera japonica

Japan Honeysuckle　| rěndōng

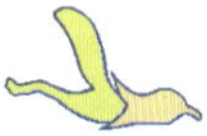

半常绿缠绕状木质藤本。茎皮条状剥落；枝中空，幼枝密被糙毛和腺毛；单叶对生，近卵形，长3～9.5 cm，宽1.5～5.5 cm，边缘具睫毛，全缘①，小枝上部叶两面均密被短柔毛，下部叶常无毛而带灰绿色；花双生于叶腋，密被腺毛，总花梗明显，花冠白色或黄色，唇形②；苞片叶状，明显④；果圆球形③，熟时蓝黑色。

常分布于山坡、山脊及沟谷两侧向阳处。喜光和湿润。

半常绿缠绕状木质藤本，花双生于叶腋，常同时具白色和黄色花，密被腺毛。

山蒟　海风藤　胡椒科 胡椒属

Piper hancei

Wild Pepper　| shānjǔ

常绿藤本。茎有纵棱，节膨大，生不定根；叶互生，纸质或近革质，狭椭圆形至卵状披针形，长4～12 cm，宽2～5 cm①；茎叶揉之有辛辣味；花单性，雌雄异株，穗状花序，无花被，雄花序长5～10 cm，雌花序长约3cm；浆果球形②，熟时黄色。

分布于山地沟谷林下。喜阴湿，常攀缘于溪谷岩壁上。

茎有膨大的节，茎叶揉碎有辛辣味。

1
3
2
4

2
1

钩藤　茜草科 钩藤属

Uncaria rhynchophylla

Beakedleaf Hookvine　| gōuténg

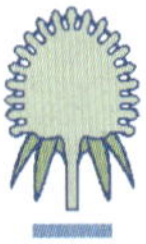

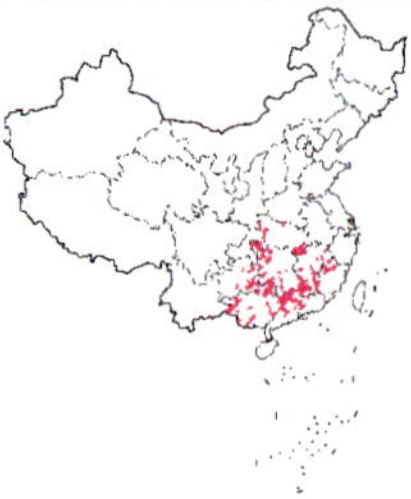

常绿攀缘灌木。小枝4棱状圆柱形；节上有钩状刺，常按1–2–1–2枚序列排列①；托叶位于叶柄间，2深裂；单叶对生，椭圆形至宽卵形，长6～12 cm，宽3～6 cm，全缘；头状花序组成顶生的总状花序③，花黄绿色④，芳香；蒴果聚合成球状②。

分布于山地沟谷疏林中或林缘。喜光和湿润。

常绿攀缘灌木，单叶对生，节上有钩状刺。

薜荔　桑科 榕属

Ficus pumila

Creeping Fig　| bìlì

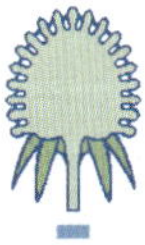

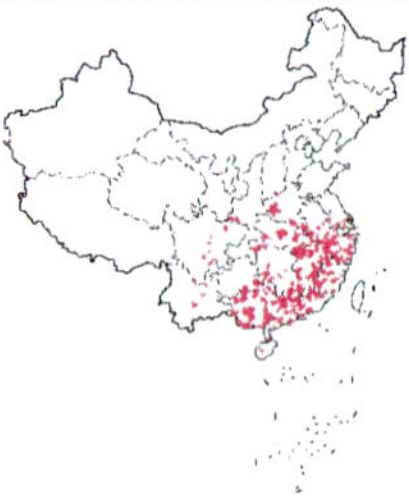

常绿木质藤本①。幼时以不定根攀缘。互生，叶二型，营养枝上的叶小而薄，长约2.5 cm，果枝上的叶较大，卵状椭圆形，长4～10 cm，全缘，下面网脉凸起呈蜂窝状；隐头花序单生叶腋；隐花果梨形，长5 cm以上②。

分布于山地丘陵。攀缘于岩石或树上。

相似种：爬藤榕【*Ficus sarmentosa* var. *impressa*，桑科 榕属】叶互生，革质，披针形，下面粉绿色，叶柄密被棕色毛；隐花果球形③。分布于低山。**珍珠莲**【*Ficus sarmentosa* var. *henryi*，桑科 榕属】幼枝密被褐色长柔毛；叶片卵状椭圆形，先端渐尖，全缘，下面密被毛，网脉隆起呈蜂窝状④；隐花果长1.2～2 cm。

薜荔叶二型，果长于5 cm；爬藤榕和珍珠莲叶一型，果小于2 cm；珍珠莲叶下密被毛；爬藤榕叶下粉绿色，近无毛。

1

2

3

4

1

2

3

4

柔毛水杨梅 柔毛路边青 蔷薇科 路边青属

Geum japonicum **var.** ***chinense***

China Avens | róumáoshuǐyángméi

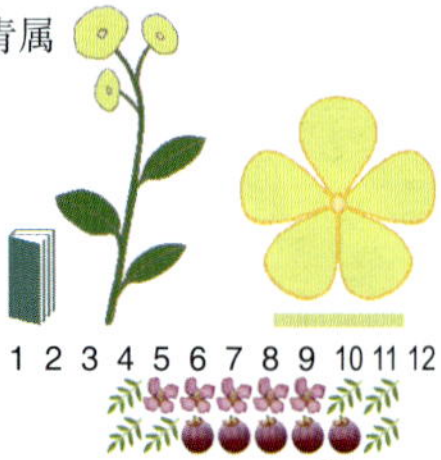

多年生草本，高25～60 cm。须根簇生；茎直立，被黄色毛；基生叶为大头羽状复叶，下部茎生叶为三小叶①，上部茎生叶为单叶浅裂；托叶草质，绿色，边缘有粗锯齿；花两性，单生或呈伞房状；花梗密被硬毛，花黄色④；聚合果卵球形，瘦果被长硬毛，宿存花柱顶端有小钩③。

分布于路边林缘。喜光和湿润。

相似种：龙芽草【*Agrimonia pilosa*，蔷薇科 龙牙草属】多年生草本。根呈块茎状；茎被柔毛；奇数羽状复叶，小叶3～9枚②；托叶草质，绿色，边缘有尖锐锯齿；小叶片下面脉上伏生柔毛，有粗锯齿；总状花序顶生，花黄色⑤；果实倒卵状圆锥形，顶端有数层钩刺。分布于山地丘陵林缘或空旷处。

柔毛水杨梅果为聚合瘦果，宿存花柱顶端有小钩；龙芽草为瘦果，包藏于具钩刺的萼筒内。

元宝草 藤黄科 金丝桃属

Hypericum sampsonii

Sampson St. John's wort | yuánbǎocǎo

多年生草本。茎直立，圆柱形，无腺点，上部具分枝；叶片长椭圆状披针形，长3～6.5 cm，宽1.5～2.5 cm，先端圆钝，对生叶基部合生为一体，茎贯穿其中心①，全面散布黑色斑点及透明腺点；聚伞花序顶生或腋生，花黄色①；蒴果卵圆形，有黄褐色囊状腺体。

分布于山坡草丛中或路边。喜湿润。

相似种：蜜腺小连翘【*Hypericum seniawinii*，藤黄科 金丝桃属】全株光滑无毛。叶近长圆形，基部浅心形，略抱茎，全面具透明腺点，下面沿叶缘有黑色腺点③；无叶柄或近无柄；聚伞花序生于分枝或茎的顶端，花黄色②；蒴果卵球形。分布于山坡、草地或林缘。

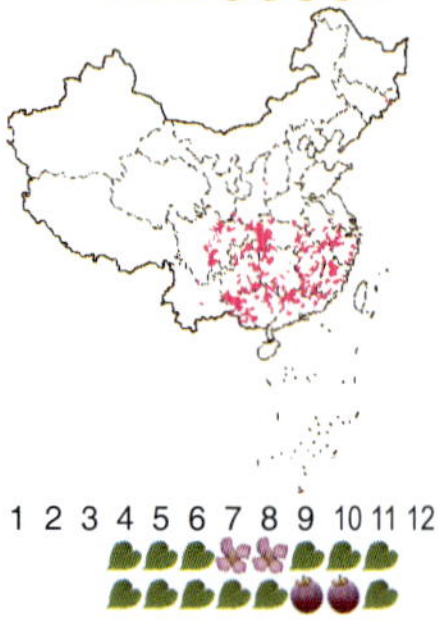

元宝草叶片基部合生为一体；蜜腺小连翘叶片基部不合生。

1
3
4
2
5

1
2
3

田麻　椴树科 田麻属

Corchoropsis crenata

Tomentose Corchoropsis　| tiánmá

一年生草本。枝有星状柔毛；单叶互生，叶片卵形或卵状披针形，长2.5 ~ 6 cm，宽1 ~ 4 cm，边缘有钝锯齿，两面被短柔毛；花黄色，单生叶腋①；蒴果角状圆筒形，顶端尖，三瓣裂。

分布于山谷路边草丛。

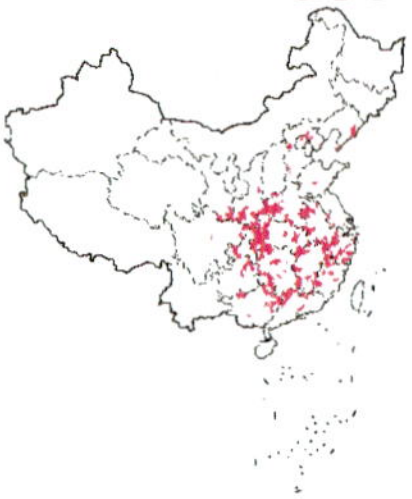

相似种：甜麻【*Corchorus aestuans*，椴树科 黄麻属】一年生草本。枝密生褐色长柔毛；叶片卵形或长卵形，三出脉；聚伞花序腋生，花小，黄色；蒴果圆筒形，有棱和狭翅，顶端有3 ~ 5角状突起②。分布于山坡路边。**单毛刺蒴麻**【*Triumfetta annua*，椴树科 刺蒴麻属】半灌木状草本。茎一侧有柔毛；叶卵形，边缘有粗锯齿；聚伞花序腋生，花黄色；蒴果扁球形，密被钩刺③。分布于山坡路边；阳生。

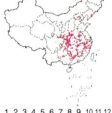

田麻蒴果无棱，先端尖；甜麻蒴果有棱，先端具角状突起；单毛刺蒴麻果实表面具钩刺，扁球形。

聚花过路黄　临时救　报春花科 珍珠菜属

Lysimachia congestiflora

Denseflower Loosestrife　| jùhuāguòlùhuáng

多年生匍匐草本①。基部节间生不定根，上部稍直立，密被多节长柔毛；叶对生，卵形至宽卵形，长1.5 ~ 4 cm，宽0.7 ~ 2 cm，两面疏具伏毛，边缘散生红色或黑色腺点；花簇生枝顶，黄色②；蒴果球形。

分布于空旷地。喜湿润。

相似种：巴东过路黄【*Lysimachia patungensis*，报春花科 珍珠菜属】多年生匍匐草本。全株密被棕黄色多节腺毛；叶对生，宽卵形③，边缘具透明或带红色腺条；花2 ~ 4朵生于叶腋，花冠黄色，基部橘红色④。分布于山地林缘或林下；喜阴湿。

聚花过路黄分枝稍上升，花集生于枝顶；巴东过路黄茎匍匐延伸，花生于叶腋。

1

2

3

1

3

2

4

长梗过路黄 长梗排草 报春花科 珍珠菜属

Lysimachia longipes

Longstalk Loosestrife | chánggěngguòlùhuá ng

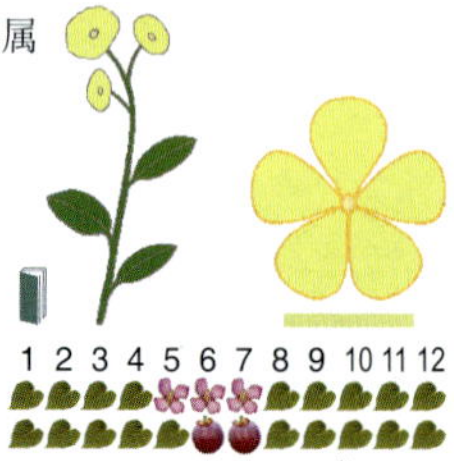

多年生直立草本①。全体无毛，茎上部有分枝；叶对生，基生叶红褐色或具斑纹③，茎生叶卵状披针形，长4 ~ 9 cm，宽0.8 ~ 3.2 cm②，两面散生暗红色腺点和短腺条，无柄或近无柄；伞房状总状花序，花黄色，花梗纤细，长1 ~ 3.5 cm④；蒴果球形。

分布于山地阔叶林下。喜阴湿。

基生叶具多样颜色和斑纹，茎生叶无柄或近无柄，花梗纤细。

龙珠 茄科 龙珠属

Tubocapsicum anomalum

Dragonpearl | lóngzhū

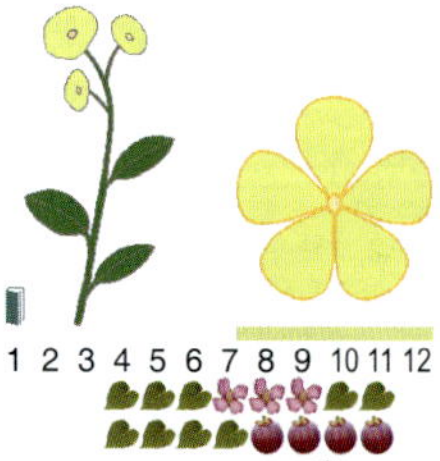

多年生草本。茎直立，二歧分枝开展①；叶互生，叶片卵形或椭圆形④，长4 ~ 18.5 cm，宽2 ~ 8 cm，全缘或波状，两面疏生柔毛；花簇生于叶腋，花梗细弱下垂，花冠淡黄色③，花萼顶端不裂，平截；浆果球形，熟时红色有光泽②；宿存花萼稍增大；种子多数，扁圆形。

分布于山地沟谷林下或林缘。喜阴。

浆果鲜艳红色，宿存萼稍增大如碟状。

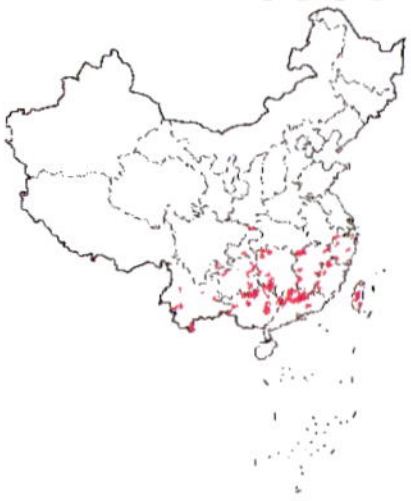

1

3

2

4

1

3

2

4

败酱 黄花败酱 败酱科 败酱属

Patrinia scabiosifolia

Yellow Patrinia | bàijiàng

多年生草本①。根状茎细长横走（揉之有特殊气味），茎直立，仅一侧被粗毛；基生叶丛生，花时枯萎，叶片卵形或长卵形，不裂或羽状分裂，长3～11 cm，宽1～3 cm；茎生叶对生，羽状深裂，顶生裂片大；伞房状聚伞花序顶生②，花小，黄色③；瘦果椭圆形，长3～4 mm，有窄边。

分布于山地疏林或路边。

相似种：异叶败酱【*Patrinia heterophylla*，败酱科 败酱属】别名墓头回。聚伞花序顶生或腋生，花淡黄色或黄白色④；瘦果具翅状苞片，长达12 mm。分布于山地草丛或路边。

败酱花金黄色，茎仅一侧有毛；异叶败酱花淡黄色，茎稍被短毛，翅状瘦果较长。

萱草 百合科 萱草属

Hemerocallis fulva

Yellow Daylily | xuāncǎo

多年生草本①。根状茎短；有多数肉质纺锤状根。叶基生，叶片宽线形，长40～80 cm，宽1.0～2.8 cm。花莛直立，高可达1.2 m，圆锥花序；花长7～12 cm，橘黄色②至橙红色④；蒴果椭圆形，具钝3棱；种子黑色③。

分布于山坡疏林下或沟边。喜湿润。

花大型，橘黄色至橙红色，鲜艳。

1

2

3

4

1

2

3

4

宝铎草 百合科 万寿竹属

Disporum sessile

Common Fairybells | bǎoduócǎo

多年生草本。根状茎肉质，横生，直径约5 mm；茎直立，上部有分枝；叶互生，具短柄①；叶片薄纸质，卵形至披针形，长4～10 cm，宽1.5～5 cm，弧状平行脉③；伞形花序着生于枝顶，花黄色或黄绿色③，俯垂②；浆果成熟时黑色④。

分布于山地林下或灌丛中。喜阴。

茎有分枝，叶脉弧状；花下垂。

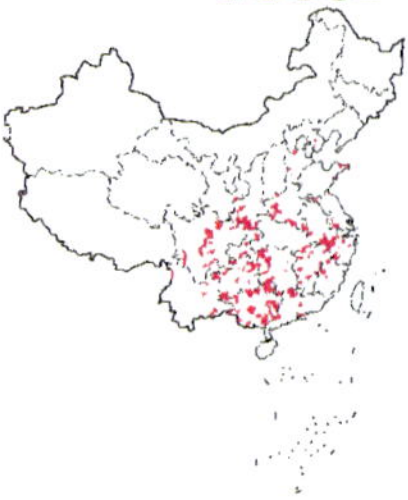

腺毛阴行草 玄参科 阴行草属

Siphonostegia laeta

Glandularhair Siphonostegia | xiànmáoyīnxíngcǎo

一年生草本。全株干后变为黑色，被腺毛；茎直立，中空，上部分枝；叶对生，叶片三角状长卵形，不等大，长约1.5～2.5 cm，宽0.8～1.5 cm①，羽状浅至深裂。总状花序生于枝顶，花对生，苞片叶状②；花萼筒状钟形，花冠黄色，二唇形③；蒴果卵状长圆形，包藏于宿存的花萼内。

分布于山地林缘或路边。

全株被腺毛，对生叶片羽裂，花黄色。

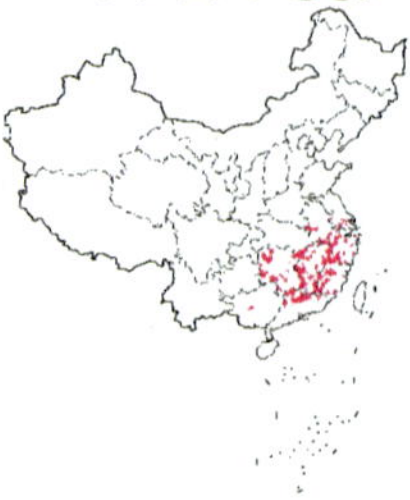

金兰 兰科 头蕊兰属

Cephalanthera falcata

Gold Orchid | jīnlán

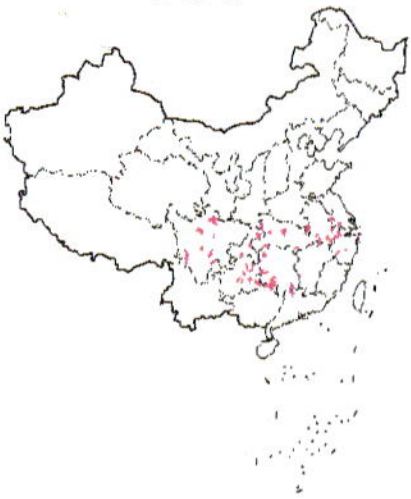

多年生地生兰。根状茎短而不明显，具多数细长的根。茎直立，具叶3～7枚，叶片椭圆形至卵状披针形，长8～15 cm，宽2～4.5 cm，基部鞘状抱茎①；总状花序顶生，具花5～10朵②，花黄色，不完全展开③。

分布于山地林下。喜阴湿。

多年生地生兰，茎直立，花黄色鲜艳。

小沼兰 兰科 沼兰属

Malaxis microtatantha

Small Bogorchis | xiǎozhǎolán

多年生地生兰。假鳞茎球形，直径3～6 mm，肉质，绿色。叶1枚①，生于假鳞茎顶端；叶片近圆形至椭圆形，长1～2.7 cm，宽0.6～2.8 cm，稍肉质；叶柄长3～10 mm；花莛纤细，总状花序，密生多数花①；花小，黄色。

分布于山地林下岩石上。喜湿润。

相似种： 带唇兰【*Tainia dunnii*，兰科 带唇兰属】地生兰。根状茎匍匐伸长，节上生假鳞茎；假鳞茎长圆柱形，紫褐色，顶生叶1枚；叶具长柄，叶片长椭圆状披针形，长15～22 cm，宽0.6～3 cm，禾叶状②；花莛直立，从假鳞茎侧面的根状茎上长出，纤细②，高达30～60 cm，总状花序疏生花10余朵；花淡黄色，有褐色斑纹③。分布于山地林下；喜阴湿。

小沼兰叶近圆形至椭圆形；带唇兰叶长椭圆状披针形。

1
2
3

1
2
3

一枝黄花 菊科 一枝黄花属

Solidago decurrens

Common Goldenrod | yìzhīhuánghuā

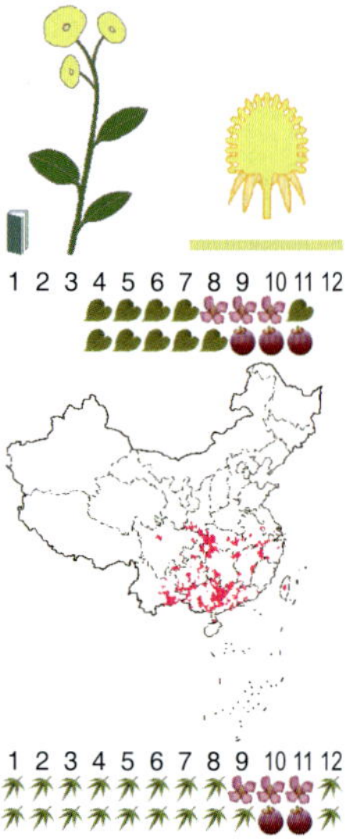

多年生草本。茎直立，分枝少，单叶互生，叶片卵圆形至披针形，长4～10 cm，宽1.5～4 cm，边缘具锐锯齿，向上逐渐变小至全缘①。头状花序，排列成总状或圆锥状；花黄色②；瘦果除端部具白色冠毛外，近无毛。

分布于山地疏林下或林缘。稍喜光。

相似种： 野菊【*Chrysanthemum indicum*，菊科 菊属】多年生草本。茎直立，上部有分枝；叶互生，基生叶在花期枯萎，中部叶卵形至长圆状卵形，长3～9 cm，宽1.5～3 cm，羽状深裂，上部叶片减小，边缘有粗齿，全部叶片有腺体和柔毛；头状花序排列成伞房状，黄色③；瘦果扁平，黑色，无冠毛。分布于山地向阳处；喜光。

一枝黄花叶片不裂，花序排成总状或圆锥状；野菊叶片羽裂，花序排成伞房状。

蒲儿根 菊科 蒲儿根属

Sinosenecio oldhamianus

Oldham Groundsel | pú'érgēn

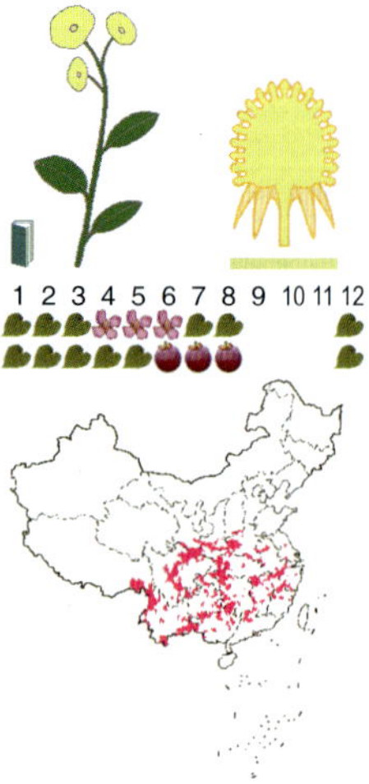

二年生草本，无乳汁。茎直立，上部多分枝①，下部被白色蛛丝状绵毛；叶互生，下部叶心状圆形至宽卵状心形，长2～7 cm，宽2～5 cm，边缘具不规则三角状齿，下面密被白毛②，上部叶渐小；头状花序在枝顶排列成复伞房状，总花梗纤细；花黄色③。

分布于山地林缘和河滩。喜湿润。

直立草本，植物体被白色蛛丝状毛，花序顶生。

①
②
③

①
②
③

露珠草 牛泷草 柳叶菜科 露珠草属

Circaea cordata

Cordate Dewdropgrass | lùzhūcǎo

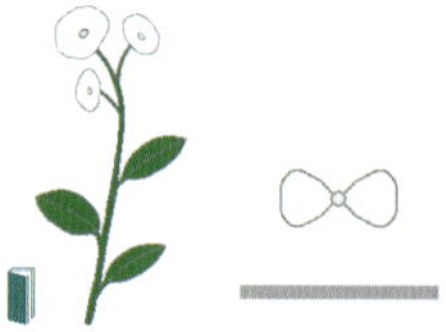

多年生草本。茎直立，密被短腺毛和长柔毛，分枝少，单叶对生，叶片狭卵形至宽卵形①，长2.5 ~ 11 cm，宽4 ~ 7 cm，基部常浅心形，先端渐尖，边缘具疏钝齿，上面沿脉疏被毛，下面无毛；叶柄长2 ~ 3.5 cm；总状花序顶生或腋生于上部，花后伸长，花序轴疏生腺毛；萼片反折，花瓣2，白色，先端2深裂②；果实坚果状，球形，密被钩状毛③。

分布于山地林下。喜阴湿。

多年生草本，单叶对生，茎密被短腺毛和长柔毛，果实表面被钩状毛。

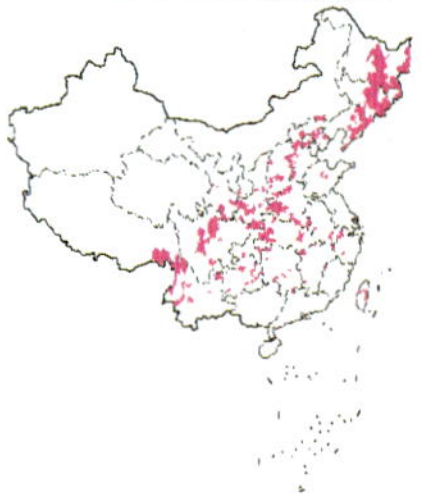

箭叶淫羊藿 三枝九叶草 小檗科 淫羊藿属

Epimedium sagittatum

Sagittate Barrenwort | jiànyèyínyánghuò

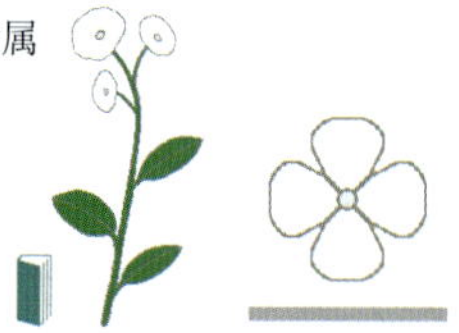

多年生草本。根状茎粗短，结节状，木质，多细长须根。地上茎直立，茎生1 ~ 3张复叶①，复叶三出②；顶生小叶卵状披针形，长4 ~ 20 cm，宽3 ~ 8.5 cm，小叶片上面无毛，下面疏生长柔毛，边缘具芒状齿；侧生小叶箭形，基部不对称；总叶柄细长；圆锥花序顶生；蓇葖果顶端具宿存花柱，卵圆形③。

分布于山地林下。喜阴。

茎生1 ~ 3张复叶，复叶三出。

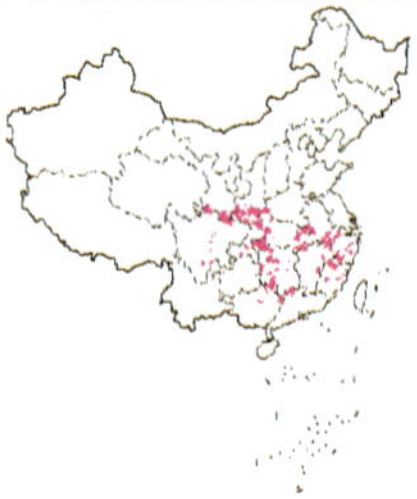

1

2

3

1

2

3

血水草　　罂粟科 血水草属

Eomecon chionantha

Snowpoppy　| xuèshuícǎo

多年生草本，无毛。根状茎粗短；叶基生，通常2～4枚；叶片卵状心形，长4.5～15 cm，宽4～12 cm，边缘宽波状①，上面绿色，下面有白粉，基出脉5～7条，叶柄长10～35 cm；聚伞花序伞房状①；萼片2，下部合生，船形，花瓣白色①；蒴果长椭圆形。

分布于山地林下，常成片生长。喜阴湿。

多年生无毛草本，植物体折断后有黄色汁液。

臭节草　松风草　芸香科 石椒草属

Boenninghausenia albiflora

White Chinarue　| chòujiécǎo

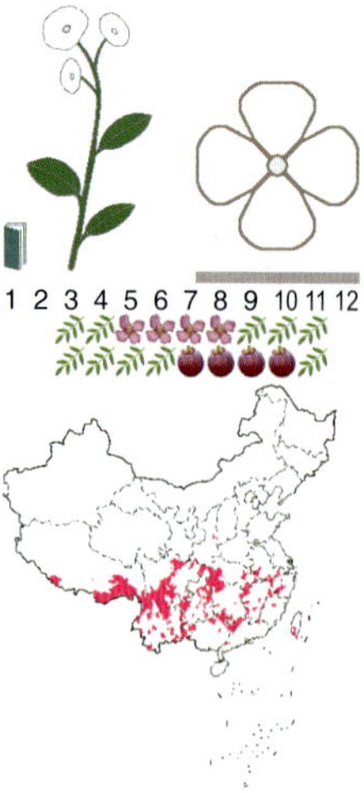

多年生宿根草本。基部常木质，嫩枝中空。二回羽状复叶；小叶片薄纸质，倒卵形至椭圆形，长1～2 cm，宽0.5～1.8 cm，两面无毛，有半透明油点①；聚伞花序生于枝顶；花白色①，有透明油点；蓇葖果开裂，果瓣有明显黄色腺点。

分布于山地林下。喜阴湿。

多年生宿根草本，全株有浓烈气味，二回羽状复叶。

1

1

金荞麦 野荞麦 蓼科 荞麦属

Fagopyrum dibotrys

Gold Buckwheat | jīnqiáomài

多年生草本。地下有粗大结节状块根；茎直立，中空；叶片宽三角形，基部心状戟形①，边缘及两面脉上具乳头状突起；托叶鞘膜质，筒状，无缘毛；花序排列成伞房状，白色②；瘦果3棱形，伸出宿存的花被外。

分布于山坡荒地或水沟边。喜光和湿润。

相似种： 虎杖【*Reynoutria japonica*，蓼科 虎杖属】多年生宿根草本，高达1～2 m。地下有横走木质的根茎，地上茎丛生③，粗壮直立，圆柱形，中空，表面有沟纹，常散生红色或紫色斑点④；单叶互生，叶片宽卵形至卵状椭圆形，长5～12 cm，宽4～9 cm，全缘，下面有褐色腺点；托叶鞘圆筒形，膜质；花单性，雌雄异株，排列成开展的圆锥花序；花绿白色或白色；瘦果3棱形，黑褐色，全部包藏于翼状扩大的花被内⑤。分布于山谷沟边；喜光和湿润。

金荞麦叶片宽三角形，花序排列成伞房状；虎杖叶片宽卵形至卵状椭圆形，圆锥花序。

虎耳草 虎耳草科 虎耳草属

Saxifraga stolonifera

Creeping Rockfoil | hǔ'ěrcǎo

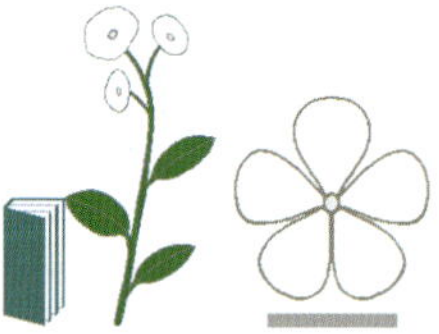

多年生草本。匍匐茎细长分枝；单叶，叶片肉质，圆形或肾形①；花序疏圆锥状；花不整齐，上方3枚花瓣小，有紫红色斑点，下方2枚大，无斑纹②；蒴果宽卵形，顶端呈喙状，2深裂。

分布于山地林下。喜阴湿。

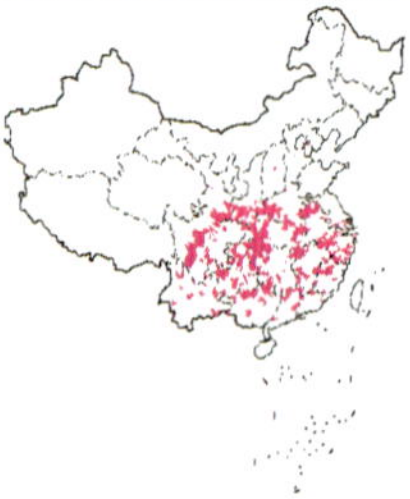

相似种： 黄水枝【*Tiarella polyphylla*，虎耳草科 黄水枝属】多年生草本。茎通常不分枝，被白色的长柔毛或腺毛；单叶常3～5浅裂，边缘有浅齿；总状花序，花白色或淡红色；蒴果膜质，上部分离为不等长的两角③。分布于山地林下；喜阴湿。大叶火焰草【*Sedum drymarioides*，景天科 景天属】一年生草本，全体被腺毛。茎细弱；下部叶对生或4枚轮生，上部叶互生，叶片卵形至宽卵形，基部宽楔形并下延成柄；圆锥花序，花瓣白色④；蓇葖果成熟时叉开，分果常5枚。分布于低山林下或路边岩石上；喜阴湿。

虎耳草匍匐，叶圆形或肾形；黄水枝直立，叶常3～5浅裂；大叶火焰草茎细弱，叶卵形。

1

3

2

4

5

1

3

2

4

红马蹄草 伞形科 天胡荽属

Hydrocotyle nepalensis

Nepal Pennywort | hóngmǎtícǎo

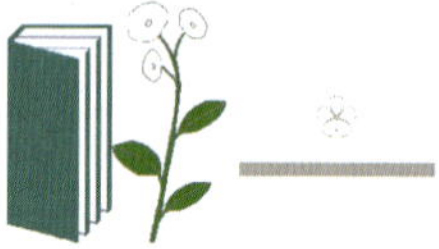

多年生草本。茎匍匐，节上生根，分枝斜上①；叶片肾形至圆形，长2 ~ 6 cm，宽2.5 ~ 8 cm，叶片边缘5 ~ 9浅裂，有钝锯齿，叶脉掌状②，两面疏生短硬毛；单伞形花序簇生于叶腋或茎端，花序的总花梗短于叶柄，小伞形花序有花20 ~ 60朵，花近无梗，密集成球形；花白色；果实近圆形，有棱②。

分布于山地路旁或溪沟边。喜阴湿。

相似种：积雪草【*Centella asiatica*，伞形科 积雪草属】多年生草本。茎匍匐，节上生根；叶片圆肾形，长1.5 ~ 4 cm，边缘有钝锯齿③，近无毛；伞形花序聚生于叶腋④。广布于山地丘陵较阴湿处。

红马蹄草叶5 ~ 9浅裂；积雪草叶不裂。

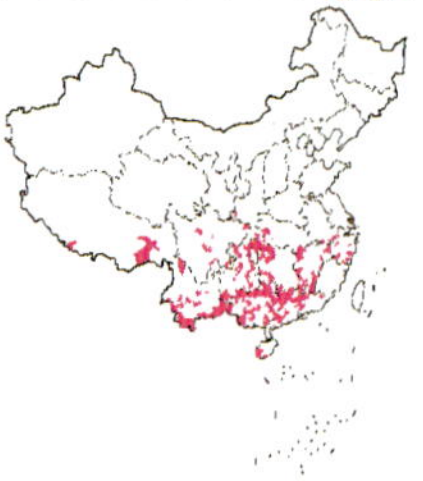

薄片变豆菜 伞形科 变豆菜属

Sanicula lamelligera

Laminated Sanicle | báopiànbiàndòucài

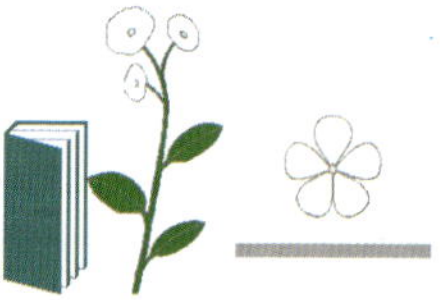

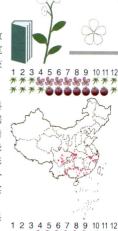

多年生草本。根状茎短，茎直立，上部有少数分枝；基生叶多，叶片掌状3全裂，长2 ~ 6 cm，宽1.5 ~ 3 cm，叶缘具齿芒状锯齿；花序二至四回二岐分枝①；果实长卵形，表面具短而直的皮刺。

分布于沟谷两侧林下。喜阴湿。

相似种：变豆菜【*Sanicula chinensis*，伞形科 变豆菜属】叶掌状3全裂或5裂，边缘具齿芒状重锯齿；花序二至三回叉状分枝；果实卵圆形，萼齿宿存，成喙状突出，皮刺顶端钩状②。分布于林缘路边；喜阴。鸭儿芹【*Cryptotaenia japonica*，伞形科 鸭儿芹属】多年生草本。茎直立；叶片三出式分裂，边缘有尖锯齿；复伞形花序呈圆锥状③；果实线状长圆形，具棱。分布于阴湿处。

薄片变豆菜果表面具短而直的皮刺；变豆菜果表面皮刺顶端钩状；鸭儿芹果表面具棱，无刺。

1

3

2

4

1

2

3

白花前胡 前胡 伞形科 前胡属

Peucedanum praeruptorum

Hogfennel | báihuāqiánhú

多年生草本。根圆锥状，有分枝，揉之香味明显②；茎粗大，外面有纵棱，基部有多数褐色叶鞘纤维；基生叶柄长5～15 cm，叶片轮廓宽卵形至三角状卵形，二至三回三出式羽状分裂，末回裂片菱状倒卵形，长3～4 cm，宽1～3 cm，有锯齿①；复伞形花序顶生③，花白色④；果实椭圆形，有棱和狭翅。

分布于山地向阳山坡。喜光，喜肥沃疏松土壤。

多年生草本，根圆锥状，叶为二至三回三出式羽状分裂，大型的白色复伞形花序。

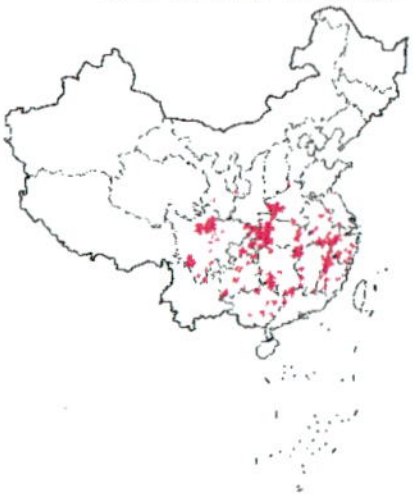

鹿蹄草 鹿蹄草科 鹿蹄草属

Pyrola calliantha

Pyrola | lùtícǎo

多年生常绿草本。根状茎细长；叶3～7片，近基生；叶片革质，卵圆形或近圆形，长3～6 cm，宽2～5 cm，边缘近全缘或有浅齿①；总状花序有花5～10朵，花稍下垂，花柱伸出，花白色①；蒴果扁球形，果时花柱和花萼宿存。

分布于山地林下。喜阴。

叶上面常具白色网纹，下面淡紫色。

1

3

2

4

1

假婆婆纳　报春花科 假婆婆纳属

Stimpsonia chamaedryoides

Common Stimpsonia　| jiǎpópónà

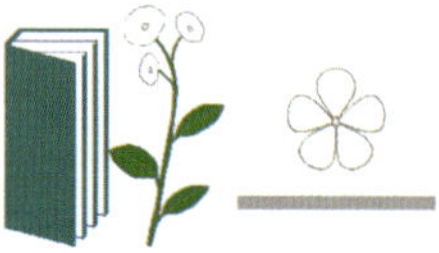

一年生小草本。全株被腺毛。基生叶卵形，叶片长1 ~ 2.5 cm，宽0.7 ~ 1.3 cm，边缘有锯齿，两面具毛和腺点，叶柄长0.5 ~ 1.0 cm；茎生叶宽卵形，边缘缺刻状，上部逐渐变小成苞片状①；花单生于茎中上部的叶腋，高脚碟状，花冠白色①或淡紫色②。

分布于山地林下。喜阴湿。

相似种：点地梅【*Androsace umbellata*，报春花科 点地梅属】两年生草本。全株密被灰白色柔毛。基生叶莲座状，叶片圆形，边缘具粗大三角状齿。花梗纤细，花高脚碟状，白色③；蒴果近球形。生于路边、田野；喜湿润。

假婆婆纳同时具基生叶和茎生叶；点地梅叶全部基生。

珍珠菜　矮桃　报春花科 珍珠菜属

Lysimachia clethroides

Dwarfpeach Loosestrife　| zhēnzhūcài

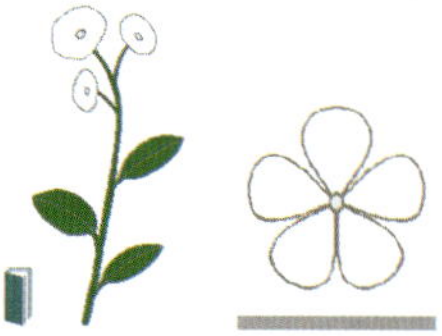

多年生草本①。茎直立，圆柱形；叶互生，叶片椭圆形至长椭圆形，长6 ~ 13 cm，宽2 ~ 5.5 cm，幼时被短毛，两面疏生黑色腺点；总状花序顶生②；花密集，白色③，散生黑色腺点；蒴果球形，具宿存花柱。

分布于林缘。喜湿润。

相似种：星宿菜【*Lysimachia fortunei*，报春花科 珍珠菜属】多年生草本。有横走的匍匐枝，茎直立；叶互生，叶片椭圆形至倒披针形，边缘密生红色腺点；总状花序顶生，细瘦狭窄；花白色④，散生黑色腺点。分布于林缘、路边或田野；喜湿润。

珍珠菜总状花序粗壮，花梗长3 ~ 10 mm；星宿菜总状花序细瘦狭窄，花梗长1 ~ 3 mm。

1
2
3

1
3
2
4

浙江獐牙菜　江浙獐牙菜　龙胆科 獐牙菜属

Swertia hickinii

Zhejiang Swertia　| zhèjiāngzhāngyácài

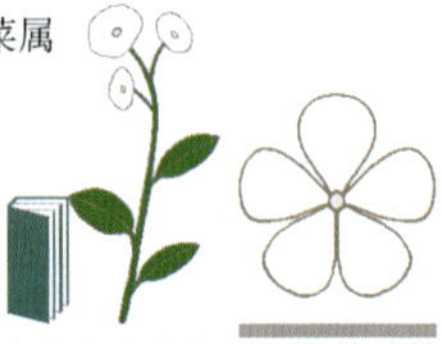

一年生草本。茎直立，具4棱，有分枝。叶对生，长2～4 cm，宽0.3～1 cm，近无柄。聚伞花序生于叶腋，集成圆锥状①；花梗细弱，花冠白色，有紫色条纹，基部有两个长圆形的腺窝，边缘有流苏状毛②；蒴果长椭圆形，2瓣开裂。

分布于山地林缘或疏林下。

相似种：獐牙菜【*Swertia bimaculata*，龙胆科獐牙菜属】多年生草本。茎圆柱形，稍具棱；叶对生，长3～12 cm，宽1.5～5 cm，基部叶有叶柄，茎生叶近无柄。聚伞花序顶生或腋生，组成圆锥状；花淡绿色，花冠中部有两个黄色大斑点③。分布于山坡灌丛中或溪边；喜湿润。

浙江獐牙菜叶狭长椭圆形至倒披针形，花冠基部腺窝边缘有流苏状毛；獐牙菜叶长圆形，花冠中部腺斑无毛。

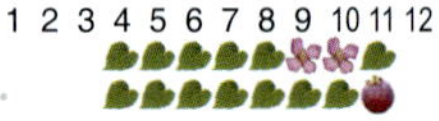

江南散血丹　茄科 散血丹属

Physaliastrum heterophyllum

Diversifolious Blooddisperser　| jiāngnánsànxuèdān

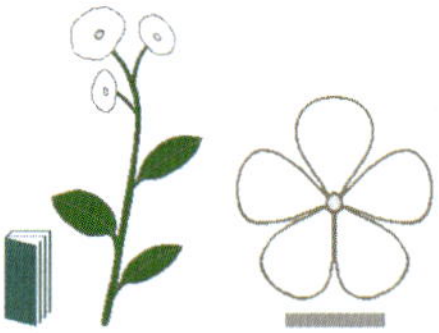

多年生草本。茎直立，节稍膨大，上部分枝，幼时有细柔毛；叶片草质，卵形或卵状椭圆形，长9～14 cm，宽4.5～7 cm，基部偏斜，全缘或略波状，两面疏生细毛；花1～2朵生于叶腋或枝腋，花冠宽钟状，浅5裂，淡黄白色①；花萼在果后增大成球状，紧包浆果，外面具不规则小凸起②。

分布于沟谷林下。喜阴湿。

相似种：苦蘵【*Physalis angulata*，茄科 酸浆属】一年生草本。全株有短柔毛；叶片宽卵形或卵状椭圆形，长2～5 cm，全缘或波状③；花萼钟状，果时膨大成膀胱状，完全包被浆果，有棱④。分布于林缘路边。

江南散血丹果萼紧贴浆果；苦蘵果萼增大成膀胱状，完全包围但不紧贴浆果。

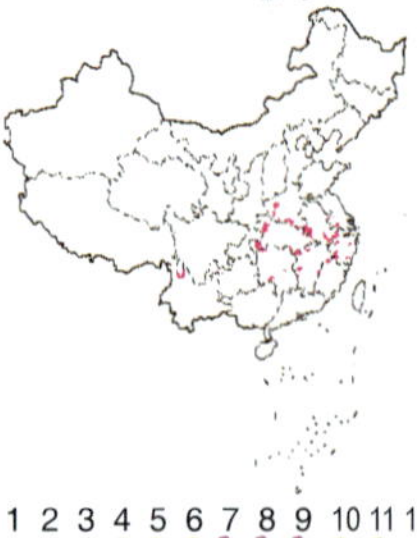

①

②

③

①

③

②

④

海桐叶白英　茄科 茄属

Solanum pittosporifolium

Seatung Nightshade　| hǎitóngyèbáiyīng

蔓状半灌木①。小枝纤细无毛；叶互生，披针形至卵状披针形，长3～9 cm，宽1～3 cm，全缘，两面无毛；聚伞花序疏散分叉；花冠白色或淡紫色，反卷①；浆果球形，熟时鲜红色②。

分布于沟谷林下。喜阴湿。

相似种：白英【*Solanum lyratum*，茄科 茄属】多年生草质藤本。茎与小枝密被长柔毛；叶互生，琴形或卵状披针形，基部大多为戟形3～5裂，裂片全缘；聚伞花序，花白色或蓝紫色③；浆果球形，成熟时红色④。广布于林缘或空旷处。

海桐叶白英植株光滑无毛；白英植株有多节长柔毛。

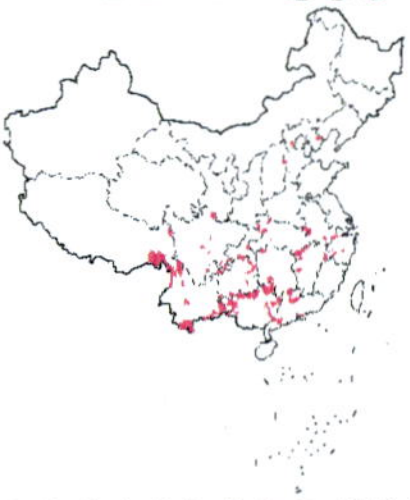

假水晶兰　球果假水晶兰　鹿蹄草科 假水晶兰属

Monotropastrum humile

Dwarf Cheilotheca　| jiǎshuǐjīnglán

多年生腐生草本。菌根密集成鸟巢状；地上部分肉质，白色，半透明；叶鳞片状互生，长1～2 cm，宽0.5～1 cm①；花单生茎顶，下垂，钟形，柱头肥大，铅蓝色①；浆果卵球形。

分布于山地阔叶林下。

腐生草本，地上部分无叶绿素。

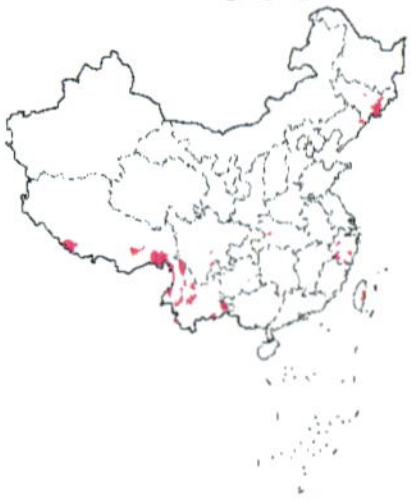

1

3

2

4

1

日本蛇根草 蛇根草 茜草科 蛇根草属

Ophiorrhiza japonica

Japanese Ophiorrhiza | rìběnshégēncǎo

多年生草本①。茎直立，密被锈色毛；单叶对生，叶卵形至椭圆形，长2.5～8 cm，宽1.3～3 cm，全缘。聚伞花序顶生②，二歧分枝，密被柔毛，萼筒宽陀螺状球形；花白色，内面密被毛③；蒴果扁平，菱形④。

分布于沟谷边林下。喜阴湿。

叶下面常呈红褐色，聚伞花序顶生，蒴果扁平，菱形。

接骨草 忍冬科 接骨木属

Sambucus javanica

China Elder | jiēgǔcǎo

多年生草本或半灌木。茎圆柱形，具紫褐色棱，髓白色；奇数羽状复叶对生，小叶3～9，侧生小叶片披针形至椭圆状披针形，长5～17 cm，宽2.5～6 cm②；复伞形花序大而疏散，顶生；花白色③；浆果状核果，熟时橙红色①。

分布于沟谷林缘。喜阴湿。

高大草本或半灌木，茎有棱，花间杂有不孕花变成的黄色杯状腺体，叶片揉碎后有臭味。

1

3

2

4

1

2

3

白花败酱　败酱科 败酱属

Patrinia villosa

White Patrinia　| báihuābàijiàng

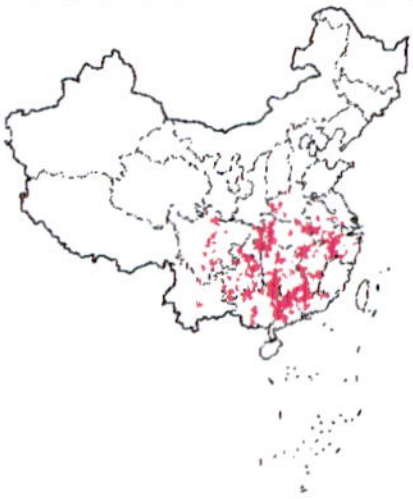

多年生草本。地下根状茎长而横走，茎直立，多少被毛；基生叶丛生，宽卵形或近圆形，叶片不裂或大头状深裂①；茎生叶对生，叶片披针形或宽卵形，长4～11 cm，宽2～5 cm，羽状分裂或不裂③，两面疏生粗毛。聚伞花序多分枝，排列成圆锥花序；花白色②；瘦果倒卵形，有圆翅状膜质苞片，直径约5 mm④。

分布于林缘路边。

多年生草本，根状茎具特殊气味，花白色，瘦果翅果状。

白穗花　百合科 白穗花属

Speirantha gardenii

Whitespike　| báisuìhuā

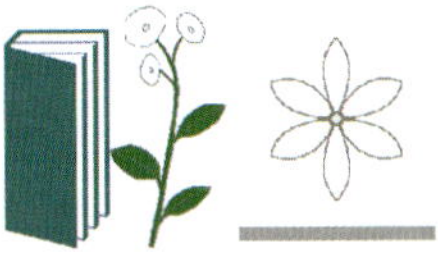

多年生草本。根状茎圆柱形斜生①，节上有细长的地下走茎，植株基部包有纤维状鞘；叶基生，4～8枚，倒披针形至长椭圆形，长10～20 cm，宽3～5 cm③；花莛侧生，总状花序，花白色；浆果近圆球形①。

分布于山地沟谷林下。喜阴湿。

相似种：杜若【*Pollia japonica*，鸭跖草科 杜若属】多年生草本。茎直立，基部匍匐；叶片椭圆形至长圆形②，长20～30 cm，宽3～6 cm，两边稍粗糙，叶鞘疏生糙毛；圆锥花序顶生，由轮生的聚伞花序组成；花梗被白色短柔毛，萼片舟状，花白色②；浆果球形，成熟时蓝黑色②。分布于山地沟谷林下；喜阴湿。

白穗花叶全部基生，杜若有茎生叶。

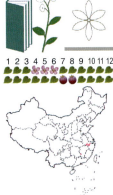

1

3

2

4

1

2

3

油点草　粗柄油点草　百合科 油点草属

Tricyrtis macropoda

Toadlily　| yóudiǎncǎo

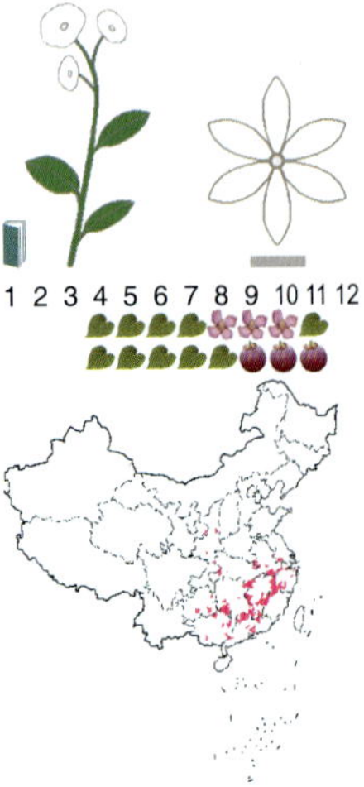

多年生草本。须根肉质；茎单一，直立；叶互生，卵形至卵状长圆形，长8 ~ 15 cm，宽4 ~ 10 cm，基部近心形抱茎而近无柄，边缘具短糙毛，散生油迹状斑点②；二歧聚伞花序顶生兼腋生①；花白色，散生紫红色斑点，花柱柱头三裂，每裂再二分枝，密生颗粒状腺毛③；蒴果三棱柱形④。

分布于山地疏林下。

多年生草本，单叶互生，叶上面散生油迹状斑点。

荞麦叶大百合　百合科 大百合属

Cardiocrinum cathayanum

China Largelily　| qiáomàiyèdàbǎihé

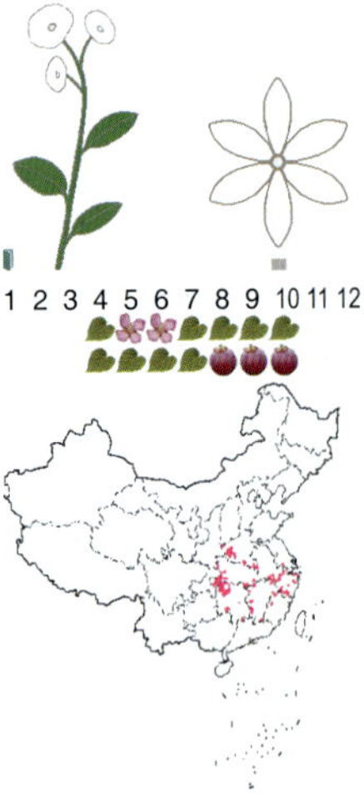

多年生草本②。茎高可达1.5 m，无毛；基生叶的叶柄基部膨大成鳞茎；叶基生兼茎生，基生叶宽大③，长10 ~ 22 cm，宽6 ~ 16 cm，基部近心形，先端急尖，茎生叶往上逐渐变小；总状花序有花3 ~ 5朵，花蕾时紧缩成卵球形③；花白色，内具紫色条纹，喇叭形①，花瓣长达16 cm；蒴果近圆球形，具棱。

分布于山地沟谷林下。喜阴湿。

基生叶宽大；花大型，喇叭状，外观为白色。

1
3
2
4

1
2
3

野百合 百合科 百合属

Lilium brownii

Brown Lily | yěbǎihé

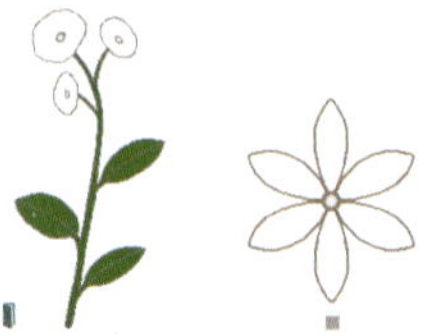

1 2 3 4 5 6 7 8 9 10 11 12

多年生草本。鳞茎圆球形，具多数肉质鳞片；叶互生，叶片披针形至线状披针形①，长7～15 cm，宽0.6～1.5 cm。花单生或数朵生于茎顶，喇叭形，乳白色，稍下垂②；蒴果长圆形。

分布于山坡林缘草丛中。喜光。

相似种：药百合【*Lilium speciosum* var. *gloriosoides*，百合科 百合属】鳞茎扁球形；叶片宽披针形至卵状披针形，长2.5～10 cm，宽2.5～4 cm，向上逐渐变小呈苞片状；花白色，内面散生紫红色斑点，花被片反卷③。分布于山坡草地。

野百合花被片无斑点，外弯但不反卷；药百合花被片散生紫红色斑点，反卷。

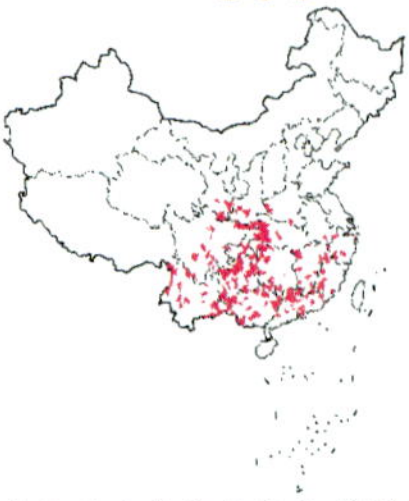

1 2 3 4 5 6 7 8 9 10 11 12

降龙草 半蒴苣苔 苦苣苔科 半蒴苣苔属

Hemiboea subcapitata

Half-capitate Hemiboea | xiánglóngcǎo

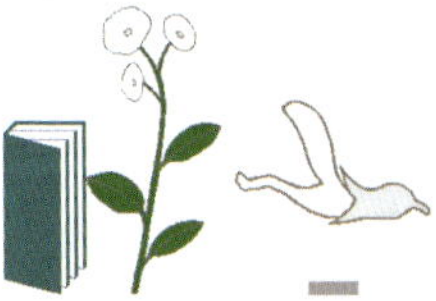

1 2 3 4 5 6 7 8 9 10 11 12

多年生草本①。茎肉质，基部匍匐；叶对生，肉质，椭圆形至倒卵状披针形，长4～25 cm，宽2～11 cm，全缘或波状；叶柄具翅，翅常合生成船形③；聚伞花序，花冠漏斗状筒形，白色，具淡紫色斑点②；蒴果呈镰刀状，长达4 cm④。

分布于沟谷林下。喜阴湿。

肉质草本，茎生叶单叶对生，果实呈镰刀状。

1

2

3

1

3

2

4

杜根藤　爵床科 杜根藤属

Justicia quadrifaria

Calophanoides　| dùgēnténg

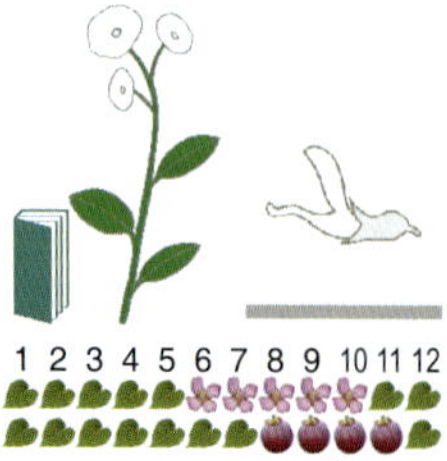

多年生草本。茎直立，略呈4棱形；叶对生，椭圆形至长圆状披针形，长3～13 cm，宽1.2～4 cm，全缘或浅波状①，上面有钟乳体和刚毛，下面沿脉被毛；聚伞花序紧缩，簇生于上部叶腋②，花白色，有红斑，二唇形③；蒴果狭纺锤形，长约9 mm，通常含4粒种子。

分布于山地林下。常成片生长。

茎4棱形，叶长圆状披针形，花冠明显二唇形，蒴果内通常含4粒种子。

透骨草　透骨草科 透骨草属

Phryma leptostachya **subsp.** ***asiatica***

Lopseed　| tòugǔcǎo

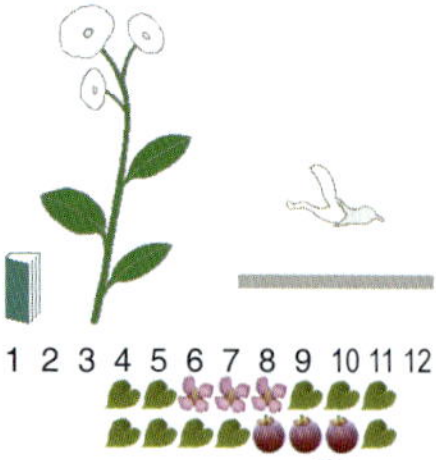

多年生草本。茎直立，四棱形，节间下部常明显膨大，有倒生短柔毛；叶对生，叶片卵形或卵状长椭圆形，长5～10 cm，宽4～7 cm①，边缘有钝锯齿，两面脉上有短毛。总状花序顶生，花小，粉红色或白色，开花前直立，花后下垂，花萼上唇呈钩状②；瘦果包于花萼内，棒状。

分布于山地林缘。喜阴。

多年生草本。茎被倒生短柔毛，节间下部常明显膨大，单叶对生；瘦果包于花萼内，棒状，下垂。

早落通泉草

玄参科 通泉草属

Mazus caducifer

Deciduous Mazus | zǎoluòtōngquáncǎo

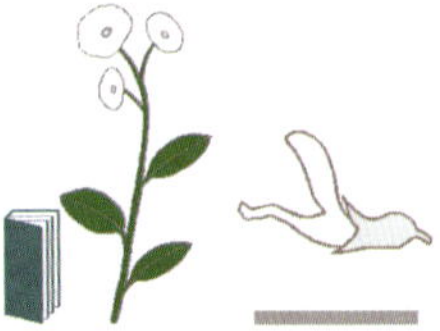

多年生草本。全体被多节白色长柔毛。茎倾斜上升；基生叶片倒卵形，呈莲座状，常早枯落；茎生叶对生，卵状匙形，长3.5 ~ 10 cm，宽1.5 ~ 3.5 cm，边缘有不整齐粗齿①；总状花序顶生，花稀疏，白色或淡蓝紫色②，子房被毛；蒴果圆球形，花萼宿存。

分布于山地林下。

相似种：通泉草【*Mazus pumilus*，玄参科 通泉草属】一年生草本。茎斜生，近无毛，基部分枝；叶片倒卵形；总状花序顶生，花白色或淡紫色③，子房无毛。分布于田间。

早落通泉草全体被多节白色长柔毛；通泉草近无毛。

须毛蔓茎堇菜

匍匐堇 七星莲

Viola diffusa

堇菜科 堇菜属

Sevenstar Lotus | xūmáomànjīngjǐncài

多年生匍匐草本①。全株被长柔毛，稀近无毛。茎顶端具与基生叶大小相似的簇生叶；托叶披针形，边缘有睫毛状齿。叶卵形或长圆状卵形，长2 ~ 5 cm，宽1 ~ 3.5 cm，基部截形或楔形，下延于叶柄，边缘具浅齿。花梗细长，花瓣白色，具紫色脉纹②；蒴果椭圆形。

广布田间和林缘。

相似种：堇菜【*Viola arcuata*，堇菜科 堇菜属】别名如意草。全株无毛。茎直立或斜升③。托叶卵状披针形，疏生小齿④。叶心形③，两面有紫褐色小点，边缘具钝齿。分布于路边草地；喜湿润。

须毛蔓茎堇菜为匍匐草本，叶在茎顶端簇生成莲座状；堇菜直立或斜升，叶在茎上互生。

1
2
3
1
3
2
4

山姜 姜科 山姜属

Alpinia japonica

Japan Galangal | shānjiāng

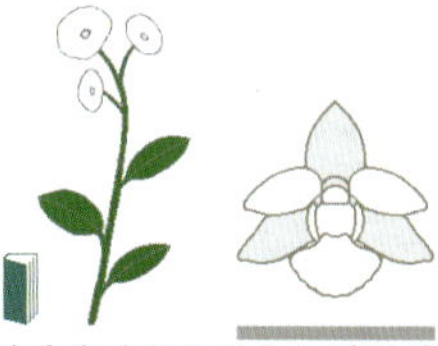

多年生草本。根状茎横走，有节；茎丛生；叶通常2～5枚，长达30 cm，宽3～5 cm，两面被短柔毛；总状花序顶生③，总花梗密被绒毛；花白色，带红色脉纹；蒴果椭圆形，先端具宿存的萼筒①，熟时橙红色。

分布于沟谷林下。喜阴。

相似种：蘘荷【*Zingiber mioga*，姜科 姜属】多年生草本。根末端膨大成块状；茎直立；叶片长达40 cm，宽3～5 cm，两面无毛④；穗状花序椭圆形，贴近地面，花黄白色②；蒴果熟时3瓣裂，内果皮鲜红色，种子被白色假种皮⑤。分布于沟谷林下阴湿处。

山姜花序生于直立茎顶端；蘘荷花序贴近地面。

斑叶兰 兰科 斑叶兰属

Goodyera schlechtendaliana

Spotleaf-orchis | bānyèlán

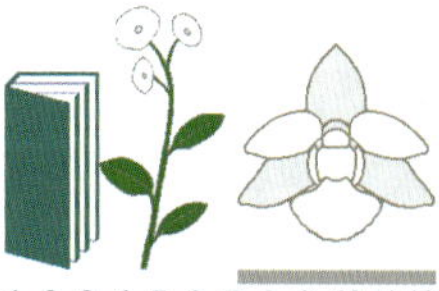

地生兰。茎上部直立，具长柔毛，下部匍匐生长成根状茎，基部具叶4～6枚①；叶卵形或卵状披针形，长3～8 cm，宽0.8～2.5 cm，绿色具黄白色斑纹②；总状花序，花序轴被柔毛，花白色，有时带红色，在花序中偏向一侧③。

分布于山地林下。喜阴。

地生兰，具斑纹的叶。

1

3

4

2

5

1

2

3

十字兰 线叶玉凤花 兰科 玉凤花属

Habenaria schindleri

Crossorchis | shízìlán

地生兰①。块茎肉质，卵球形④；茎直立，散生多枚叶；叶片线形，长5～23 cm，宽0.3～0.9 cm；总状花序顶生②；花白色，唇瓣十字状，侧裂片先端撕裂呈流苏状，距棒状，先端膨大③。

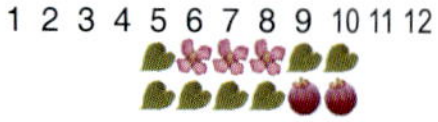

分布于山地沼泽中。喜湿。

地生兰，茎直立，叶片线形，花的唇瓣十字状。

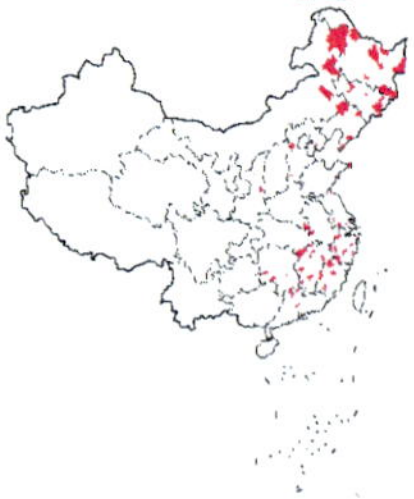

宽叶金粟兰 四片瓦 金粟兰科 金粟兰属

Chloranthus henryi

Broadleaf Chloranthus | kuānyèjīnsùlán

多年生草本。具多数须根，茎直立，数个丛生，有6～7个明显的节；叶对生，通常4片生于茎上部，叶片宽椭圆形至倒卵形，长9～20 cm，宽5～11 cm，边缘有锯齿①，齿端有一腺体，下面脉上有鳞片状毛；顶生穗状花序1～多条，苞片白色，无花被②；核果球形。

分布于沟谷林缘。喜阴湿。

相似种：草珊瑚【*Sarcandra glabra*，金粟兰科草珊瑚属】常绿亚灌木。根状茎粗短，茎具膨大的节；叶对生，革质，边缘具粗锯齿，两面无毛；穗状花序顶生，通常分枝，花黄绿色或淡黄绿色③；核果球形，成熟时红色④。分布于低山沟谷林下；喜阴湿。

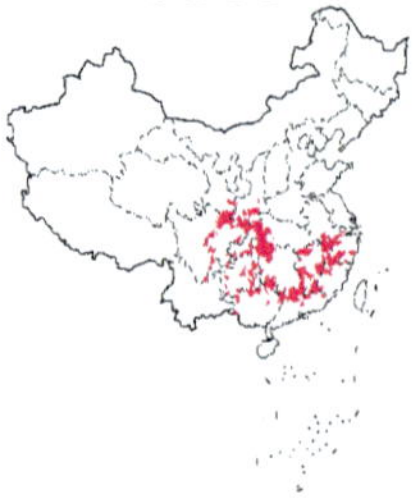

宽叶金粟兰为多年生草本，叶主要长在枝条顶端；草珊瑚为常绿亚灌木，叶在枝条上非顶生。

1

2

3

4

1

2

3

4

三白草　三白草科 三白草属

Saururus chinensis

China Lizardtail　| sānbáicǎo

多年生草本。根状茎粗短，有节；茎直立，具粗棱；叶互生，宽卵形至卵状披针形，长4～20 cm，宽2～6 cm，基部心状耳形，全缘①，基出脉5条，两面无毛；总状花序，花小，位于花序下的2～3片叶常为乳白色花瓣状②，花序轴密被短柔毛。

分布于水塘或沟边。喜湿。

相似种：蕺菜【*Houttuynia cordata*，三白草科蕺菜属】别名鱼腥草。多年生草本。植物体有腥臭味；叶互生，心形或宽卵形，全缘③，两面密生细腺点。穗状花序基部有4枚白色花瓣状总苞片④。分布于林缘路边田间。

三白草花序基部无总苞片；蕺菜花序基部有4枚花瓣状总苞片，植物体有腥臭味。

泽兰　白头婆　菊科 泽兰属

Eupatorium japonicum

Japan Bogorchid　| zélán

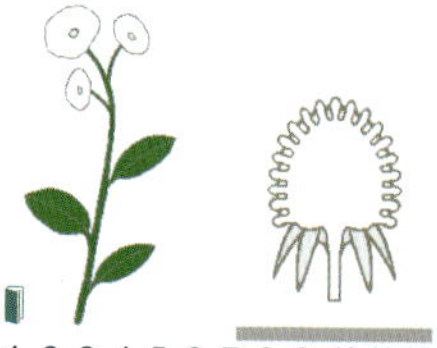

多年生草本。茎直立，上部有分枝，被白色短柔毛；叶对生，椭圆形至披针形，长7～16 cm，宽2～8 cm，边缘有大小不等的锯齿，下面有毛和腺点，叶脉羽状①；头状花序排列成紧密的伞房状，花冠白色或略带紫色②；瘦果椭圆形，具5棱，被黄色腺点，无毛，冠毛白色。

分布于林缘或疏林下。

相似种：华泽兰【*Eupatorium chinese*，菊科泽兰属】别名多须公。多年生草本。茎被短柔毛；叶对生，中部叶片卵形至卵状披针形，基部圆形，边缘有不规则粗锯齿③；头状花序排列成大型疏散的复伞房状，花白色或淡粉色。分布于山坡草丛。

泽兰叶基部楔形，叶柄长1～2 cm；华泽兰叶基部圆形，叶柄长2～4 mm。

奇蒿 六月霜 刘寄奴 菊科 蒿属

Artemisia anomala

Diverse Sagebrush | qíhāo

多年生草本。茎直立，上部常分枝；单叶，长圆形至卵状披针形，长7～11 cm，宽3～4 cm①，边缘有尖锯齿，下面灰绿色；头状花序极多数，无梗，密集于花枝上，排列成大型的圆锥状②。

分布于山地林缘草丛中。

相似种：白苞蒿【*Artemisia lactiflora*，菊科 蒿属】别名四季菜。多年生草本。茎具棱，无毛；叶一至二回羽状深裂，边缘具不规则锯齿，两面无毛；头状花序白色③。分布于沟谷林缘开阔处。

奇蒿叶不分裂，多少被毛；白苞蒿叶羽状深裂，无毛。

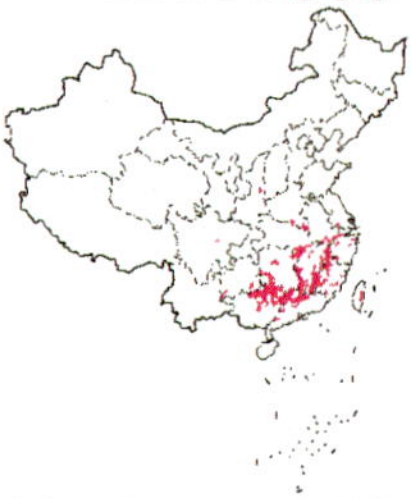

铁灯兔儿风 灯台兔儿风 菊科 兔儿风属

Ainsliaea macroclinidioides

Lampstand Rabbiten-wind | tiědēngtù'érfēng

多年生草本。茎直立，稀分枝②；叶聚生于茎中下部呈莲座状，叶片宽卵形至长圆状椭圆形，长3～8 cm，宽2～4 cm，边缘具短尖头或全缘①；上面无毛，下面被疏长毛；叶柄长3～8 cm；头状花序多数，排列成长穗状或总状，花管顶端5裂①。

分布于山地疏林下。

相似种：杏香兔儿风【*Ainsliaea fragrans*，菊科 兔儿风属】多年生草本。叶5～6片，基部假轮生，全缘，上面绿色，下面有时紫红色，被棕色长柔毛③。分布于山地林下。

铁灯兔儿风叶聚生于茎中下部，叶片上面无毛；杏香兔儿风叶基生，茎、叶被棕色长毛。

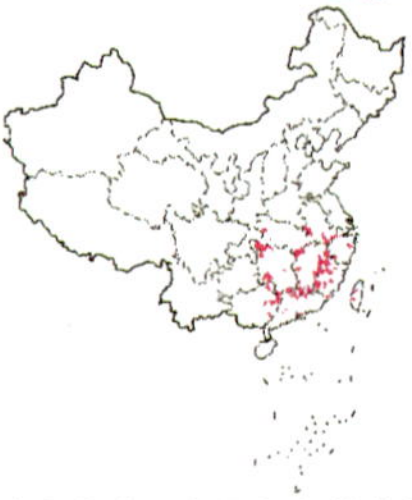

1

2

3

1

2

3

祁阳细辛　马兜铃科 细辛属

Asarum magnificum

Qiyang Wildginger　| qíyángxìxīn

多年生草本。根状茎粗短，须根肉质；叶簇生，2 ~ 3枚，戟状卵形，长6 ~ 19 cm，宽4.5 ~ 10 cm，基部耳状心形，上面常具斑纹①，叶柄上被短伏毛；花单生叶腋，漏斗状钟形，内侧有多数纵褶，深紫色，长3 ~ 7 cm②；蒴果倒卵状球形。

分布于低山林下。喜阴湿。

相似种：五岭细辛【*Asarum wulingense*，马兜铃科 细辛属】多年生草本。叶长卵状或戟状卵形③，上面绿色，有时有云斑，下面被黄色短伏毛；花被筒倒圆锥状钟形④。分布于低山林下。

祁阳细辛叶下面无毛，花较大，长3 ~ 7 cm；五岭细辛叶下面被黄色短伏毛，花较小，长1.5 ~ 2 cm。

秋海棠　秋海棠科 秋海棠属

Begonia grandis

Evans Begonia　| qiūhǎitáng

多年生草本，具球形的块茎。茎直立，多分枝，无毛；叶片宽卵形，长8 ~ 25 cm，宽6 ~ 20 cm，先端短渐尖，基部偏心形，边缘尖波状，具细齿，上面绿色①，下面叶脉及叶柄均带紫红色；聚伞花序生于上部叶腋，花淡红色①；蒴果具3翅，其中1翅较大。

分布于山地阴湿岩石上。

多年生草本，具球形的块茎。茎叶肉质多汁，下面叶脉及叶柄均带紫红色。

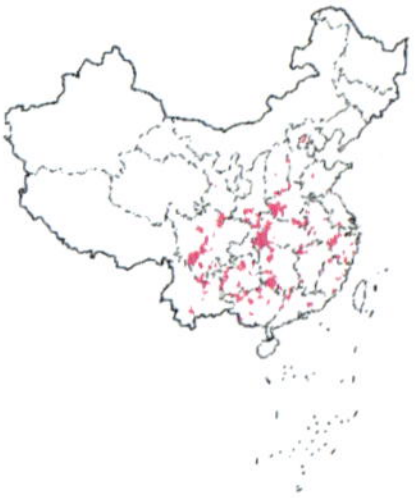

1
3
2
4

1

金锦香　野牡丹科 金锦香属

Osbeckia chinensis

China Osbeckia　| jīnjǐnxiāng

直立半灌木①。茎和分枝四棱形，被紧贴的糙伏毛；单叶对生，叶线形或线状披针形，长2 ~ 5 cm，宽0.4 ~ 1 cm，基出脉3 ~ 5，全缘，两面被糙伏毛；花序头状，几无梗，基部有2 ~ 6枚叶状苞片；花瓣4，淡紫红色②；蒴果紫红色，卵状球形，长约5mm，有宿存的萼筒③。

分布于山地林缘空旷处。喜光。

相似种：肥肉草【*Fordiophyton fordii*，野牡丹科 异药花属】直立草本。茎四棱形，稍肉质，无毛；叶膜质，狭卵形至卵状椭圆形④，长5 ~ 10 cm，宽3 ~ 6 cm，基部浅心形，边缘具细锯齿，两面近无毛，密布白色小腺点，基出脉5 ~ 7；聚伞花序组成圆锥花序④，花粉红色，雄蕊异形，4长4短⑤；蒴果倒圆锥形，具4棱，顶端平截。分布于沟谷林下；喜阴湿。

金锦香叶两面被糙伏毛；肥肉草叶两面近无毛，密布白色小腺点。

紫花前胡　伞形科 当归属

Angelica decursiva

Purpleflower Angelica　| zǐhuāqiánhú

多年生草本，高1 ~ 2 m③。根圆锥状，有分枝，具浓香②；茎单一，暗紫红色；叶片三角状卵形，长10 ~ 25 cm，叶一至二回羽状全裂，中间裂片和侧生裂片连合下延成翅状，边缘有锯齿，茎上部叶简化或仅为成叶鞘；复伞形花序，总苞片叶鞘状，花深紫色①；果实椭圆形，分果有棱。

分布于山地疏林下或林缘。喜湿。

多年生草本，根具浓香，叶一至二回羽状全裂，花深紫色。

1
3
4
2
5

1
3
2

五岭龙胆　龙胆科 龙胆属

Gentiana davidii

David Gentian　| wǔlǐnglóngdǎn

多年生草本。茎基部分枝，披散；叶对生，在营养枝上密集成莲座状①，在花枝上疏生，叶片狭长椭圆形至披针状线形，长2～10 cm，宽0.4～1.3 cm，先端圆钝，上面有柔毛，下面沿脉及边缘有短刺毛，基出脉3条；花簇生于茎端，花冠蓝色或蓝紫色①，漏斗状；蒴果长圆形。

分布于山坡草丛中或疏林下。

茎披散状着生，叶对生；花淡紫色，簇生于茎端。

轮叶沙参　桔梗科 沙参属

Adenophora tetraphylla

Four-leaf Lady Bells　| lúnyèshāshēn

多年生草本。根圆锥形，茎直立，不分枝；叶轮生，叶片卵圆形，边缘有锐锯齿①；狭圆锥花序，花冠筒状钟形，淡蓝色①。

分布于山坡草丛中。

相似种： 中华沙参【*Adenophora sinensis*，桔梗科 沙参属】多年生草本。茎直立，基生叶卵圆形，茎生叶互生；叶片长椭圆状至狭披针形，长3～8 cm，宽0.5～2 cm，边缘有锯齿，两面无毛；狭圆锥花序④，分枝纤细，花梗细长，花冠钟状，紫蓝色③；蒴果椭圆状球形。分布于林缘湿润处。桔梗【*Platycodon grandiflorus*，桔梗科 桔梗属】根圆柱形，肉质⑤；茎直立，不分枝；叶轮生或部分互生，叶片卵形，下面被白粉，近无毛；花1至数朵顶生，花冠大，蓝色②；蒴果球形②。分布于山坡草地。

轮叶沙参3~6叶轮生，中华沙参单叶互生，两者果实均为3室；桔梗基部叶常轮生，顶端叶常互生，果实有5室。

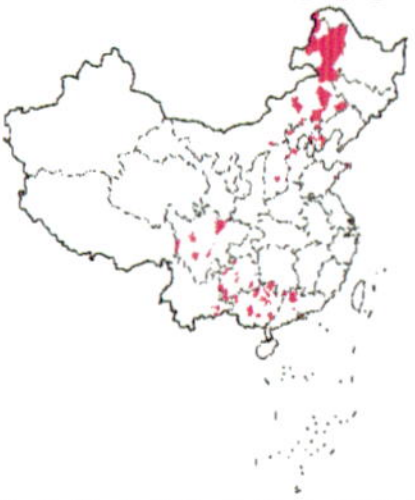

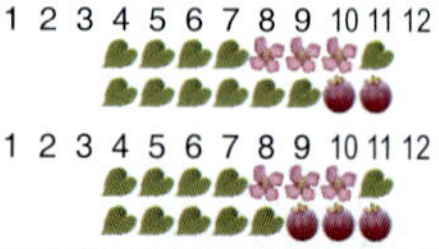

1

1

3

4

2

5

阔叶山麦冬　百合科 山麦冬属

Liriope muscari

Broadleaf Liriope　| kuòyèshānmàidōng

多年生常绿草本。根状茎粗短，无地下走茎，根末端有膨大的块根；叶基生，无柄，宽线形①；花莛直立，常远高于叶簇；总状花序，花梗劲直，花淡紫色或紫红色①；种子圆球形，小核果状，熟时蓝黑色①。

分布于山地林下。喜阴。

相似种：禾叶山麦冬【*Liriope graminifolia*，百合科 山麦冬属】具细长的地下走茎。叶片线形②。分布于山坡林下或路边草丛。麦冬【*Ophiopogon japonicus*，百合科 沿阶草属】常绿草本。具地下走茎，根末端有膨大的块根；叶基生，线形，密集③；花莛扁平，两侧明显具翼，远短于叶簇③；总状花序，花梗常下弯，花淡紫色；种子圆球形，熟时蓝色。广布林下或路边草地。

阔叶山麦冬和禾叶山麦冬的花莛远高于叶簇，前者叶宽5～35 mm，后者叶宽2～4 mm；麦冬的花莛远短于叶簇，叶宽1～4 mm。

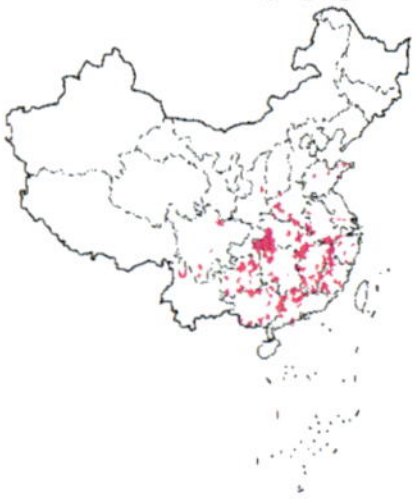

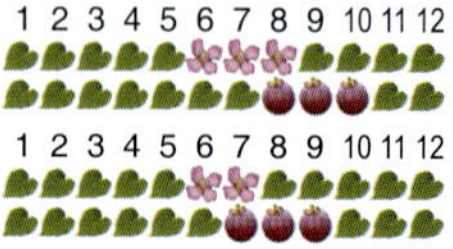

紫萼　百合科 玉簪属

Hosta ventricosa

Blue Plantainlily　| zǐ'è

多年生草本①。根状茎粗短，具多数须根；叶基生，具长柄，卵形至卵状心形，长6～18 cm，宽3～14 cm②；总状花序，花莛直立，高出叶簇③；花大型，花被裂片长1.5～1.8 cm，淡紫色④；蒴果圆柱状。

分布于沟谷两侧。喜阴湿。

多年生草本，叶基生，具长柄，花较大，淡紫色。

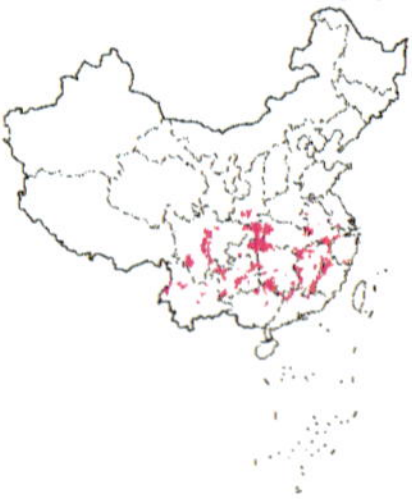

1

2

3

1

3

2

4

小花鸢尾 华鸢尾 鸢尾科 鸢尾属

Iris speculatrix

Smallflower Swordflag | xiǎohuāyuānwěi

多年生草本①。根状茎二歧分枝，基部有棕褐色老叶纤维，基生叶剑形，长15～30 cm，宽0.6～1.2 cm，具纵脉3～5条；花茎高20～25 cm，具茎生叶1～2枚；花蓝紫色或淡蓝色，外轮花被片中脉上具黄色鸡冠状附属物②；蒴果椭圆形，顶端具细长的喙。

分布于山地林缘。喜湿。

相似种：鸢尾【*Iris tectorum*，鸢尾科 鸢尾属】根状茎粗壮；基生叶宽剑形，宽1.5～3.51 cm③；花茎光滑，顶生1～2朵花，花蓝紫色，外轮花被片中脉上有白色带紫纹的鸡冠状附属物④。常见栽培。

小花鸢尾花小，直径3.5～6 cm；鸢尾花大，直径达10 cm，鸢尾的叶片也相对较宽。

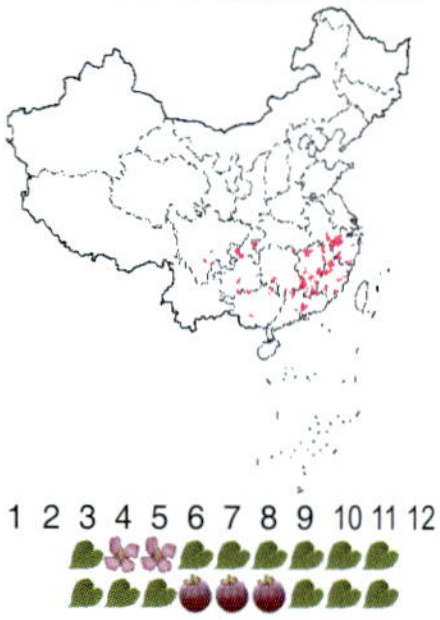

八角莲 小檗科 鬼臼属

Dysosma versipellis

Dysosma | bājiǎolián

多年生草本。根状茎粗壮，横走，有节；茎直立；叶1～2片，盾状着生，圆形，直径15～30 cm或过之①，4～9浅裂，边缘具细齿；花排成伞形花序，5～8朵或更多，生于近叶基处①，花暗紫红色②；浆果卵形。

分布于山地沟谷林下。喜阴湿。

相似种：六角莲【*Dysosma pleiantha*，小檗科 鬼臼属】多年生草本。茎生叶1～2片③，5～9浅裂；花生于2茎生叶柄交叉处④。分布于山地林下；喜阴湿。

八角莲花生于近叶基处；六角莲花生于2茎生叶柄交叉处。

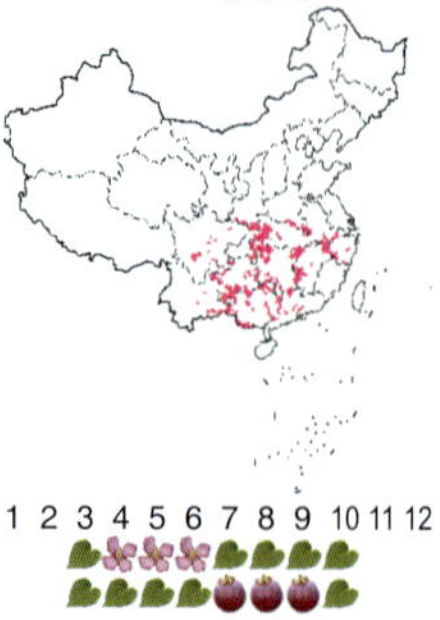

毛药花　唇形科 毛药花属

Bostrychanthera deflexa

Deflexed Bostrychanthera | máoyàohuā

多年生草本。茎斜伸，四棱形，密被短硬毛。叶片狭披针形至长椭圆状披针形①，长6～20 cm，宽1.3～6.5 cm，边缘有粗锯齿，两面被毛；聚伞花序腋生②，花紫红色，花药近球形，密被毛③；小坚果每花仅1枚成熟，核果状④，外果皮肥厚肉质。

分布于山地沟谷林下。阴生。

花药密被毛，小坚果每花仅1枚成熟，外果皮肥厚肉质。

韩信草　印度黄芩　唇形科 黄芩属

Scutellaria indica

India Skullcap | hánxìncǎo

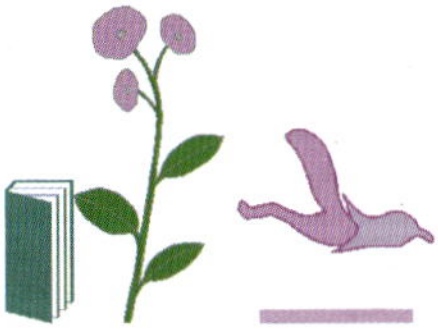

多年生草本①。全株有白色柔毛，茎直立，四棱形，常单一；叶片对生，卵圆形或肾圆形，长1～4.5 cm，宽1～3.5 cm，边缘有圆锯齿，两面有毛，下面常带紫红色；花对生，排列成顶生总状花序，常偏向一侧；花蓝紫色或淡紫红色，花萼有盾片③。

分布于山地林下。喜阴湿。

相似种：裂叶黄芩【*Scutellaria incisa*，唇形科黄芩属】多年生草本。茎纤细直立，分枝多；叶片披针形，宽0.5～1.5 cm，边缘具粗齿，两面散生淡黄色腺点；上部苞片叶状，全缘；花对生，偏向一侧，淡紫色，花萼有盾片②。分布于林缘岩石上；喜湿。

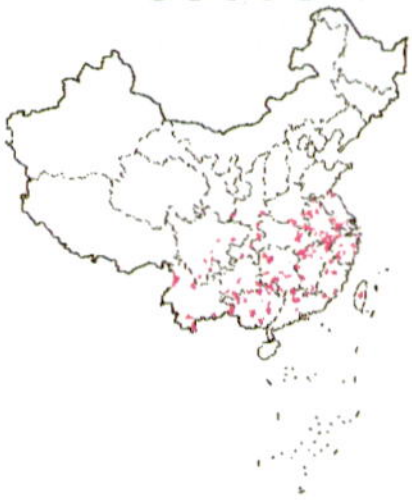

韩信草分枝少，叶卵圆形，花序顶生；裂叶黄芩多分枝，叶披针形，花序腋生。

1

2

3

4

1

2

3

活血丹　唇形科 活血丹属

Glechoma longituba

Longtube Ground Ivy　| huóxuèdān

多年生匍匐草本。茎上升，四棱形；叶对生，具长柄，心形至肾形，长1～3 cm，宽1.2～4 cm，边缘具齿①，两面被毛；轮伞花序腋生，通常2花，花淡红紫色，下唇具斑点②。

分布于山地林缘和田野。喜湿。

相似种：夏枯草【*Prunella vulgaris*，唇形科 夏枯草属】多年生草本，基部伏地，上部直立④。叶片长卵形，边缘波状或全缘，轮伞花序密集成顶生的穗状花序，花蓝紫色或红紫色③，下唇先端边缘有流苏状条裂。分布于路边或林缘；常成片生长。

活血丹花序腋生；夏枯草花序顶生。

南丹参　唇形科 鼠尾草属

Salvia bowleyana

Bowley's Sage　| nándānshēn

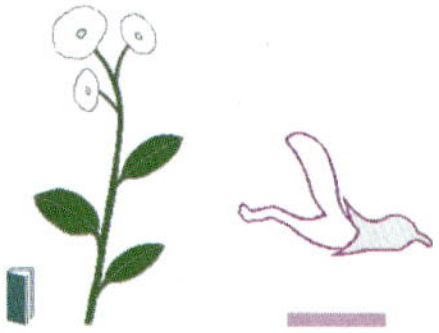

根肥厚，表面红色；茎四棱形，有长柔毛。叶为羽状复叶，小叶5～9，边缘具齿，两面疏生短柔毛。花梗和花序轴密被腺毛，花淡紫色、蓝紫色或黄白色①。

分布于山地林缘湿润处。

相似种：鼠尾草【*Salvia japonica*，唇形科 鼠尾草属】多年生草本。茎四棱形，有沟槽；下部叶为二回羽状复叶，上部叶为一回羽状或三出复叶。轮伞花序组成顶生的总状或圆锥花序②，花淡紫红色④，稀白色，外面密被长柔毛；小坚果椭圆形。分布于沟谷林下或林缘；喜湿润肥沃。红根草【*Salvia prionitis*，唇形科 鼠尾草属】根状茎短缩，须根红色③。茎密被白色长硬毛；叶多为基生叶⑤，单叶不裂或三裂，偶有三出复叶，叶片边缘具浅齿。分布于山地疏林下。

鼠尾草和南丹参叶为羽状复叶，南丹参花长常超过1.7cm，鼠尾草花常不超过1.2cm；红根草叶多为基生单叶。

1
2
3
4

1
2
4
3
5

山萝花 山罗花 玄参科 山萝花属

Melampyrum roseum

Rose Cowwheat | shānluóhuā

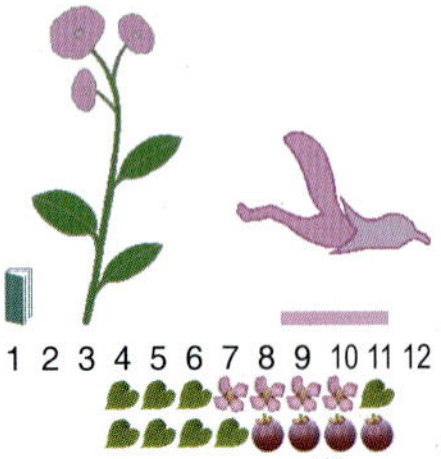

一年生草本，植株疏被短毛④。茎直立，多分枝；叶对生，叶片卵状披针形至披针形，长2~8 cm，宽0.8~3 cm，全缘①；总状花序，小花柄短，苞片有刺毛状齿，花单生于苞叶内，紫红色①，上唇风帽状，2齿裂，被须毛；蒴果卵形，2裂。

分布于山地疏林下或高山草丛中。

相似种：绵毛鹿茸草【*Monochasma savatieri*，玄参科 鹿茸草属】别名沙氏鹿茸草。多年生草本。茎丛生，全株有灰白色绵毛，上部同时具腺毛；叶对生或轮生，密集，狭披针形，长1~2.5 cm，宽2~3 mm②，全缘；花单生于茎顶部的叶腋，淡紫色③。分布于林缘；喜光。

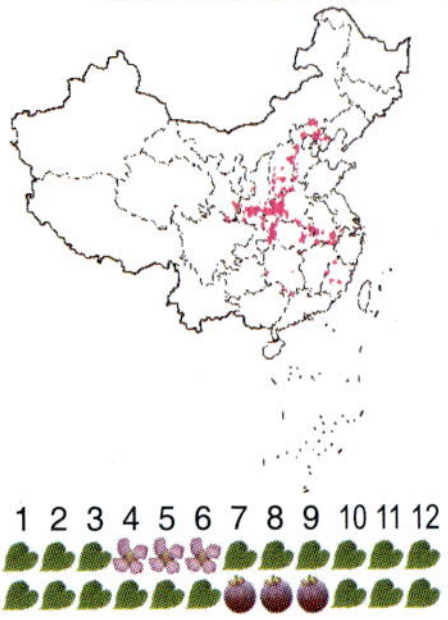

山萝花叶对生，叶片卵形，植株疏被短毛；绵毛鹿茸草叶对生或轮生，叶片狭披针形，全株密被灰白色绵毛。

长叶蝴蝶草 光叶蝴蝶草 玄参科 蝴蝶草属

Torenia asiatica

Pansy Butterflygrass | chángyèhúdiécǎo

一年生草本。茎匍匐或直立，多分枝；叶片三角状卵形至卵状披针形，长1.5~3.5 cm，宽1~2 cm①，近无毛至两面疏毛，边缘具锯齿。花单生叶腋或顶生，花冠紫红色或暗紫色②；蒴果包藏于宿存的花萼内，花萼具5翅。

分布于路边阴湿处。

相似种：紫萼蝴蝶草【*Torenia violacea*，玄参科 蝴蝶草属】一年生草本③。茎直立，四棱；叶片卵形，两面疏被毛；花黄白色，有蓝紫色斑块，宿存花萼翅宽达2.5 mm且略带紫色④。分布于林缘或田间。

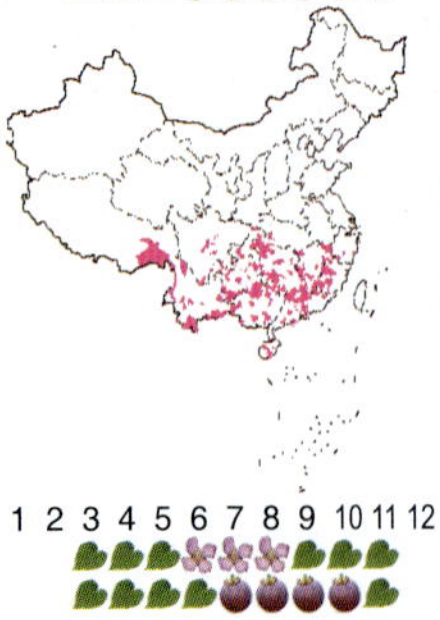

长叶蝴蝶草宿存花萼翅较窄，花丝基部具盲肠状附属物；紫萼蝴蝶草宿存花萼翅较宽，花丝基部无盲肠状附属物。

1

2

3

4

1

3

2

4

天目地黄　玄参科 地黄属

Rehmannia chingii

Tianmu Rehnannia　| tiānmùdìhuáng

多年生草本。根茎肉质，橘红色，茎直立，全株被多节长柔毛；基生叶多数呈莲座状，叶片椭圆形，长6～12 cm，宽3～6 cm，具粗齿，茎生叶往上逐渐缩小①；花冠紫红色，长5.5～7 cm②，外面被多节长柔毛③，二唇形；蒴果球形，具宿存花萼和花柱。

分布于山地林缘。喜湿。

全株被多节长柔毛，橘红色根茎肉质，茎生叶明显，花冠紫红色。

羽裂唇柱苣苔　苦苣苔科 唇柱苣苔属

Chirita pinnatifida

Pinnatifid Chirita　| yǔlièchúnzhùjùtái

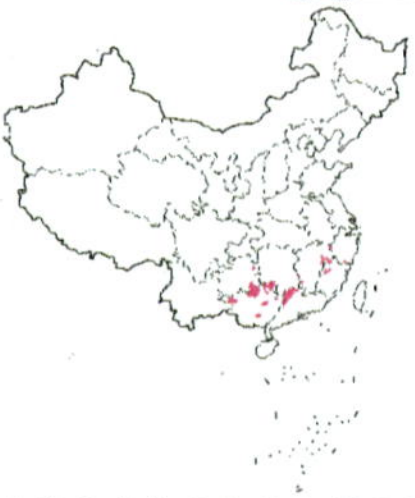

多年生草本。叶基生，长圆形至狭卵形，长3～18 cm，宽1.5～7 cm，边缘羽裂或波状，两面疏生短伏毛，叶柄扁；花序伞形，具1～4花，花梗密被腺毛，花冠紫红色，长3～4.5 cm①；蒴果细长②。

分布于沟谷林下湿润岩石上。

相似种：浙皖粗筒苣苔【*Briggsia chienii*，苦苣苔科 粗筒苣苔属】多年生草本。叶基生，叶片狭卵形或狭椭圆形，边缘具锯齿，上面密生白色柔毛，下面密被锈色绵毛，叶柄和花茎也有锈色绵毛；聚伞花序，花冠红紫色③；蒴果倒披针形④。分布于沟谷林下湿润岩石上。

羽裂唇柱苣苔叶常羽裂，两面疏生短伏毛；浙皖粗筒苣苔叶不裂，两面密生白色或锈色毛。

1
2
3

1
3
2
4

九头狮子草　爵床科 观音草属

Peristrophe japonica

Japan Peristrophe　| jiǔtóushīzicǎo

多年生草本。茎直立，有棱，常多分枝，被倒生伏毛；叶对生，叶片卵状长圆形至披针形，长2.5～13 cm，宽1～5 cm，全缘，叶片两面有钟乳体和少数硬毛；每个聚伞花序下有两枚总苞状苞片①，内有1～4花，花冠淡紫红色②，花冠筒细长；蒴果椭圆形。

分布于山地林下。喜阴湿。

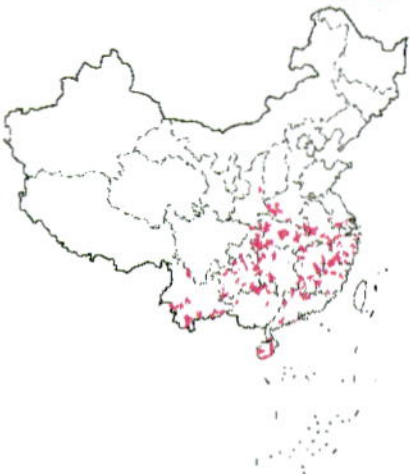

相似种： 密花孩儿草【*Rungia densiflora*，爵床科 孩儿草属】多年生草本③。茎直立，小枝被白色多节柔毛；叶对生，两面无毛或疏生短硬毛，全缘。穗状花序顶生或腋生，花密集，苞片4裂，花冠蓝色④。分布于林缘草丛中。

九头狮子草为聚伞花序，每个聚伞花序下有两枚总苞状苞片；密花孩儿草为穗状花序，花序下无总苞状苞片。

乌头　毛茛科 乌头属

Aconitum carmichaelii

Monkshood　| wūtóu

多年生草本。块根倒圆锥形，茎直立；叶互生，薄革质或纸质，五角形，长6～11 cm，宽9～15 cm，3全裂，裂片再次羽状分裂；总状花序顶生，长可达25 cm，上萼片高盔形，蓝紫色，高达2.6 cm①；蓇葖果，种子三棱形。

分布于山坡草丛。喜光。

相似种： 瓜叶乌头【*Aconitum hemsleyanum*，毛茛科 乌头属】多年生草本。茎缠绕；叶互生，3～5深裂；总状花序顶生，萼片深蓝色③；蓇葖果长圆形②。分布于山地草丛；喜疏松肥沃土壤。

乌头茎直立；瓜叶乌头茎缠绕。

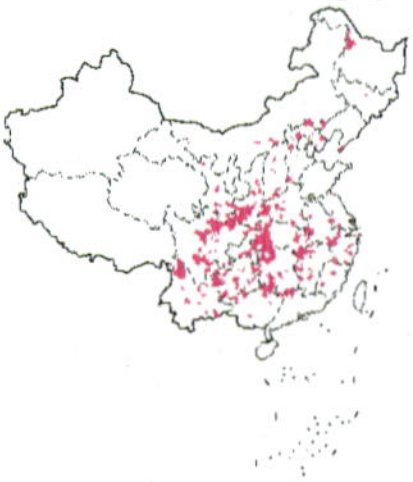

1

2

3

4

1

2

3

刻叶紫堇 紫花鱼灯草 紫堇科 紫堇属

Corydalis incisa

Gapleaf Corydalis | kèyèzǐjǐn

多年生草本。茎簇生，具分枝。叶基生与茎生，具长柄，叶片二至三回羽状全裂，末回小裂片具2～5缺刻①。总状花序长3～12 cm，花蓝紫色，花瓣连距长达2.1 cm③，花瓣背部具鸡冠状突起，距圆筒形；蒴果线形④。

分布于山地林缘湿润处。

相似种：夏天无【*Corydalis decumbens*，紫堇科紫堇属】别名伏生紫堇。块茎不规则⑤，茎细弱，有时匍匐，不分枝；基生叶1～2枚，二回三出全裂，叶下面苍白色。总状花序，花瓣红色或红紫色②；蒴果线形。分布于林缘田间；喜湿。

刻叶紫堇茎具分枝，根茎狭椭圆状，叶末回裂片先端多细缺刻；夏天无茎无分枝，块茎不规则，叶末回裂片倒卵形。

见血青 见血清 兰科 羊耳蒜属

Liparis nervosa

Nervose Liparis | jiànxuèqīng

地生兰。假鳞茎圆柱形，肉质，暗绿色，具节，外被膜质鳞片①；叶2～4枚，宽卵形或卵状椭圆形，长5～12 cm，宽2.5～5 cm，花基部鞘状抱茎。花莛顶生，总状花序，疏生花5～15朵，花暗紫色；果椭圆形①。

分布于山地林下。喜阴湿。

相似种：香花羊耳蒜【*Liparis odorata*，兰科羊耳蒜属】地生兰。假鳞茎狭卵形③；叶片狭长圆形。总状花序疏生多数花，花黄绿色②。分布于山地林下潮湿的岩石上。

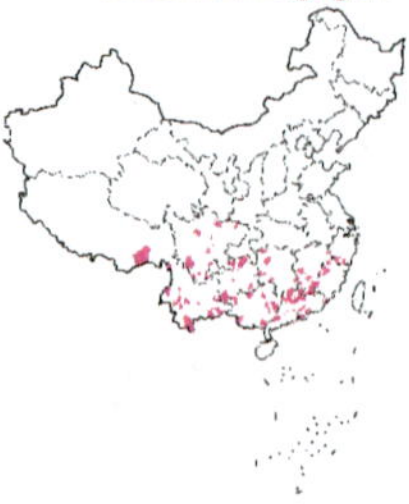

见血青假鳞茎圆柱形；香花羊耳蒜假鳞茎狭卵形。

绶草 盘龙参 兰科 绶草属

Spiranthes sinensis

China Ladytress | shòucǎo

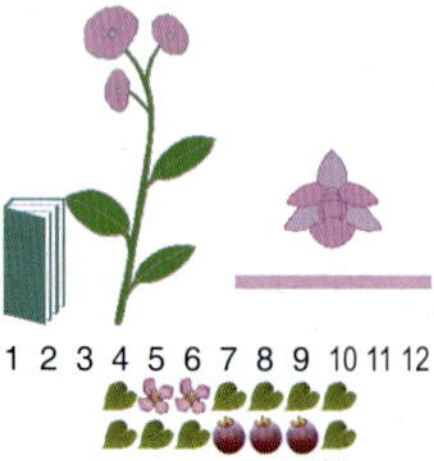

地生兰。根肉质，指状，簇生于茎基部②。叶2～8枚，多少带肉质，下部近基生，线状倒披针形或线形，长2～17 cm，宽0.3～1 cm①，上部呈苞片状。穗状花序顶生，花小，淡红色或紫红色，呈螺旋状排列③。

分布于林缘路边草丛中。喜湿润。

相似种：无柱兰【*Amitostigma gracile*，兰科 无柱兰属】地生兰。块茎肉质，椭圆状。茎纤细，具叶1枚⑤，叶下具筒状鞘1～2枚；叶片长圆形至椭圆状长圆形，长3～12 cm，宽1.5～3.5 cm；花莛纤细，顶生，无毛，总状花序具花5～20朵，偏向一侧⑤；花红紫色，唇瓣三裂，蕊柱极短④。分布于沟谷边潮湿的岩石上。

绶草叶2～8枚，无柱兰叶1枚。

白及 白芨 兰科 白及属

Bletilla striata

Bletilla | báijí

地生兰。假鳞茎扁球形，具环纹，直径1.5～3 cm，连接成串。茎直立，生于假鳞茎顶端；叶4～5枚，叶片狭长椭圆形或披针形，长18～45 cm，宽2.5～5 cm，先端渐尖，叶面具多条平行纵褶①；总状花序顶生，花紫红色②。

分布于沟谷林缘。喜阴湿。

茎直立高达80 cm，地下假鳞茎明显；总状花序顶生，花紫红色。

1

3

4

2

5

1
2

台湾独蒜兰 独蒜兰 兰科 独蒜兰属

Pleione formosana

Taiwan Pleione | táiwāndúsuànlán

地生兰①。假鳞茎扁球形或狭卵形，通常紫红色或绿色。顶生叶1枚，叶与花同时出现，叶片椭圆形至椭圆状披针形，长5～25 cm，宽1.5～5 cm②；花莛从假鳞茎顶端长出③，基部具2～3枚鞘状鳞叶，顶生花1朵，稀见2朵，紫红色，唇瓣长5～5.5 cm，宽4～4.5 cm，内面有纵褶片④。

分布于沟谷湿润的岩石上。

地生兰，叶1枚，顶生大型花常为1朵。

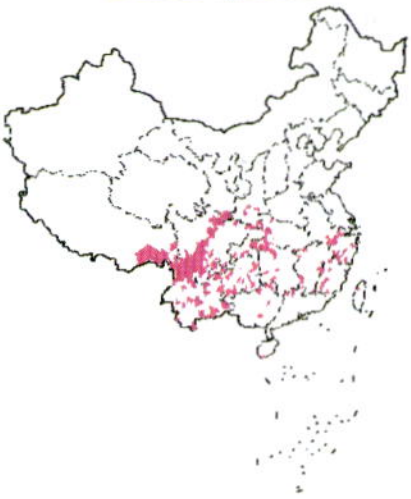

短茎萼脊兰 兰科 萼脊兰属

Sedirea subparishii

Shortstem Sedirea | duǎnjīng'èjǐlán

附生兰①。茎短而斜上，被对折的叶基所包围，下部生气生根，气生根粗壮而长②。叶3～5枚，稍肉质，长圆形，长6～12 cm，宽2～3.5 cm。花生于近基部叶腋，总状花序，疏生花4～10朵③，花淡黄绿色或略带紫红色，唇瓣狭长圆形，宽约2 mm；蒴果长椭圆形。

附生于常绿阔叶林的树干上。

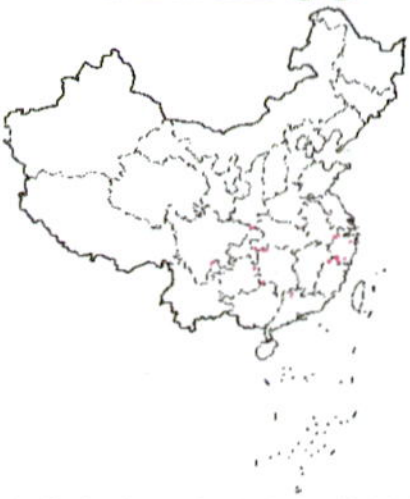

相似种：单叶厚唇兰【*Epigeneium fargesii*，兰科 厚唇兰属】附生兰。根状茎粗而长，横走，被褐色膜质鞘；假鳞茎数个斜生于根状茎上，卵形，长约1 cm，最宽处直径3～4 mm，顶生小叶1枚；叶片革质，卵形至宽卵状椭圆形④，长1～2.5 cm，宽6～11 mm，先端凹缺；花1朵生于假鳞茎顶端，紫红色而带白色④；唇瓣3裂，中部缢缩。分布于林下岩石上；喜阴。

短茎萼脊兰叶3～5枚，单叶厚唇兰顶生小叶1枚。

1

2

3

4

1

2

3

4

毛叶腹水草　玄参科 腹水草属

Veronicastrum villosulum

Villosulous Ascitesgrass　| máoyèfùshuǐcǎo

多年生草本。茎细长而拱曲，顶端着地生根，全体密被棕色多节长腺毛。单叶互生，叶片多为卵状菱形，长7～12 cm，宽3～7 cm①。花序近头状，腋生，长1～1.5 cm；花萼密被硬睫毛，花冠紫色②；蒴果卵形。

分布于山地林下。喜阴湿。

相似种：爬岩红【*Veronicastrum axillare*，玄参科 腹水草属】多年生草本。根状茎短，茎细长而拱曲，顶端着地生根。叶互生，卵形或卵状披针形，边缘具三角状锯齿③；穗状花序腋生，长1.5～3 cm；花无梗，紫色；蒴果卵圆形。分布于沟谷林下。

毛叶腹水草全株密被腺毛，花序长度不超过1.5 cm；爬岩红叶全株近无毛，花序长度可达3 cm。

落新妇　虎耳草科 落新妇属

Astilbe chinensis

Chinese Astilbe　| luòxīnfù

多年生直立草本。根状茎粗大；基生叶为二至三回三出复叶，小叶卵状长圆形至卵形，长2～8.5 cm，宽1.5～5 cm，边缘有重锯齿；圆锥花序顶生，长达15 cm以上①，花密集，总花梗密被褐色毛；花瓣紫红色②；蓇葖果。

分布于山地林缘草丛中。

相似种：大落新妇【*Astilbe grandis*，虎耳草科 落新妇属】别名华南落新妇。多年生草本。基生叶二至三回三出复叶③；圆锥花序长20 cm以上，宽可达17 cm，花密集，总花梗密被腺毛；花瓣白色⑤或紫红色；蓇葖果④。分布于山地林缘。

落新妇总花梗密被卷曲长柔毛，花序宽通常不超过12 cm；大落新妇总花梗被腺毛，花序宽可达17 cm。

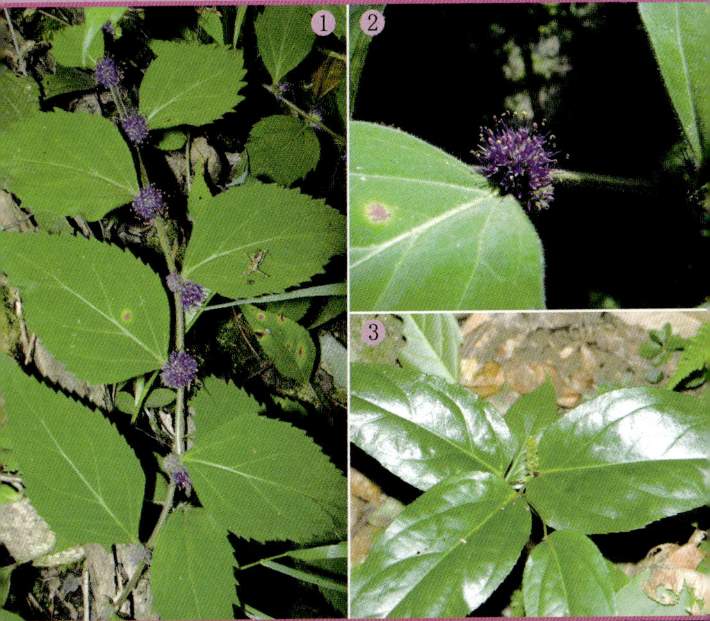
1
2
3

1
3
2
4
5

林泽兰　菊科 泽兰属

Eupatorium lindleyanum

Lindley Bogorchid　| línzélán

多年生草本。根状茎短，茎直立；叶对生或上部的互生，叶片长圆形至线状披针形，长5 ~ 7 cm，宽5 ~ 15 mm，3全裂或不分裂，三出脉，边缘有尖锐疏锯齿①，两面粗糙，被短柔毛，下面有黄色腺点；无柄或近无柄；头状花序排列成复伞房状，花常为淡红色②；瘦果圆柱形，有5纵棱。

分布于山坡草丛。

叶对生或上部的互生，叶常3裂，叶下面有黄色腺点，无叶柄或近无柄，花常为淡红色。

兔儿伞　菊科 兔儿伞属

Syneilesis aconitifolia

Aconiteleaf Syneilesis　| tù'érsǎn

多年生草本①。根状茎横走，地上茎直立；基生叶1片，具长柄③，花期枯萎；茎生叶2，互生；叶圆盾形，直径可达30 cm，通常7 ~ 9掌状深裂至全裂，裂片常再次叉状分裂，上面绿色，下面灰白色。头状花序直立，排列成复伞房状，花淡紫红色②。

分布于山地疏林下。

多年生直立草本，基生叶1片，茎生叶2，叶圆盾形，掌状深裂至全裂。

1
2

1
2
3

泥胡菜　泥糊菜　菊科 泥胡菜属

Hemisteptia lyrata

Lyrate Hemistepta　| níhúcài

一年生草本。根肉质，圆锥状；茎直立③，有纵条纹，被蛛丝状毛；基生叶莲座状，叶片倒披针形至倒披针状椭圆形，长7～21 cm，宽2～6 cm，羽状深裂，上面绿色，下面被白色蛛丝状毛①；头状花序有长梗，在枝端排列成疏松伞房状；花全为管状，淡紫红色②。

分布于空旷处。常见。

相似种：蓟【*Cirsium japonicum*，菊科 蓟属】多年生草本。块根纺锤状；茎直立，全体被多节长毛；基生叶花期存在④，卵形至长椭圆形，长8～22 cm，宽2.5～10 cm，羽状深裂，边缘有大小不等锯齿，齿端有针刺。头状花序球形，顶生或腋生，直径约为3 cm；花全为管状，紫色或玫瑰色⑤。分布于空旷处。

泥胡菜叶缘无针刺，蓟叶缘具明显针刺。

毛枝假福王草　菊科 假福王草属

Paraprenanthes pilipes

Nodehair False Rattlesnakeroot　| máozhījiǎfúwángcǎo

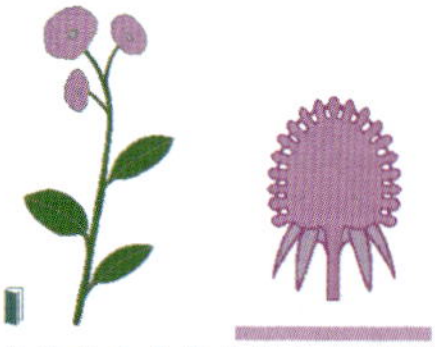

多年生直立草本①。茎上部及花序分枝密被多节毛；下部叶三角状戟形至披针形，长6～15 cm，宽4～7 cm，羽状分裂②，两面无毛，边缘有短芒状齿尖；中、上部叶片逐渐变小或不裂；头状花序在枝顶排列成圆锥状；花全为舌状，小花紫红色；瘦果端部冠毛白色③。

分布于山地林缘。喜湿。

植物体有乳汁，茎上部及花序分枝密被多节毛，叶片常为大头状羽状分裂，头状花序多数在枝顶排列成圆锥状。

1
3
4
2
5

1
2
3

商陆 商陆科 商陆属

Phytolacca acinosa

India Pokeweed | shānglù

多年生草本。根肥大，肉质，圆锥形。茎直立，光滑无毛；叶片卵状椭圆形至长椭圆形，长11～30 cm，宽5～12 cm①；总状花序顶生或与叶对生，圆柱状，直立，总花梗长2～4 cm；花粉红色②；浆果扁球形，由分果组成，熟时紫黑色。

分布于山地林缘。喜湿润。

相似种：垂序商陆【*Phytolacca americana*，商陆科 商陆属】别名美洲商陆。多年生草本。叶卵状长椭圆形或长椭圆状披针形；总状花序弯垂，总花梗长5～10 cm；花乳白色，略带红晕④；浆果熟时紫黑色③。广布于旷野；阳生。

商陆总状花序和果序直立；垂序商陆花序和果序均明显弯垂。

卷丹 百合科 百合属

Lilium tigrinum

Lanceleaf Lily | juǎndān

多年生草本。鳞茎扁球形，具肉质鳞片。叶长圆状披针形，互生，叶腋常有珠芽①。总状花序有花3～10朵，花橘红色，下垂，花被反卷，内面散生紫黑色腺点，花被片长度达12 cm①；蒴果长卵形。

分布于山坡草丛。

多年生直立草本，叶腋内常有珠芽，大型花橘红色，内面散生紫黑色腺点。

1

3

2

4

1

石蒜　石蒜科 石蒜属

Lycoris radiata

Stonegarlic　| shísuàn

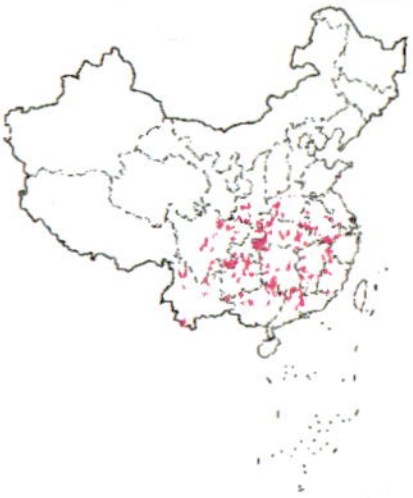

多年生草本。鳞茎椭圆形，皮紫黑色。叶秋季抽生，次年夏季枯死，叶片狭带状，长14～30 cm，宽约0.5 cm，深绿色②，中间粉绿色。花在叶枯死后抽生，花茎高约30 cm①，伞形花序有花4～7朵，鲜红色，花被片皱缩且反卷③。

分布于河流两侧和林缘。喜湿。

多年生草本；叶基生，秋季抽生，次年夏季枯死，花期无叶；花被片鲜红色，皱缩且反卷。

多花兰　兰科 兰属

Cymbidium floribundum

Flowery Orchis　| duōhuālán

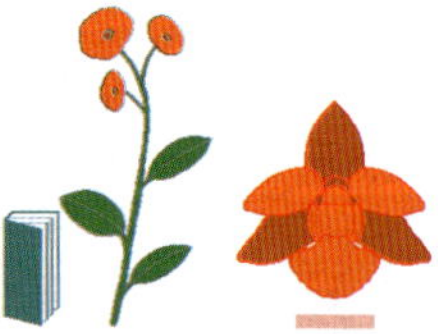

地生兰②。根肉质，白色，假鳞茎卵状圆锥形，隐于叶丛中。叶3～6枚成束丛生，叶片较挺直，带形，长18～40 cm，宽1.5～3 cm①，基部具明显关节，全缘；总状花序具花15～50朵，直立或稍斜出，较叶短；花无香气，红褐色③。

分布于山地林下或溪边有土的岩石上。喜阴。

地生兰；叶片带形，基部具明显关节；花序直立或稍斜出，有花15～50朵。

1
2
3

1
2
3

短毛金线草 蓼科 金线草属

Antenoron filiforme* var. *neofiliforme

Shorthaired Goldthreadweed | duǎnmáojīnxiàncǎo

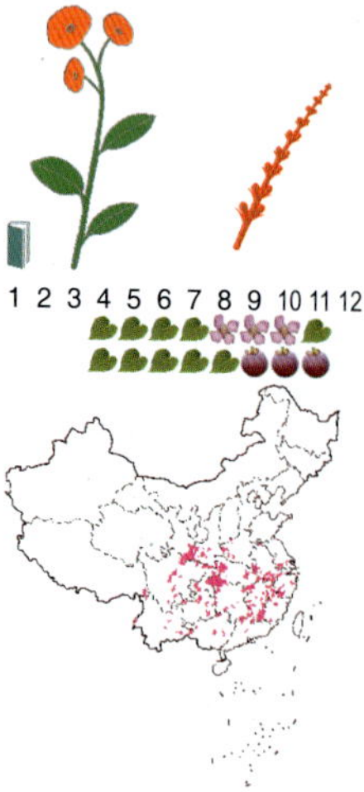

多年生草本①。地下根茎结节状；茎直立，节稍膨大，少分枝，疏被毛或近无毛；叶片椭圆形至长椭圆形，长7.5 ~ 18 cm，宽3 ~ 8.5 cm，全缘，两面被短伏毛或近无毛，上面常有“八”字形墨迹斑；托叶鞘筒状，具短缘毛②。花两性，深红色，排成顶生的穗状花序，长20 ~ 35 cm①，花柱在果时宿存，顶端呈弯钩状③；瘦果。

分布于山地林下。常成片生长。

穗状花序顶生，长达20 ~ 35 cm，花深红色。

野茼蒿 革命菜 菊科 野茼蒿属

Crassocephalum crepidioides

Hawksbeard Velvetplant | yětónghāo

一年生草本①。茎直立；叶互生，叶片卵形或长圆状披针形，长5 ~ 15 cm，宽3 ~ 9 cm，边缘有不规则锯齿或羽状分裂②，两面近无毛；头状花序排列成伞房状①；花冠红褐色或橙红色；果实顶部冠毛白色③。

分布于林缘空旷处。阳生。

一年生草本，茎近肉质，叶缘有不规则锯齿或羽状分裂，花红褐色或橙红色。

1
2
3

1
2
3

金刚大　黄精叶钩吻　百部科 金刚大属

Croomia japonica

Japan Croomia　| jīngāngdà

多年生草本。地下茎横走，多结节，须根散生，味苦；茎直立，不分枝①，基部具鞘③。单叶互生，3～6枚，集中于茎上部，叶片宽卵形至卵状长圆形，长8～11 cm，宽6～8 cm，边缘有不规则锯齿或羽状分裂，全缘，基出主脉7～9条②；叶柄长1～3 cm；花小，单生或2～4朵排列成总状花序，总花梗纤细，下垂；花被片先端反卷，黄绿色③；蒴果宽卵形。

分布于较高海拔山地沟谷林下。喜阴湿。

多年生草本，茎稍肉质，基部具鞘，叶片基出脉7～9条，花单生或2～4朵排列成总状花序，常下垂。

短萼黄连　毛茛科 黄连属

Coptis chinensis* var. *brevisepala

Shortcalyx China Goldthread　| duǎn'èhuánglián

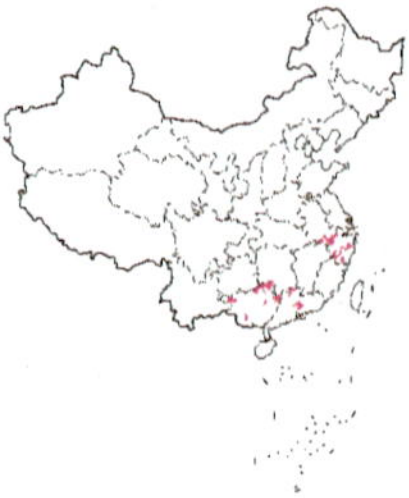

多年生草本②。根状茎黄色，密生多数须根。叶全部基生，卵状三角形，叶片3～5全裂，中央裂片长3～8 cm，宽2～4 cm，小裂片再次羽状分裂，边缘具尖锐细齿，叶脉两面隆起，除上面沿脉具短柔毛外，其余无毛；叶柄长达12 cm；聚伞花序有花3～8朵，花小，黄绿色①；蓇葖果具柄，长椭圆形③。

分布于海拔600 m以上的沟谷林下。喜阴湿。

多年生草本，全株具苦味，根状茎黄色，叶基生，叶片3～5全裂，叶缘具尖锐细齿。

1

2

3

1

2

3

长梗黄精　百合科 黄精属

Polygonatum filipes

Longstalk Landpick　| chánggěnghuángjīng

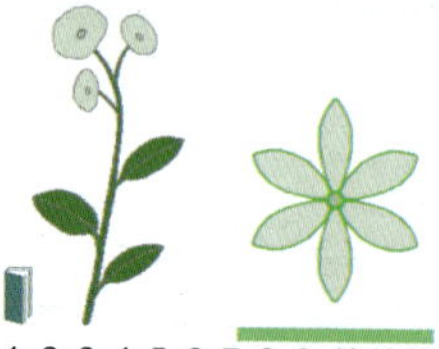

多年生草本。根状茎多为结节状①；茎稍弯拱；叶互生，椭圆形至长圆形，长6 ~ 15 cm，宽2 ~ 7 cm，下面脉上有短毛；叶腋处伞形或伞房花序下垂，有花2 ~ 7朵，总花梗细丝状；花绿白色，近圆筒形①；浆果成熟时黑色①。

分布于山地林下。喜阴。

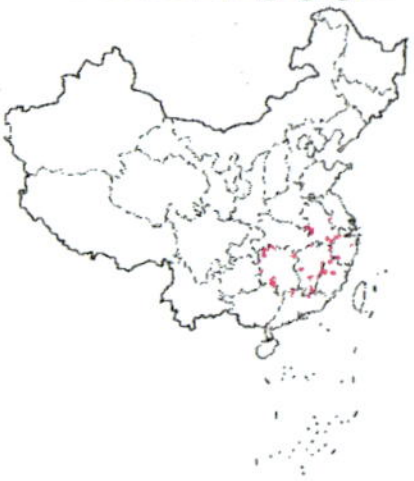

相似种：古田山黄精【*Polygonatum cyrtonema* var. *gutianshanicuym*，百合科 黄精属】叶片宽卵形②，长3.5 ~ 9 cm；总花梗长2 ~ 8 cm，具花5 ~ 9朵。分布于低山林下；喜阴。多花黄精【*Polygonatum cyrtonema*，百合科 黄精属】根状茎多为连珠状④；叶椭圆形至长圆状披针形，长8 ~ 20 cm，伞形花序下弯，有花2 ~ 14朵③。分布于山地林下。

长梗黄精和多花黄精叶近椭圆形；长梗黄精叶下中脉有毛，总花梗3 ~ 16 cm；多花黄精叶下中脉无毛，总花梗0.7 ~ 4 cm；古田山黄精叶宽卵形，两面无毛，总花梗长2 ~ 8 cm。

华重楼　七叶一枝花　百合科 重楼属

Paris polyphylla* var. *chinensis

China Paris　| huázhònglóu

多年生草本。根状茎粗壮，密生环节；茎基部有膜质鞘。叶常6 ~ 8枚轮生于茎顶，长圆形至倒卵状椭圆形，长7 ~ 20 cm，宽2.5 ~ 8 cm①；叶柄长0.5 ~ 3 cm；花单生茎顶，花被片黄绿色，长达8 cm，内轮花被片常明显短于外轮花被片①；蒴果近圆形，具棱③；种子具红色肉质假种皮②。

分布于沟谷林下。喜阴湿。

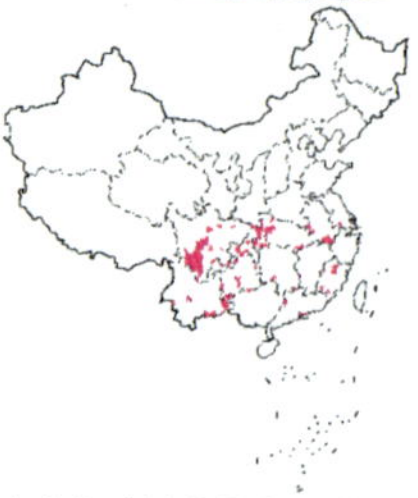

相似种：狭叶重楼【*Paris polyphylla* var. *stenophylla*，百合科 重楼属】叶通常8 ~ 14枚轮生，叶片披针形至倒卵状披针形，通常宽0.5 ~ 2.5 cm，近无柄。内轮花被片远长于外轮花被片④。分布于沟谷林下。

华重楼常有6 ~ 8枚叶轮生，叶片宽2.5 ~ 8 cm，叶柄长达3 cm；狭叶重楼叶常8 ~ 14枚，轮生，叶片通常宽0.5 ~ 2.5 cm，近无叶柄。

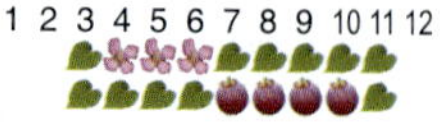

1

2

3

4

1

2

3

4

春兰 兰科 兰属

Cymbidium goeringii

Spring Orchis | chūnlán

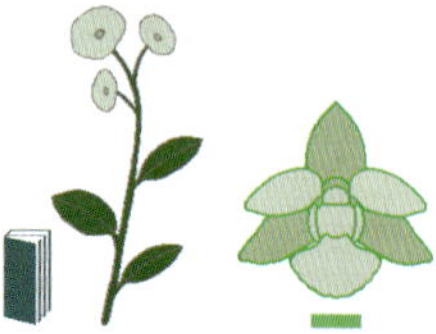

地生兰。根粗壮，肉质；根状茎短，假鳞茎集生于叶丛中；叶基生，4 ~ 6枚成束，叶片带形，长20 ~ 60 cm，宽5 ~ 8 mm①，边缘略具细齿；花莛直立，高3 ~ 7 cm，通常具花1朵②，稀2朵，花清香；蒴果长椭圆柱形①。

分布于山地林下。喜阴湿。

相似种：蕙兰【*Cymbidium faberi*，兰科 兰属】别名九节兰。地生兰。假鳞茎不明显；叶6 ~ 10枚成束丛生，叶片带状，长20 ~ 80 cm，宽4 ~ 12 mm，边缘有细锯齿。总状花序有花5 ~ 18朵③，清香。分布于山地林下。

均为地生兰，叶基生；春兰4 ~ 6枚叶，通常具花1朵；蕙兰6 ~ 10枚叶，花莛具花5朵以上。

蔓赤车 荨麻科 赤车属

Pellionia scabra

Vine Redcarweed | mànchìchē

多年生草本①。分枝密生短糙毛；叶互生，叶片狭卵形至狭椭圆形，两侧不对称，长4 ~ 10 cm，宽2 ~ 3 cm，中部以上有浅锯齿，侧脉在叶缘联结，两面有短毛或钟乳体；叶柄短；雄花序梗长达4.5 cm③，雌花序密集成球状，近无花梗④。

分布于沟谷两侧林下。喜阴湿。

相似种：短叶赤车【*Pellionia brevifolia*，荨麻科 赤车属】别名山椒草。多年生草本。叶片卵形，长0.4 ~ 2 cm，宽1 ~ 2 cm，离基三出脉，先端钝圆，边缘自基部以上有圆锯齿⑤。分布于林下阴湿处。**庐山楼梯草**【*Elatostema stewardii*，荨麻科 楼梯草属】多年生草本。茎肉质；叶片椭圆形至倒卵形，长5 ~ 14 cm，宽2 ~ 4 cm，偏斜，边缘有粗锯齿②，密生钟乳体；花序梗近无。分布于沟谷林下阴湿处。

蔓赤车叶片中部以上有浅锯齿；短叶赤车叶较小，自基部有圆齿；庐山楼梯草有肉质花序托，叶缘粗锯齿明显。

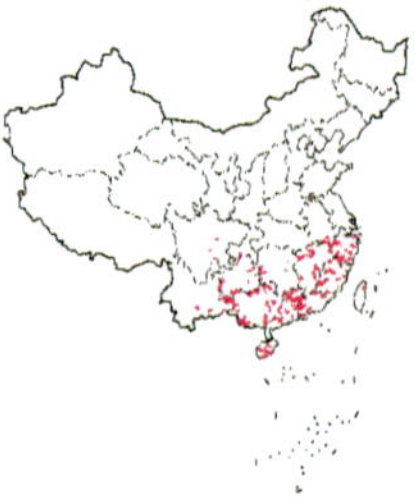

1
3
2

1
3
4
2
5

悬铃木叶苎麻

荨麻科 苎麻属

Boehmeria tricuspis

Planeleaf Ramie | xuánlíngmùyèzhùmá

多年生草本。茎直立，丛生，幼枝略四棱形，密被毛；叶片对生，宽卵形至近圆形，长6～14 cm，宽5～17 cm，先端3裂①，边缘具粗锯齿，被毛和钟乳体，网脉明显；花雌雄同株，团伞花序组成腋生长穗状。

分布于山地林缘。喜湿润。

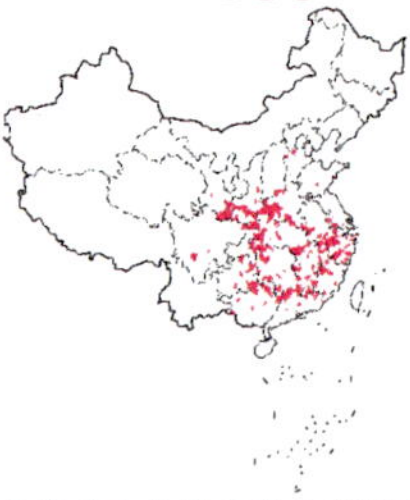

相似种： 苎麻【*Boehmeria nivea*，荨麻科 苎麻属】半灌木。具横生的根状茎；叶宽卵形或卵形，边缘具三角状粗锯齿，下面密被白色柔毛，基脉三出②；团伞花序圆锥状。分布于山地林缘。紫麻【*Oreocnide frutescens*，荨麻科 紫麻属】亚灌木。叶互生，常聚生于茎上部③，叶片近卵形，下面被白色柔毛。花序常生于茎上无叶处③；小型瘦果贴生于宿存的白色肉质花被内④。分布于低山林下；喜阴。

前两者瘦果被干燥的宿存花被；悬铃木叶苎麻叶对生，先端3裂；苎麻叶互生，不裂；紫麻叶常聚生于茎上部，成熟瘦果外观呈白色，明显。

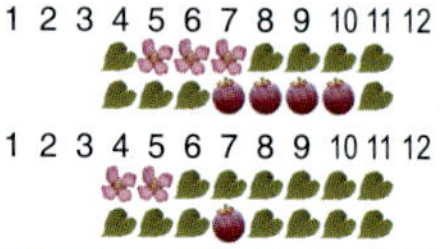

羊蹄

蓼科 酸模属

Rumex japonicus

Japanese Dock | yángtí

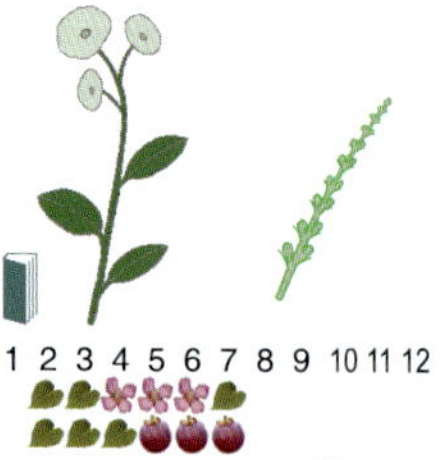

多年生草本。黄色主根粗大，长圆形；叶片近长圆形，长达34 cm，边缘全缘或波状；圆锥花序狭长①；瘦果锐3棱。

分布于空旷地。

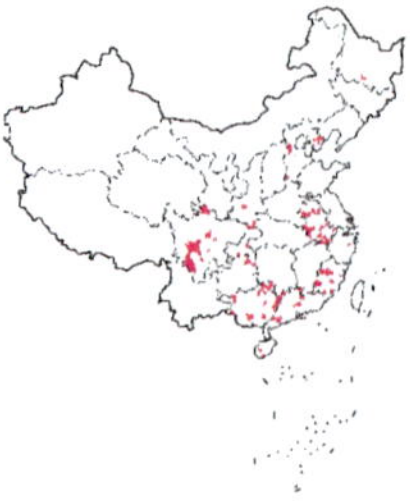

相似种： 皱叶酸模【*Rumex crispus*，蓼科 酸模属】多年生草本。叶长圆状披针形，长达28 cm，边缘有波状褶皱②。分布于山地林缘空旷处。酸模【*Rumex acetosa*，蓼科 酸模属】多年生直立草本④。地下根茎短；基生叶宽披针形至卵状长圆形，长4～9 cm，宽1.5～3.5 cm，基部箭形④，全缘，茎生叶向上逐渐变小，托叶鞘膜质；雌雄异株，狭圆锥花序顶生；瘦果黑色三棱形，外包以增大成翅状的内轮花被片③。分布于空旷地；喜湿。

酸模单性花，叶基部箭形；另两者两性花，羊蹄基生叶片基部心形，内轮花被片边缘具齿；皱叶酸模叶基楔形，内轮花被片全缘或微波状。

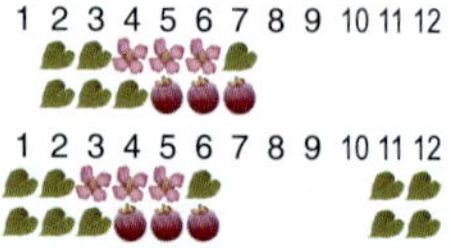

灯台莲 全缘灯台莲 天南星科 天南星属

Arisaema bockii

Serrate Sikoku Southstar | dēngtáilián

多年生草本。块茎扁球形。叶2，叶柄长20～30 cm，叶片鸟足状5裂，裂片卵形至长圆形，全缘或有锯齿，中裂片长13～18 cm，宽9～12 cm①。佛焰苞具淡紫色条纹③。

分布于山地林缘。

相似种：滴水珠【*Pinellia cordata*，天南星科半夏属】块茎球形。叶1，叶柄中部具珠芽；叶片长圆状卵形或心状戟形，长达10cm，基部心形，全缘②。肉穗花序的附属物绿色，伸长呈线形，远超出佛焰苞④。分布于山地潮湿岩石上。一把伞南星【*Arisaema erubescens*，天南星科 天南星属】多年生草本。块茎扁球形。叶1，叶片放射状开裂，裂片7～20枚，披针形，先端长渐尖呈丝状，长达24 cm⑤。佛焰苞绿色；浆果红色⑥。分布于山地林下。

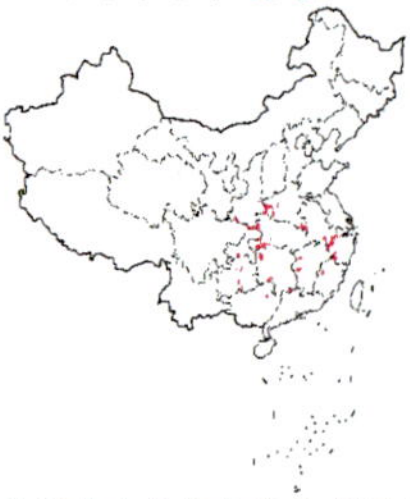

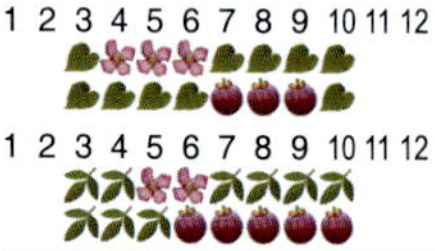

灯台莲鸟足状分裂，一把伞南星放射状分裂；滴水珠叶为单叶，不裂。

华东唐松草 毛茛科 唐松草属

Thalictrum fortunei

Fortune Meadowrue | huádōngtángsōngcǎo

多年生草本。全体无毛，须根末端增粗。叶为二至三回三出复叶，基生叶和下部茎生叶具长柄，小叶片膜质，下面粉绿色，边缘浅圆齿，顶生小叶近圆形，直径1～2 cm①；花序圆锥状，萼片4，白色或淡紫色，早落；花药狭线形，淡紫色或白色②；瘦果纺锤形①，顶端具小钩状宿存花柱。

分布于沟谷林下。喜阴湿。

相似种：大叶唐松草【*Thalictrum faberi*，毛茛科 唐松草属】多年生草本高达1.1 m。根状茎短，下部密生棕黄色细长须根；茎具分枝；叶为二至三回三出复叶，具长柄③，顶生小叶宽卵形等，长3～10 cm，宽3.5～9 cm；花序圆锥状，花药白色略带紫色④；瘦果狭卵形。分布于中山沟谷林下；喜阴湿。

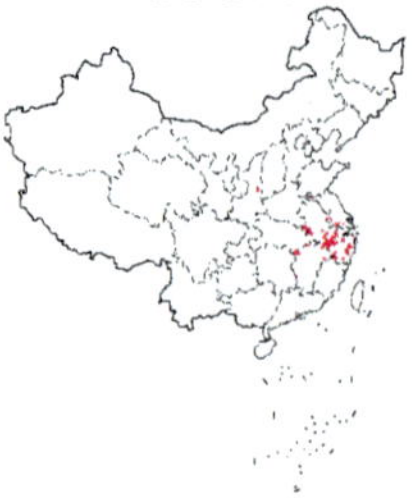

华东唐松草小叶片较小，膜质，边缘具浅圆齿，先端钝圆；大叶唐松草小叶片较大，坚纸质，边缘具粗齿，先端常急尖。

1

3

5

2

4

6

1

3

2

4

博落回 罂粟科 博落回属

Macleaya cordata

Plumepoppy | bóluòhuí

多年生大型草本。茎直立，光滑，被白粉，中空；单叶互生，叶片宽卵形至近圆形，长5 ~ 30 cm，宽5 ~ 25 cm，7 ~ 9浅裂，边缘具波状齿②，下面被白粉和细毛；叶柄长达15 cm；圆锥花序顶生，长达30 cm②，萼片黄白色，开花时脱落，无花瓣，花丝丝状③；蒴果倒披针形至棱形，扁平，长达1.9 cm①。

分布于山地空旷处。喜光。

多年生大型直立草本，植株表面常被白粉，全株含橙红色汁液，茎中空，蒴果扁平。

曲轴黑三棱 黑三棱科 黑三棱属

Sparganium fallax

Bentaxis Burreed | qǔzhóuhēisānléng

多年生挺水草本①。茎直立；叶在基部呈丛生状，上部两列着生；叶片线形，扁平，长40 ~ 55 cm，宽0.4 ~ 1 cm，基部鞘状抱茎①。花单性同株，密集成球形的头状花序，再排列成穗状花序，花绿色；果实圆锥形，坚果状①，外果皮海绵质，内果皮骨质。

分布于山地沼泽或溪沟浅水中。

多年生挺水草本，茎直立曲折，叶片扁平线形；雌雄同株，单性花密集成球形的头状花序，再排列成穗状花序，花序不分枝。

1

2

3

1

蛇足石杉　石杉科 石杉属

Huperzia serrata

Serrate Clubmoss　| shézúshíshān

矮小蕨类，植株高10～30 cm。茎单一或少分枝，顶端有芽胞；叶螺旋状排列，具短柄，椭圆状披针形，长1～2 cm，宽3～4 mm，边缘有不规则尖锯齿①。孢子囊肾形，腋生，几乎每叶都有②；孢子叶和营养叶同形。

分布于山地林下。喜阴湿。

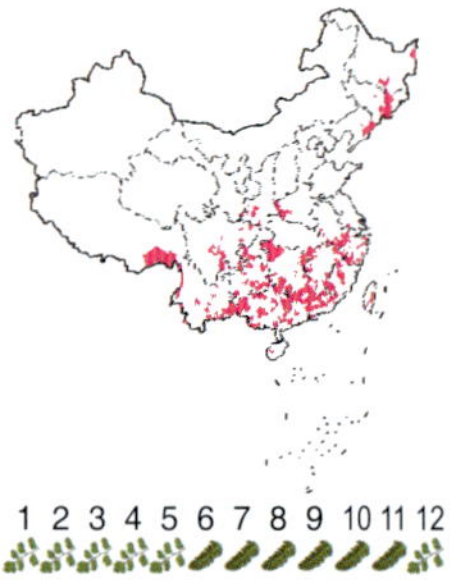

相似种：闽浙马尾杉【*Phlegmariurus mingjoui*，石杉科 马尾杉属】附生蕨类，植株高达33 cm。叶螺旋状排列，披针形，长约1.5 cm，宽1.8 mm，全缘③；孢子囊肾形；孢子叶远小于营养叶，组成孢子叶穗生于枝条顶端。分布于山地林下阴湿石上。

蛇足石杉叶有锯齿，孢子囊腋生；闽浙马尾杉叶全缘，孢子叶穗顶生。

石松　石松科 石松属

Lycopodium japonicum

Lycopodium　| shísōng

蔓状蕨类①。匍匐主茎地上生，向下生出根托，向上生出侧枝，侧枝二至三回分枝，小枝扁平；叶螺旋状排列，线状钻形，长5～6 mm；孢子叶穗圆柱形，有明显小柄③。

分布于山地林下。喜阴。

相似种：垂穗石松【*Palhinhaea cernua*，石松科 垂穗石松属】地下主茎横走，地上茎直立，分枝单一；叶螺旋状排列，线状钻形；孢子叶穗生于小枝顶端，无柄②。分布于低山丘陵林下；喜阴湿。藤石松【*Lycopodiastrum casuarinoides*，石松科 藤石松属】木质藤本。地上主枝极伸长，圆柱状，末回小枝线形，压扁；叶二型④；孢子叶穗排列成复圆锥状序，顶生，有直立小柄⑤。分布于低山林下。

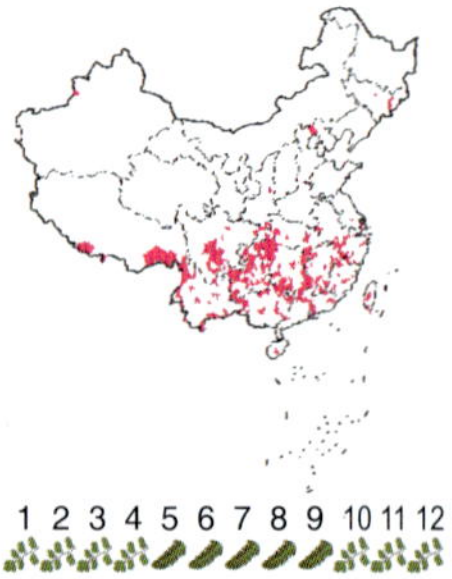

石松和藤石松孢子叶穗有柄；石松地上茎匍匐；藤石松地上茎攀缘；垂穗石松孢子叶穗无柄。

1

3

2

1

3

4

2

5

翠云草 卷柏科 卷柏属

Selaginella uncinata

Hooked Spikemoss | cuìyúncǎo

矮小蕨类。主茎蔓生，分枝处有根托；主茎上的叶1型，卵形或卵状椭圆形，长3 ~ 4 mm；分枝上的叶2型，2大2小，排列成一平面，叶全缘，新鲜时常呈蓝绿色①；孢子叶穗生于小枝顶端，长可达25 mm，四棱柱形，孢子叶1型②。

分布于林下或林缘。喜阴湿。

相似种：异穗卷柏【*Selaginella heterostachys*，卷柏科 卷柏属】蔓生矮小蕨类。主茎斜升后直立③；孢子叶卵形或卵状披针形各半。广布。卷柏【*Selaginella tamariscina*，卷柏科 卷柏属】矮小蕨类。粗短主茎高10 ~ 20 cm，枝密生顶端，成莲座状，遇干旱时向内卷曲④。多生长于岩石上。

前两者均蔓生；翠云草孢子叶1型，营养叶常呈蓝绿色；异穗卷柏营养叶和孢子叶均2型，营养叶绿色；卷柏有明显粗短直立主茎。

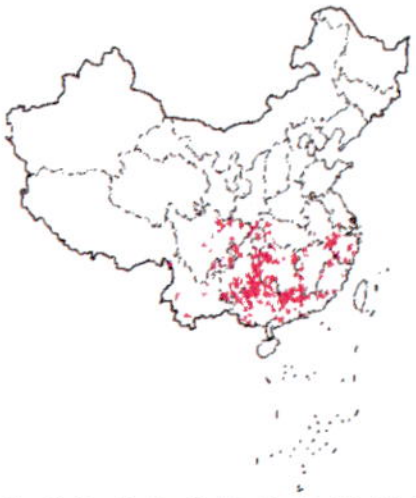

江南卷柏 卷柏科 卷柏属

Selaginella moellendorffii

Moellendorff's Spikemoss | jiāngnánjuǎnbǎi

矮小直立蕨类，高15 ~ 30 cm①。茎下部不分枝，叶1型，互生，卵形至卵状三角形，长约3 mm；茎上部有分枝，叶2型；孢子叶穗单生枝顶，长达15 mm，四棱柱形，孢子叶1型②。

广布。

相似种：薄叶卷柏【*Selaginella delicatula*，卷柏科 卷柏属】主干下部斜升，有根托③。自主干中下部开始分枝，二至三回分叉；叶在茎下部主干处排列稀疏，互生；分枝上的叶片2型，有白边。分布于山地林下；喜阴湿。深绿卷柏【*Selaginella doederleinii*，卷柏科 卷柏属】主茎下部匍匐，上部斜生，有根托。侧叶排列紧密，中叶边缘具细齿，上面深绿色④。分布于低山林缘阴湿处。

前两者主茎上叶排列相对稀疏；江南卷柏下部不分枝，直立，叶缘有细齿；薄叶卷柏下部有细弱分枝和根托，斜升，叶全缘；深绿卷柏主茎叶密集。

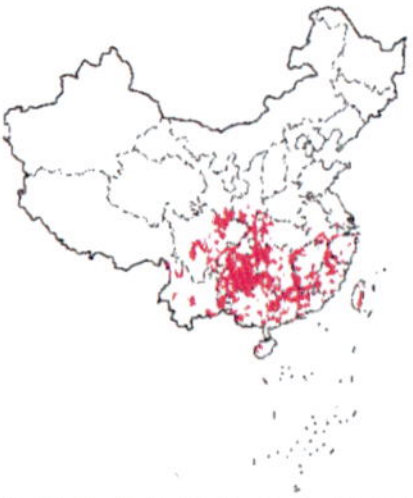

1

3

2

4

1

3

2

4

紫萁　紫萁科 紫萁属

Osmunda japonica

Japanese Flowering Fern　| zǐqí

地生蕨类，高可达1 m。根状茎粗短，斜升。叶2型，簇生，不育叶二回羽状，第一次分裂成5 ~ 7对羽片，每个羽片包括5 ~ 9个小羽片（小叶），小羽片长圆形或长圆状披针形，长4 ~ 7 cm，宽1.5 ~ 2 cm，边缘密生细齿①；能育叶小羽片强度紧缩②，幼时被白色长绒毛③。

分布于山地林缘。喜湿。

相似种：分株紫萁【*Osmunda cinnamomea*，紫萁科 紫萁属】别名福建紫萁。根状茎粗短，直立，如苏铁的干，高可达40cm。叶簇生，2型④，不育叶二回羽裂，小羽片矩圆形，长7 ~ 10 mm，宽4 ~ 6 mm；能育叶末回裂片线形，幼时被棕色绒毛。分布于山地沼泽中；喜湿。

紫萁无直立根状茎，不育叶的羽片5 ~ 7对，小羽片相对较大；分株紫萁根状茎粗短，明显直立，不育叶的羽片22 ~ 30对，小羽片较小。

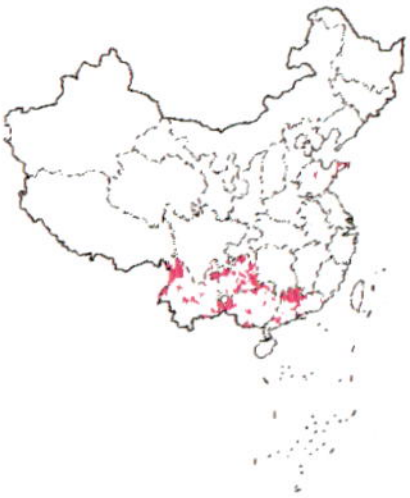

华东瘤足蕨　瘤足蕨科 瘤足蕨属

Plagiogyria japonica

Japanese Plagiogyria　| huádōngliúzújué

地生蕨类。根状茎粗短；叶簇生，2型；不育叶一回羽状，叶柄近四方形，小羽片互生，披针形或近镰刀形，长7 ~ 10 cm，宽1 ~ 1.5 cm，顶生羽片特长，与其下的较短裂片合生，叶缘有疏钝锯齿；能育叶羽片紧缩成线形①。

分布于山地林下。喜阴湿。

相似种：镰羽瘤足蕨【*Plagiogyria falcata*，瘤足蕨科 瘤足蕨属】又名倒叶瘤足蕨。根状茎直立。叶簇生②，2型，不育叶一回羽状，叶柄连同叶轴呈锐三角形或四棱形，有狭翅③。分布于沟谷林下。

华东瘤足蕨不育叶柄无翅；镰羽瘤足蕨不育叶柄有翅。

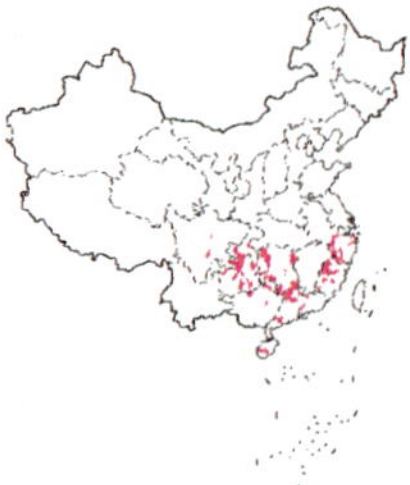

1
3
2
4

1
2
3

里白　里白科 里白属

Diplopterygium glaucum

Glaucous Diplopterygium　| lǐbái

地生蕨类①。根状茎横走，密被棕褐色鳞片。叶柄长50 ~ 100 cm，顶端有一个密被棕色鳞片的大顶芽；叶片二回羽裂，小羽片全缘，侧脉二叉。孢子囊群生于叶背侧脉①。

广布于阔叶林下，是林下草本层最优势的种类，密集成片生长。

相似种：光里白【*Diplopterygium laevissimum*，里白科 里白属】小羽片与叶轴成锐角②。叶下面灰绿色④，无毛。分布于稍湿润的林下。**芒萁**【*Dicranopteris pedata*，里白科 芒萁属】根状茎长而横走；叶柄褐色有光泽，叶轴一至三回二叉分枝③；小羽片幼时被毛；孢子囊群生于叶背小脉上，无盖⑤。广布于山地阳生处；喜酸性土，耐干旱瘠薄。

里白和光里白根状茎被鳞片，叶脉一回分叉，每组小脉2条；里白小羽片与叶轴成直角；光里白小羽片与叶轴成锐角；芒萁根状茎被长毛，叶脉多回分叉，每组小脉3 ~ 6条。

海金沙　海金沙科 海金沙属

Lygodium japonicum

Japanese Climbing Fern　| hǎijīnshā

攀缘蕨类，长达数米①，枝顶端有一被黄色柔毛的休眠芽。叶三回羽状；羽片2型，不育羽片三角形②；能育羽片末回裂片边缘疏生流苏状孢子囊穗③；孢子囊生于小脉顶端，被叶边的一反折小瓣包裹，如囊群盖④。

分布于山地疏林下或林缘。

攀缘蕨类，孢子囊群生于叶缘。

①
③
②
④
⑤

①
③
②
④

光叶碗蕨　碗蕨科 碗蕨属

Dennstaedtia scabra* var. *glabrescens

Scabrous Boulder Fern　| guāngyèwǎnjué

地生蕨类，植物体高50 ~ 75 cm。根状茎长而横走；叶片三至四回羽状深裂①，末回小羽片全缘或1 ~ 2裂，无锯齿；小脉先端有纺锤形水囊；叶片近无毛。孢子囊群圆形，位于叶背小脉顶端，囊群盖碗形，向下反曲如烟斗状③。

分布于沟谷林下。

相似种：细毛碗蕨【*Dennstaedtia hirsuta*，碗蕨科 碗蕨属】植物体高15 ~ 30 cm。叶二回羽状②，叶片密生灰白色节状长毛；孢子囊群圆形，囊群盖浅碗形，有毛④。分布于林缘阴湿处。**边缘鳞盖蕨**【*Microlepia marginata*，碗蕨科 鳞盖蕨属】植物体高约60 cm。根状茎密被锈色长柔毛；叶片一回羽状，小羽片近镰刀状⑤，边缘有浅裂；孢子囊群圆形，近生于叶缘，囊群盖杯形⑤。分布于沟谷林缘。

前两者孢子囊群盖碗型，叶二至四回羽状；光叶碗蕨叶近无毛；细毛碗蕨叶密被长毛；边缘鳞盖蕨孢子囊群盖杯形，叶一回羽状。

乌蕨　鳞始蕨科 乌蕨属

Sphenomeris chinensis

Common Wedgelet Fern　| wūjué

地生蕨类，植株高40 ~ 125 cm。根状茎短而横走，密被褐色鳞片；叶近簇生，四回羽状，末回小羽片倒披针形，常再分裂成1 ~ 2条小脉的短裂片①；孢子囊群顶生于小脉，向叶缘开口，囊群盖半杯形②。

广布。

相似种：野雉尾【*Onychium japonicum*，中国蕨科 金粉蕨属】又名野雉尾金粉蕨。根状茎长而横走；叶近簇生，叶片四回羽状细裂，末回小羽片线状披针形③；孢子囊群线形，被反折的叶缘所覆盖，囊群盖短线形③，膜质。分布于山地林缘。

乌蕨末回小羽片倒披针形，孢子囊群生于叶缘，囊群盖半杯形；野雉尾末回小羽片线状披针形，孢子囊群生于叶背，囊群盖短线形。

1

3

4

2

5

1

2

3

蕨　　蕨科 蕨属

Pteridium aquilinum* var. *latiusculum

Western Brackenfern　| jué

大型地生蕨类植物，植株高度常超过1 m。根状茎长而横走，密被褐色长毛；叶远生，革质，叶柄长达80 cm，叶片长达80 cm，三回羽状或四回羽裂①；嫩芽卷曲，密被毛③；孢子囊群沿羽片边缘着生于边脉上，囊群盖线形④，两层；外盖厚膜质，全缘；内盖薄膜质，边缘不整齐。

广布于空旷地。阳生。

相似种：姬蕨【*Hypolepis punctata*，姬蕨科 姬蕨属】植株高度常超过1 m。根状茎长而横走，全株密生细长毛。叶远生，纸质，四回羽状浅裂②；孢子囊群圆形无盖，生于小脉顶端⑤，靠近叶缘裂片缺刻处，常被略反折的裂片边缘覆盖。分布于林缘或村庄边。

蕨孢子囊群线形，叶片正面无毛，下面仅主脉及各回羽轴被毛；姬蕨孢子囊群圆形，叶片两面密生细长毛。

井栏边草　井栏凤尾蕨　凤尾蕨科 凤尾蕨属

Pteris multifida

Chinese Brake　| jǐnglánbiāncǎo

地生蕨类，高可达70 cm。根状茎短，密被褐色鳞片。叶簇生，2型，一回羽状，但下部数对羽片往往2～3叉①，上部叶轴有翅；不育叶线状披针形，边缘有锯齿；能育叶全缘；孢子囊群线形，着生于叶缘，为反卷的膜质叶缘部分覆盖。

广布。多生于阴湿环境。

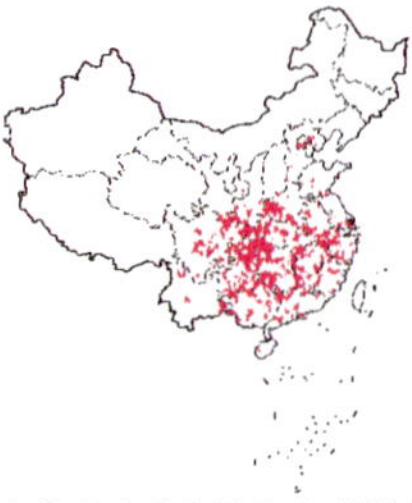

相似种：刺齿半边旗【*Pteris dispar*，凤尾蕨科 凤尾蕨属】叶柄栗色，叶片二至三回羽裂，2型；不育叶远比能育叶小；顶生羽片篦齿状②。分布于低山丘陵。凤尾蕨【*Pteris cretica* var. *nervosa*，凤尾蕨科 凤尾蕨属】叶2型，一回羽状③，叶轴无翅，不育叶边缘有尖锐锯齿；孢子囊群线形④。分布于沟谷林下；喜阴湿。

井栏边草和凤尾蕨叶为一回叶状，下部数对分叉；井栏边草叶轴有翅；凤尾蕨叶轴无翅；刺齿半边旗叶二至三回羽裂。

1

3

4

2

5

1

3

2

4

银粉背蕨　中国蕨科 粉背蕨属

Aleuritopteris argentea

Silvery Aleuritopteris　| yínfěnbèijué

旱生蕨类，植株高达26 cm。根状茎短，密被鳞片。叶簇生，叶柄红棕色纸深棕色；叶片整体呈五角形，长3.5 ~ 5.5 cm，宽4.3 ~ 8 cm，基部三回羽裂①，背面被白色蜡粉②。孢子囊群圆形，生于叶边小脉顶端，成熟后靠合；囊群盖膜质，白色。

分布于岩石缝隙。喜光，耐干旱。

相似种：毛轴碎米蕨【*Cheilosoria chusana*，中国蕨科 碎米蕨属】根状茎直立。叶簇生，叶柄栗黑色或深紫色，连同叶轴被粗毛；叶片整体呈狭卵形至倒披针形，长12 ~ 35 cm，宽2.7 ~ 5.5 cm，叶二回深羽裂③；孢子囊群圆形④；囊群盖圆肾形，由叶边反折而成。生长于岩石缝隙。

银粉背蕨叶片整体呈五角形，叶片下面具白色蜡质粉末；毛轴碎米蕨叶片整体呈狭卵形至倒披针形，叶下面无蜡质粉末。

凤丫蕨　裸子蕨科 凤丫蕨属

Coniogramme japonica

Japanese Coniogramme　| fèngyājué

地生蕨类，植株高约1 m。根状茎横走，叶远生，草质，两面无毛，叶柄长35 ~ 50 cm①；叶片整体长圆状三角形，长35 ~ 60 cm，宽20 ~ 35 cm，二回奇数羽状，基部一对最大②，叶脉网状，小脉顶端具纺锤形水囊。叶下面密布黄褐色孢子囊群③，孢子囊群沿侧脉延伸到叶边，无盖④。

分布于沟谷林下。喜阴湿。

叶片整体呈长圆状三角形，二回奇数羽状，正面光亮，叶片下面在繁殖季节沿侧脉密布黄褐色孢子囊群。同属的南岳凤丫蕨（*Coniogramme centrochinensis*）和凤丫蕨分布区域相同，特征有过渡处，野外不易区分。

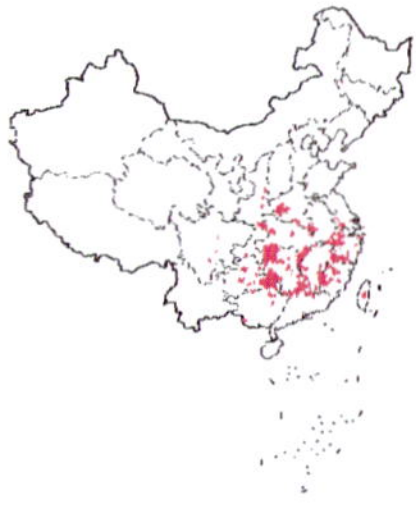

1
3
2
4

1
3
2
4

书带蕨　书带蕨科 书带蕨属

Haplopteris flexuosa

Flexuose Grass Fern　| shūdàijué

附生蕨类。根状茎横走，密被黑褐色鳞片。叶近生，叶片线形，长15 ~ 38 cm，宽4 ~ 8 mm，先端渐尖①，全缘，革质。孢子囊群生于叶缘内的浅沟中，线形，在中脉两侧各成一行，幼时被反卷的叶缘所覆盖，无囊群盖②。

分布于沟谷林下岩石上。喜阴。

相似种：单叶双盖蕨【*Diplazium subsinuatum*，蹄盖蕨科 双盖蕨属】别名假双盖蕨。地生蕨类。根状茎细长而横走，叶疏生，线状披针形，全缘或浅波状③，革质。孢子囊群线形，“羽状”生于叶背主脉两侧的小脉上④；囊群盖膜质；喜湿润。

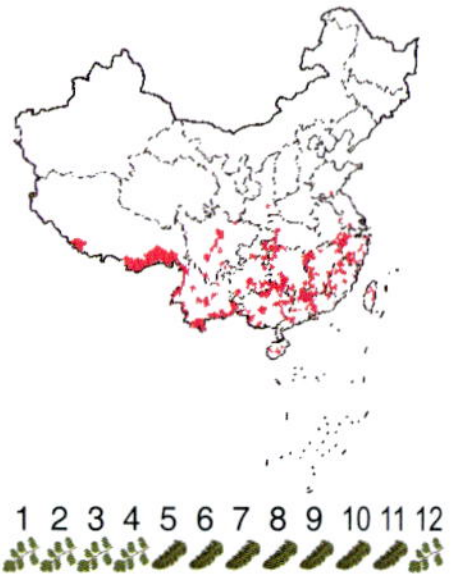

书带蕨附生，叶线形，宽4 ~ 8 mm，孢子囊群在在中脉两侧各成一行；单叶双盖蕨地生，叶宽1 ~ 2.5 cm，孢子囊群在主脉两侧“羽状”排列。

江南短肠蕨　蹄盖蕨科 短肠蕨属

Allantodia metteniana

Metten's Twin-sorus Fern　| jiāngnánduǎnchángjué

地生蕨类，植株高达70 cm。根状茎长而横走，近光滑。叶柄绿色，长达40 cm；叶片整体呈三角状宽披针形，长达30 cm，基部宽达17 cm，一回羽状，羽片互生，约10对①，边缘具浅钝齿；孢子囊群线形，稍弯，生于小脉中部②，基部上侧一条常双生；囊群盖膜质，宿存。

分布于沟谷林下近岩石处。

相似种：耳羽短肠蕨【*Allantodia wichurae*，蹄盖蕨科 短肠蕨属】根状茎长而横走。叶远生，叶片一回羽状，羽片互生，约14 ~ 18对③，镰刀状披针形，基部上侧有三角形的耳状突起④，革质。孢子囊群粗线形，在主脉两侧各排成一列④。分布于沟谷林下岩石旁。

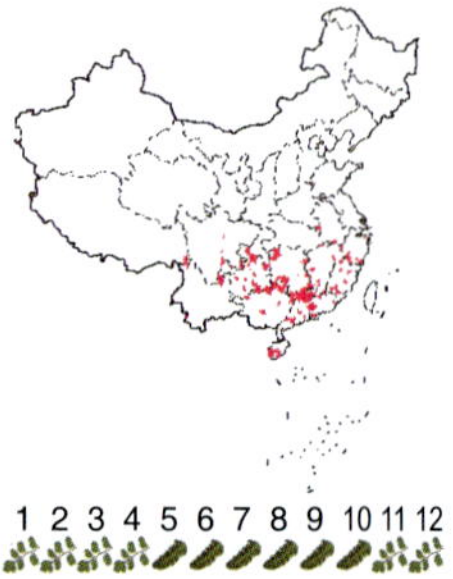

江南短肠蕨羽片基部对称，边缘具浅钝齿；耳羽短肠蕨羽片基部不对称，上侧耳状突起，边缘具重锯齿。

1

2

3

4

1

2

3

4

菜蕨　蹄盖蕨科 菜蕨属

Callipteris esculenta

Vegetable Fern　| càijué

大型地生蕨类，高可达1.6 m。根状茎粗壮直立，密被棕色鳞片。叶簇生，叶片整体长度可超过1 m；一至二回羽状①，小羽片披针形，边缘有浅齿，下面沿脉被锈黄色短毛，余处无毛。孢子囊群线形，生于全部小脉上，密集②；囊群盖膜质，逐渐消失。

分布于河滩或沼泽边。喜湿润；幼嫩植株可供食用。

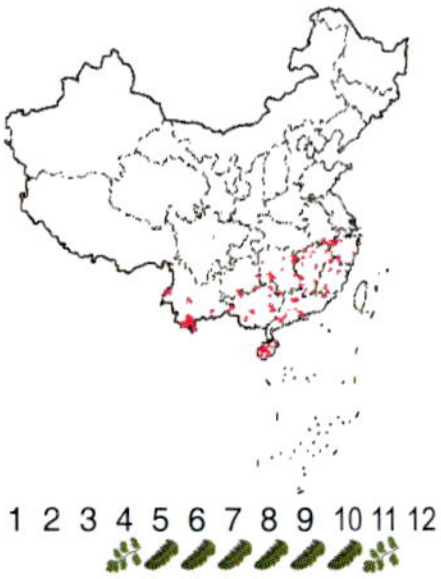

相似种：雅致针毛蕨【*Macrothelypteris oligophlebia* var. *elegans*，金星蕨科 针毛蕨属】地生蕨类。根状茎短，斜生，疏被鳞片。叶簇生，三回羽状③，末回小羽片近全缘；孢子囊群，生于小脉近顶端④；囊群盖早落。分布于山地林下湿润处。

菜蕨孢子囊群线形，生于全部小脉上，相对较多；雅致针毛蕨孢子囊群圆形，生于小脉近顶端，相对较少。

延羽卵果蕨　金星蕨科 卵果蕨属

Phegopteris decursive-pinnata

Decursive Pinnated Beech Fern　| yányǔluǎnguǒjué

地生蕨类，植株高达80 cm。根状茎短而直立，被有缘毛的鳞片，叶柄长可达25 cm；叶片整体呈披针形或椭圆状披针形，长25~55 cm，宽4~16 cm，叶簇生，一回羽状至二回羽裂，羽片基部彼此相连成翅状，基部数对逐渐缩小①；孢子囊群近圆形，无囊群盖②。

分布于山地林缘湿润处。

相似种：普通假毛蕨【*Pseudocyclosorus subochthodes*，金星蕨科 假毛蕨属】地生蕨类。根状茎短而横卧。叶近生，二回深羽裂③，下部数对逐渐缩小至蝶形。孢子囊群圆形，囊群盖圆肾形，无毛④。分布于沟谷两侧疏林下。

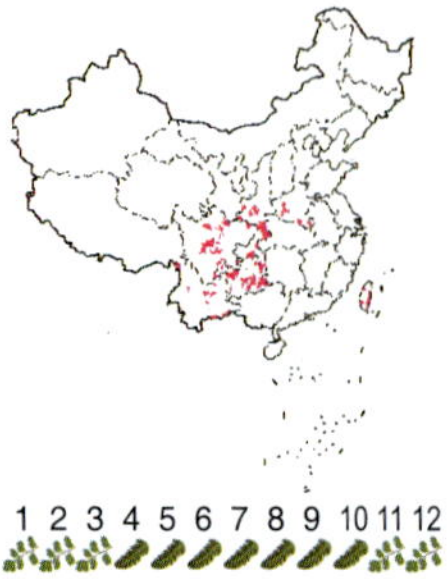

延羽卵果蕨叶轴具翅；普通假毛蕨叶轴无翅。

1

3

2

4

1

3

2

4

金星蕨 金星蕨科 金星蕨属

Parathelypteris glanduligera

Glandular Parathelypteris | jīnxīngjué

地生蕨类，植株高达70 cm。根状茎长而横走；叶柄密被针状毛；叶片整体呈披针形，长20～35 cm，宽6～15 cm，羽片二回深羽裂，先端渐尖为羽裂①，叶片下面常具柔毛及腺体；孢子囊群圆形，囊群盖圆肾形②，被灰白色刚毛。

广布。

相似种：渐尖毛蕨【*Cyclosorus acuminatus*，金星蕨科 毛蕨属】叶远生，二回羽裂，叶片上面被粗毛，下面无腺体，尾状渐尖③。孢子囊群圆形，囊群盖圆肾形，密被柔毛。分布于低山丘陵；稍喜光。**披针新月蕨**【*Pronephrium penangianum*，金星蕨科 新月蕨属】叶近生，奇数一回羽状，小羽片近对生，条状披针形④，边缘具锐齿；叶脉联结成网眼状。孢子囊群圆形，无盖④。分布于沟谷林缘。

前两者叶二回羽裂；金星蕨叶脉不联结成网状；渐尖毛蕨叶脉联结成网状；披针新月蕨叶奇数一回羽状。

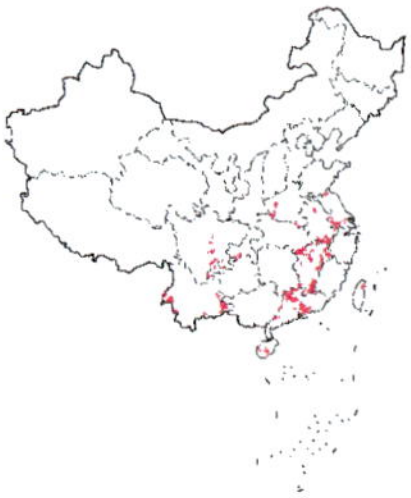

倒挂铁角蕨 铁角蕨科 铁角蕨属

Asplenium normale

Normal Spleenwort | dàoguàtiějiǎojué

植株高12～13 cm。根状茎粗短，密被褐色鳞片。叶簇生，叶柄栗褐色，有光泽；叶一回羽状，小羽片18～30对，宽约0.7 cm，基部不对称，上侧有耳状凸起①；叶轴顶端常有芽孢，能生根成为新植株②；孢子囊长圆形，沿中脉排成2行①。

山地林下岩石上。喜阴湿。

相似种：狭翅铁角蕨【*Asplenium wrightii*，铁角蕨科 铁角蕨属】小羽片12～20对，基部宽达2 cm，互生，斜展，基部不对称，有具狭翅的短柄③；孢子囊群线形③。生长于阴湿林下岩石或树干上。**虎尾铁角蕨**【*Asplenium incisum*，铁角蕨科 铁角蕨属】叶簇生，叶轴上部绿色，基部常为栗色；叶二回羽状，下部小羽片逐渐缩短④。

前两者叶一回羽状；倒挂铁角蕨小羽片长圆形，长达1.6 cm；狭翅铁角蕨小羽片镰状披针形，长可达15 cm；虎尾铁角蕨叶二回羽状。

1

3

2

4

1

3

2

4

狗脊 狗脊蕨 乌毛蕨科 狗脊属

Woodwardia japonica

Japanese Chain Fern | gǒujǐ

大型地生蕨类，植株高达1.3 m。根状茎粗短，密被红棕色鳞片；叶片二回羽裂①，羽片7～13对，互生或近对生，两面近无毛，上面无芽孢；孢子囊群线形，通直，着生于中脉两侧的网脉上②；囊群盖线形，开向中脉。

分布于山地林下。

相似种：台湾狗脊【*Woodwardia orientalis* var. *formosana*，乌毛蕨科 狗脊属】别名胎生狗脊。根状茎粗短，斜生。叶近簇生，二回羽状深裂③，上面有芽孢④。孢子囊群新月形。分布于林缘边坡；喜光和湿润。

狗脊叶上面无芽孢，下部羽片基部近对称；台湾狗脊叶上面有芽孢，有“胎生现象”，下部羽片基部极不对称。

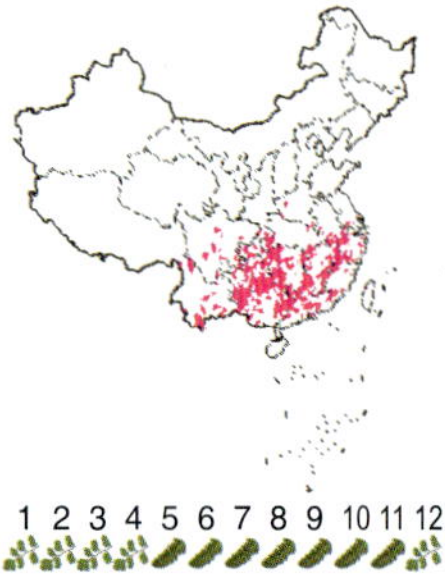

镰羽贯众 鳞毛蕨科 贯众属

Cyrtomium balansae

Balansa's Holly Fern | liányǔguànzhòng

地生蕨类，高达60 cm。根状茎密被棕色阔披针形鳞片；叶簇生，叶柄长达30 cm；叶片整体呈披针形，长20～40 cm，宽10～13 cm，一回羽状分裂，羽片10～15对①，先端羽裂，渐尖，羽片基部偏斜②。孢子囊群圆形，囊群盖圆盾形②。

分布于沟谷林下有土壤的岩石上或旁边。喜阴湿。

相似种：贯众【*Cyrtomium fortunei*，鳞毛蕨科 贯众属】叶一回羽状，羽片10～20对③；顶端小羽片和侧生羽片分离，尾状长渐尖④。广布于低山丘陵林下。

镰羽贯众羽片顶端羽裂；贯众有一片分离的顶生羽片。

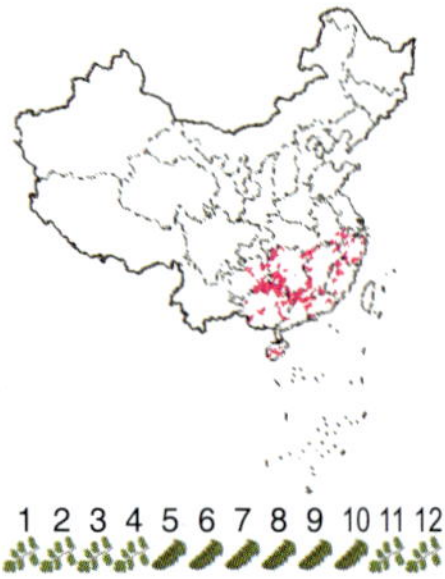

1

3

2

4

1

3

2

4

对马耳蕨　鳞毛蕨科 耳蕨属

Polystichum tsus-simense

Tsushima Shield Fern　| duìmǎěrjué

地生蕨类，高达57 cm。根状茎直立，连同叶柄基部被黑褐色鳞片；叶簇生，叶柄长达23 cm；叶片长圆披针形，整体长16 ~ 34 cm，宽6 ~ 15 cm，二回羽状，羽片约20对，小羽片互生，基部不对称，边缘具刺齿①，叶近革质，叶轴密被黑褐色长钻形鳞片；孢子囊群圆形，生于小脉顶端①；囊群盖圆盾形，中央褐色，边缘浅棕色，早落。

分布于山地林下。喜阴。

二回羽状，小羽片基部不对称，一侧有耳状突起，囊群盖盾状着生。

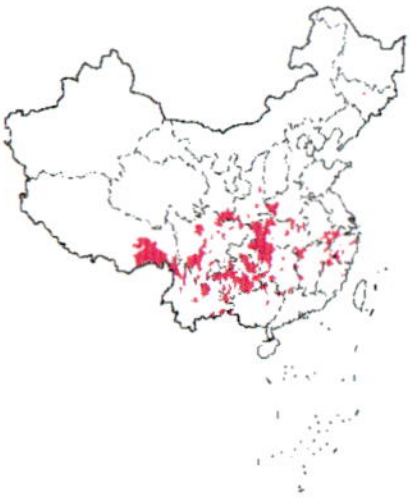

长尾复叶耳蕨　异羽复叶耳蕨　鳞毛蕨科 复叶耳蕨属

Arachniodes simplicior

Simple Arachniodes　| chángwěifùyè'ěrjué

地生蕨类，植株高达95 cm。根状茎密被棕色鳞片；叶近生；叶片三回羽状，侧生羽片3 ~ 5对；基部一对最大，其基部下侧一片特别伸长；顶生羽片与侧生羽片同形①；末回羽片边缘有芒刺状锯齿；孢子囊群圆形，位于中脉和叶缘间②。

分布于山地林下。喜阴。

相似种：斜方复叶耳蕨【*Arachniodes rhomboidea*，鳞毛蕨科 复叶耳蕨属】叶三回羽状到四回羽裂③。孢子囊群靠近叶边③。假长尾复叶耳蕨【*Arachniodes pseudosimplicior*，鳞毛蕨科 复叶耳蕨属】叶三回羽状，顶生羽片和侧生羽片同形④。

前两者基部羽片下侧有1片小羽片特别伸长；长尾复叶耳蕨小羽片下面沿轴有鳞片，斜方复叶耳蕨两面光滑；假长尾复叶耳蕨基部一对羽片上侧1片和下侧2片小羽片特别伸长。

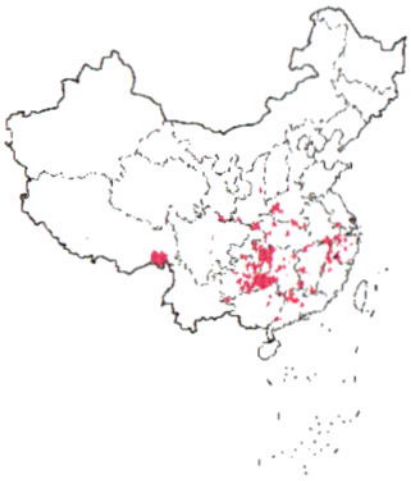

刺头复叶耳蕨　　鳞毛蕨科 复叶耳蕨属

Arachniodes exilis

Slender Arachniodes　| cìtóufùyè'ěrjué

地生蕨类，植株高达90 cm。根状茎长而横走。叶片三回羽状，基部一对下侧有伸长的小羽片；顶端狭缩呈三角形长渐尖头①；末回小羽片边缘具长芒刺状锯齿，上面光滑，下面沿脉疏生棕色小鳞片②。孢子囊群圆形，位于中脉和叶缘间②。

阔叶林下草本层优势种之一。

相似种：华东复叶耳蕨【*Arachniodes sporadosora*，鳞毛蕨科 复叶耳蕨属】根状茎密被黑褐色鳞片。叶四回羽状深裂，顶端略狭缩，渐尖头③。孢子囊群圆形④。分布于沟谷林下。

刺头复叶耳蕨叶片三回羽状，明显狭缩，但不同于下部羽片；华东复叶耳蕨叶片四回羽状，略狭缩。

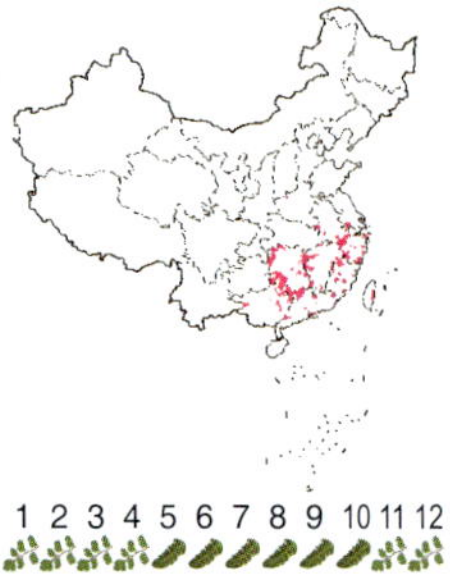

奇羽鳞毛蕨　　鳞毛蕨科 鳞毛蕨属

Dryopteris sieboldii

Siebold's Wood Fern　| qíyǔlínmáojué

地生蕨类，植株高达80 cm。根状茎短而直立。叶片整体奇数一回羽状，侧生羽片1～4对，长披针形①，全缘或波状，顶生小叶片和侧生小叶片同形；孢子囊群圆形，沿中脉两侧各排成不整齐的3～4行②。

分布于沟谷林下。喜湿润。

相似种：深裂鳞毛蕨【*Dryopteris decipiens* var. *diplazioides*，鳞毛蕨科 鳞毛蕨属】别名深裂迷人鳞毛蕨。叶簇生，叶片一回羽状或二回羽裂，先端渐尖，小羽片镰刀状披针形，深裂③。孢子囊群圆形，生于侧脉中部以下，沿羽轴两侧各排成1行④。分布于山地林下。

奇羽鳞毛蕨叶片顶端和侧生羽片同形；深裂迷人鳞毛蕨叶片顶端渐尖。

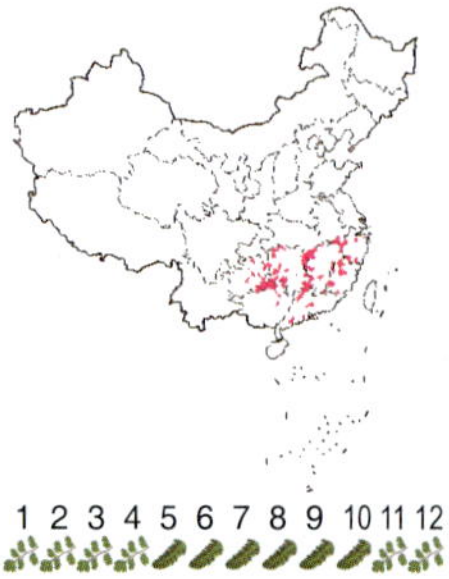

1

3

2

4

1

3

2

4

阔鳞鳞毛蕨 鳞毛蕨科 鳞毛蕨属

Dryopteris championii

Champion's Wood Fern | kuòlínlínmáojué

地生蕨类，植株高达80 cm。根状茎短而直立。叶簇生，叶二回羽状，羽片约15对，互生③；叶柄连同叶轴密被红棕色阔披针形鳞片；孢子囊群圆形，囊群盖圆肾形①。

广布。

相似种：黑足鳞毛蕨【*Dryopteris fuscipes*，鳞毛蕨科 鳞毛蕨属】根状茎连同叶柄基部密被黑褐色披针形鳞片。叶片二回羽状②，羽片10～13对，对生，下部的有时互生；小羽片长圆形，先端圆钝，边缘有浅锯齿②。两色鳞毛蕨【*Dryopteris setosa*，鳞毛蕨科 鳞毛蕨属】根状茎连同叶柄基部密被黑褐色狭披针形鳞片，叶片三回羽状至四回羽裂⑤，羽片7～9对互生，末回小羽片镰刀状披针形④。

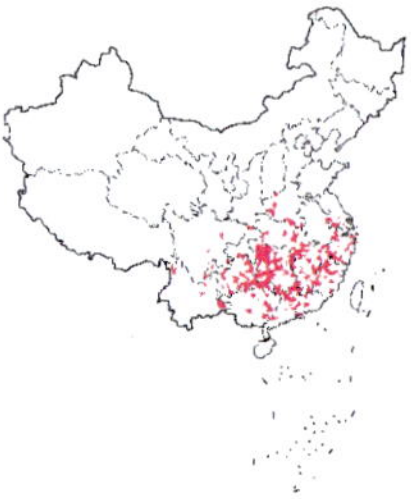

阔鳞鳞毛蕨密被红棕色大鳞片；后二者密被黑褐色披针形鳞片；两色鳞毛蕨末回小羽片先端渐尖；黑足鳞毛蕨末回小羽片先端圆钝。

暗鳞鳞毛蕨 鳞毛蕨科 鳞毛蕨属

Dryopteris atrata

Blackish Wood Fern | ànlínlínmáojué

地生蕨类，高达85 cm。根状茎短而直立，密被棕色鳞片。叶莲座状基生，叶柄密被黑褐色鳞片；叶片一回羽状①，羽片近无柄，边缘有粗锯齿或浅裂，下面沿脉疏生黑褐色小鳞片；孢子囊群圆形，于羽轴两侧不整齐排列②；囊群盖小。

分布于沟谷林下。喜阴。

相似种：狭顶鳞毛蕨【*Dryopteris lacera*，鳞毛蕨科 鳞毛蕨属】根状茎短而直立，密被棕褐色披针形鳞片。叶簇生，叶片二回羽状，先端能育羽片4～5对，强烈收缩③，成熟后凋落，下部羽片不育。分布于林下多砾石处。稀羽鳞毛蕨【*Dryopteris sparsa*，鳞毛蕨科 鳞毛蕨属】叶簇生，叶柄连同叶轴均无鳞片，二回羽状至三回羽裂，基部一对羽片下侧有一片小羽片伸长④。分布于低山林下。

暗鳞鳞毛蕨叶呈莲座状；狭顶鳞毛蕨先端能育羽片强烈收缩；稀羽鳞毛蕨叶除基部外无鳞片。

1
3
4
2
5

1
3
2
4

华南舌蕨　舌蕨科 舌蕨属

Elaphoglossum yoshinagae

South China Elaphoglossum　| huánánshéjué

附生蕨类①。根状茎短，密被淡棕色鳞片。叶簇生，2型；不育叶有短柄，能育叶叶柄长达10 cm；叶片披针形，长9 ~ 15 cm，宽1.5 ~ 3 cm，全缘，略肥厚②。孢子囊群沿侧脉着生，成熟时布满能育叶下面。

生长于溪谷两侧湿润的岩壁上。

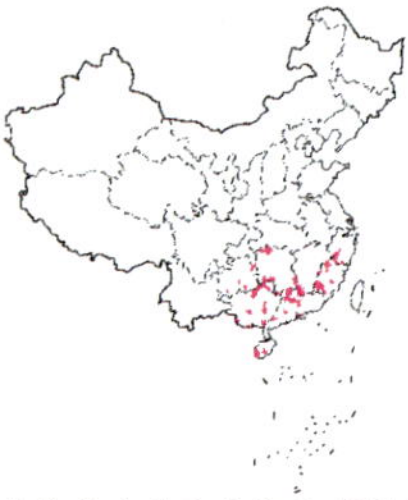

相似种：盾蕨【*Neolepisorus ovatus*，水龙骨科 盾蕨属】地生蕨类。根状茎长而横走，密被鳞片。叶远生，叶柄长达28 cm，卵状披针形，叶片长20 ~ 28 cm，宽6 ~ 10 cm，全缘或波状③，侧脉开展。孢子囊群圆形，在侧脉间排成行③。分布于山地林下阴湿处。**线蕨**【*Colysis elliptica*，水龙骨科 线蕨属】附生蕨类。根状茎长而横走。叶远生，叶片一回羽状深裂，羽片近对生，披针形，全缘④。孢子囊群线形，斜展。分布于沟谷林下湿润处。

华南舌蕨和盾蕨叶不分裂；华南舌蕨叶簇生；盾蕨叶远生；线蕨叶一回羽状。

鳞轴小膜盖蕨　骨碎补科 小膜盖蕨属

Araiostegia perdurans

Hard Araiostegia　| línzhóuxiǎomógàijué

附生蕨类，植株高40 ~ 65 cm①。根状茎粗壮，长而横走，密被棕褐色鳞片②；叶柄长，以明显的关节着生于根状茎上；叶疏生，五回羽状细裂，末回羽片披针形，叶薄草质，近光滑③；孢子囊群半圆形，位于裂片的缺刻下，上方外侧有一个由裂片形成的长角状突起④；囊群盖半圆形，基部着生。

分布于山地沟谷两侧石壁上。喜阴湿。

中型附生植物，植株高40 cm以上，叶薄草质，小羽片纤细，光滑无毛。

1

3

2

4

1

3

2

4

石韦 水龙骨科 石韦属

Pyrrosia lingua

Japanese Felt Fern | shíwéi

附生蕨类，植株高13～48 cm。根状茎长而横走，密被盾状着生的鳞片。叶远生，披针形至长圆披针形，长8.5～21 cm，宽1.7～4.5 cm，全缘，厚革质①，下面密被灰棕色星状毛。孢子囊群满布叶片下面②。

生长于岩石上。稍喜光。

相似种：庐山石韦【*Pyrrosia sheareri*，水龙骨科 石韦属】根状茎粗短，密被黄棕色鳞片。叶簇生，披针形，基部圆形或不对称的圆耳形③，革质，下面密被灰褐色星状毛④。孢子囊群小，满布叶片下面。生长于沟谷林下岩石或树干上；喜阴。

石韦叶远生，叶片基部楔形，有时略下延；庐山石韦叶簇生，叶片基部基部圆形或不对称的圆耳形。

江南星蕨 水龙骨科 星蕨属

Microsorum fortunei

Fortune's Microsorum | jiāngnánxīngjué

附生蕨类，植株高达80 cm。根状茎长而横走；叶远生，叶柄长达20 cm，叶片线状披针形，长25～60 cm，宽2.5～5 cm，全缘①，两面无毛。孢子囊群沿中脉两侧排成1～2行②。

分布于低山丘陵林下岩石上。喜阴湿。

相似种：表面星蕨【*Microsorum superficiale*，水龙骨科 星蕨属】别名攀缘星蕨。根状茎攀缘，叶远生，狭长披针形，长10～35 cm，宽1.5～6.5 cm③，全缘或略波状。孢子囊群圆形，小而密，散生于叶片下面④。生长于林中树干或岩石上。

江南星蕨孢子囊群沿中脉两侧排成1～2行；表面星蕨孢子囊群散生于叶片下面。

日本水龙骨 水龙骨 水龙骨科 水龙骨属

Polypodiodes niponica

Japanese Polypodiodes | rìběnshuǐlónggǔ

附生蕨类。根状茎长而横走，灰绿色①，通常光秃被白粉，顶端密被鳞片；叶远生，叶柄长达20 cm，以关节与根状茎相连；叶片长圆状披针形或披针形，长14 ~ 35 cm，宽6.5 ~ 10 cm，一回羽状深裂①，小羽片全缘，两面密生灰白色钩状柔毛；孢子囊群小，圆形，沿中脉两侧各有一行①。

分布于沟谷林下岩石或树干上。喜阴。

附生蕨类，根状茎粗壮稍肉质，通常光秃被白粉，叶片一回羽状深裂，圆形孢子囊群沿中脉两侧排列，各一行。

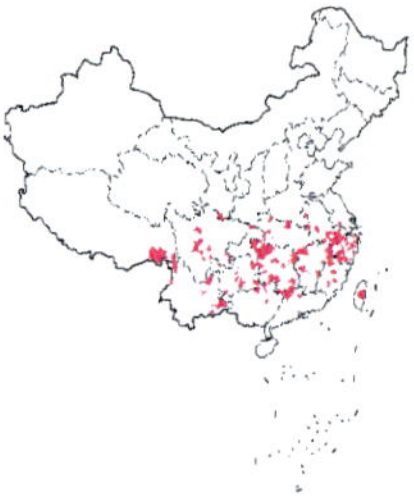

槲蕨 槲蕨科 槲蕨属

Drynaria roosii

Roos's Drynaria | hújué

附生蕨类，植株可高达60 cm①。根状茎肉质，粗壮，密被鳞片；叶2型，聚积叶枯黄色，干膜质，卵形或卵圆形，长度在3.5 ~ 5 cm③；正常叶高大绿色，长圆状卵形至长圆形，长22 ~ 51 cm，宽15 ~ 25 cm，一回羽状深裂②，叶轴有狭翅；孢子囊群圆形，生于正常叶的小脉两侧，沿中脉排成2至数行③。

生长于低山丘陵的岩石或树干上。稍喜光。

附生蕨类；叶2型，有枯黄色的聚积叶和正常叶；绿色正常叶一回羽状深裂，繁殖季节背面有多行孢子囊群。

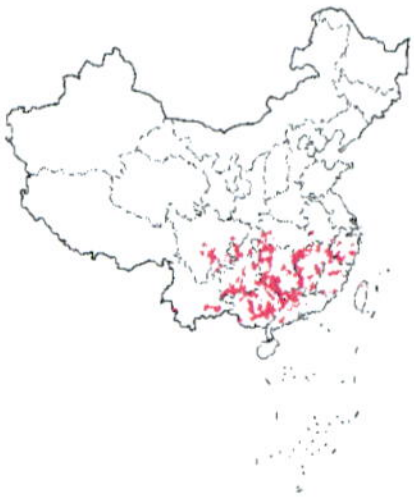

1

1
2
3

密叶薹草　莎草科 苔草属

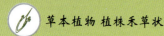

Carex maubertiana

Denseleaf Sedge　| mìyètáicǎo

多年生草本。秆丛生，高30～60 cm，三棱柱形；叶片线形，宽4～6 mm，边缘粗糙外卷；排列紧密，叶鞘彼此重叠紧包秆①；顶生花序雄性，侧生花序雌性。

山地沟谷林下。喜阴湿。

相似种： 粉被薹草【*Carex pruinosa*，莎草科 苔草属】叶片线形，边缘反卷；小穗柄纤细下垂②。生长于路边湿润处。花葶薹草【*Carex scaposa*，莎草科 苔草属】叶基生，秆生叶退化；叶片椭圆状披针形，宽3～5 cm③；圆锥花序。分布于林下阴湿处。

密叶薹草叶全部生于秆上；粉被薹草叶基生和秆生；花莛薹草叶全部基生。

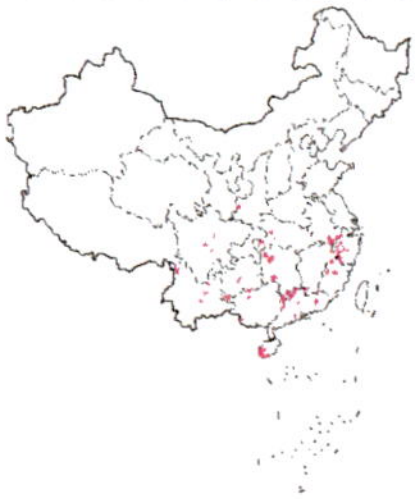

淡竹叶　禾本科 淡竹叶属

Lophatherum gracile

Common Lophanther　| dànzhúyè

多年生直立草本①。须根中部膨大呈纺锤形，肉质③；秆丛生，直立，高达40～100 cm，光滑；叶片披针形①，长5～20 cm，宽2～4 cm，基部狭缩成柄状，无或有毛；圆锥花序长10～40 cm，小穗疏散排列②。

广布于山地林缘或路边。稍喜阴。

多年生直立草本，叶片外观似“竹叶”，须根中部膨大呈纺锤形块根。

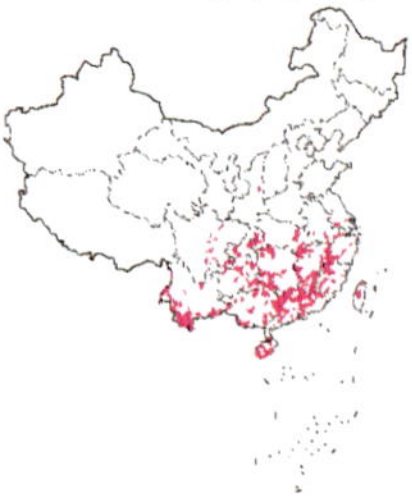

1
2
3

1
2
3

山类芦 禾本科 类芦属

Neyraudia montana

Mountain Burmareed | shānlèilú

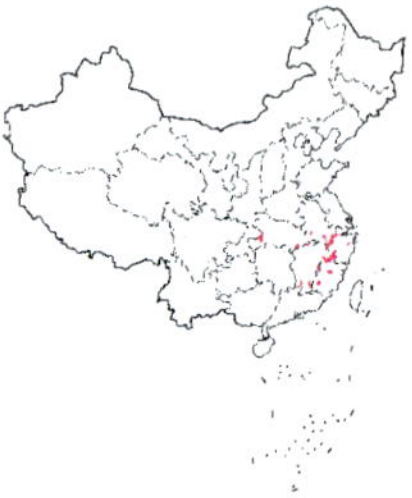

多年生草本，密集丛生②。秆直立，草质，高40～100 cm，基部宿存枯萎的叶鞘③；叶片长达60 cm，宽5～7 mm，内卷，光滑或上部具毛；圆锥花序长30～60 cm，分枝斜升①。

广布。多生于岩石上。

多年生草本，秆草质，基部宿存枯萎的叶鞘；在陡岩上密集生长。

五节芒 禾本科 芒属

Miscanthus floridulus

Fivenodes Awngrass | wǔjiémáng

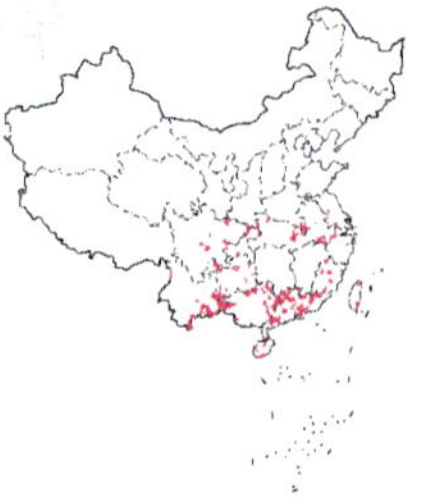

多年生高大草本①。秆高1～4 m，节下常具白粉；叶鞘无毛或边缘及鞘口具纤毛，叶片披针状线形，长25～60 cm，宽15～30 mm，叶缘锯齿锋利，近无毛；圆锥花序顶生，花序主轴延伸达花序的2/3以上②，小穗有丝状毛和芒。

广布山地丘陵，常为退化林地的优势种类。阳生。

相似种：芒【*Miscanthus sinensis*，禾本科 芒属】。叶片宽5～15 mm。花序主轴延伸不达花序中部③。分布于路边林缘；喜光。斑茅【*Saccharum arundinaceum*，禾本科 甘蔗属】高大草本。叶片基部密生柔毛④。圆锥花序大型④，小穗有纤毛，无芒。分布于河岸或路边；喜光和湿润。

五节芒和芒叶近无毛；五节芒花序主轴延伸达花序的2/3以上；芒主轴不延伸至花序中部；斑茅叶基部密生柔毛。

1
2
3

1
3
2
4

中文名索引
Index to Chinese Names

学名(拉丁名)索引
Index to Scientific Names

后记 Afterword

在本书编写过程中参考了《中国植物志》、《浙江植物志》、《浙江种子植物检索鉴定手册》、《新编拉汉英种子植物名称》、Flora of China、“中国高等植物物种名录”(www.cnpc.ac.cn)、中国数字植物标本馆(http://www.cvh.org.cn/)、中国自然植物标本馆(http://www.cfh.ac.cn)、美国农业部网站(plants.usda.gov)、物种2000中国节点(http://data.sp2000.cn/joacn/)等资料或信息。

作者对物种学名归并的处理参考了最新成果，但尽量保留原中文名，括号内物种名为已归并入前一物种的名称，如丁香杜鹃(满山红)*Rhododendron farrerae*、腺蜡瓣花(灰白蜡瓣花)*Corylopsis glandulifera*、峨眉鼠刺(长圆叶鼠刺)*Itea omeiensis*、红椿(毛红椿)*Toona ciliata*、枹栎(短柄枹)*Quercus serrata*、灰毛崖豆藤(香花崖豆藤)*Callerya cinerea*、秀丽槭(橄榄槭)*Acer elegantulum*、粗枝绣球(乐思绣球)*Hydrangea robusta*、降龙草(半蒴苣苔)*Hemiboea subcapitata*等；对物种学名未发生变更，仅出现中文名变化的，尽量用大家相对熟悉的中文名，括号内的名称作为别名处理，如栲树(丝栗栲、绥江锥)*Castanopsis fargesii*、细叶香桂(香桂)*Cinnamomum subavenium*、石栎(柯)*Lithocarpus glaber*、小构树(楮)*Broussonetia kazinoki*、岩青冈(细叶青冈)*Cyclo-balanopsis gracilis*、青栲(小叶青冈)*Cyclobalanopsis myrsinaefolia*、钩栲(钩锥)*Casta-nopsis tibetana*、乌饭(南烛)*Vaccinium bracteatum*、江南越橘(米饭花)*Vaccinium man-darinorum*、麂角杜鹃(鹿角杜鹃)*Rhododendron latoucheae*、小果石笔木(小果核果茶)*Pyrenaria microcarpa*、芒(金县芒)*Miscanthus sinensis*等；考虑到红淡比*Cleyera japo-nica*又名杨桐，黄瑞木*Adinandra millettii*就不用杨桐这个别名，以免混淆。另外，考虑到分布地区在分布图上已能大致了解，在文字中不再赘述，生境则根据有关著书并结合古田山等地的实际情况描述。

部分植物性状根据野外实际观察加以描述，如根据现有著书，紫果槭*Acer cordatum*多记载为常绿，但根据长期观察，古田山区表现为落叶性状；海南槽裂木*Pertusadina hainanensis*文献中没有明确是常绿或落叶，古田山区表现为常绿性状；白花苦灯笼*Tarenna mollissima*在各类参考书中记载不一致，古田山区表现为常绿性状，这也反映出同一物种在不同区域的生长习性不尽一致；另外考虑到本书的主要目的是推广普及，文字的描述尽量做到通俗易懂。

在植物名录选择、野外照片拍摄、图片处理和文字整理等过程中，除两位主编、各位编委和技术支撑人员的忘我工作和通力合作外；丛书主编马克平研究员一直对本书给予了密切关注并提出了很多建设性意见；中国科学院植物研究所陈彬博士指导了前期野外图片拍摄，刘冰博士完成了全书排版工作；植物研究所杜彦君、陈磊、金冬梅、刘晓娟等，浙江师范大学张品汉、刘易、陈志君、吕学华、何春明、水勇标、韩正芳、唐群儿、朱傲天、金新飞、王秋飞、苏晨、吴丽华、徐望红等同学，浙江农林大学叶喜阳，温州市公园管理处吴棣飞，杭州植物园高亚红，中国科学院上海辰山植物园严岳鸿博士等在各方面给予了大力帮助；古田山国家级自然保护区在野外调查工作中给予了有力支持；部分野外工作得到了国家科技部基础条件平台项目——“植物标本标准化整理、整合及共享平台建设”(2005DKA21401)专题——浙、闽、赣交界山地——古田山及其临近地区自然植物标本采集与数字化的资助；普兰塔论坛(http://www.planta.cn)、之江草木论坛(http://www.zjflora.com)的许多素未谋面的网友，如“老蒋”等给予了无私支持。温州大学丁炳扬教授在百忙之中仔细审阅了全书，提出了非常详细的意见和建议，谨此一并表示衷心感谢！

由于编著人员业务水平有限，本书肯定还有不少错误、疏漏和不足，敬请读者批评指正！

方腾 陈建华

2011年5月于浙江古田山

图片版权声明

本书摄影图片版权归原作者所有，照片拍摄者如下：

拍摄者	照片数	单位
方　腾	1236	浙江古田山国家级自然保护区管理局
陈建华	192	浙江师范大学
刘　军	42	浙江大学
杨　波	20	中国科学院植物研究所
邴艳红	18	中国科学院植物研究所
陈　彬	16	中国科学院植物研究所
叶喜阳	14	浙江农林大学
吴棣飞	12	浙江温州市公园管理处
杜彦君	12	中国科学院植物研究所
张宏伟	11	浙江清凉峰国家级自然保护区
高亚红	11	杭州植物园
贾　琪	10	浙江师范大学；中国科学院植物研究所
黄园园	4	北京大学
郑小军	3	浙江衢州市
Stefan Trogisch	3	瑞士苏黎世大学
金冬梅	2	中国科学院植物研究所
Sabine Both	2	德国马丁路德大学
蒋日红	1	广西植物研究所
斯幸峰	1	浙江大学
钱　斌	1	浙江杭州市
王樟富	1	浙江九龙山国家级自然保护区管理局
王玉兵	1	三峡大学